성게, 메뚜기, 불가사리가
그렇게 생긴 이유

UNI WA SUGOI BATTA MO SUGOI
by Tatsuo Motokawa

성게, 메뚜기, 불가사리가 그렇게 생긴 이유

1판 1쇄 인쇄 2019. 2. 27.
1판 1쇄 발행 2019. 3. 11.

지은이 모토카와 다쓰오
옮긴이 장경환

발행인 고세규
편집 임솜이 | 디자인 홍세연
발행처 김영사

등록 1979년 5월 17일 (제406-2003-036호)
주소 경기도 파주시 문발로 197(문발동) 우편번호 10881
전화 마케팅부 031)955-3100, 편집부 031)955-3200 | 팩스 031)955-3111

값은 뒤표지에 있습니다.
ISBN 978-89-349-8508-2 03470

홈페이지 www.gimmyoung.com 블로그 blog.naver.com/gybook
페이스북 facebook.com/gybooks 이메일 bestbook@gimmyoung.com

좋은 독자가 좋은 책을 만듭니다.
김영사는 독자 여러분의 의견에 항상 귀 기울이고 있습니다.

이 도서의 국립중앙도서관 출판예정도서목록(CIP)은 서지정보유통지원시스템 홈페이지
(http://seoji.nl.go.kr)와 국가자료공동목록시스템(http://www.nl.go.kr/kolisnet)에서
이용하실 수 있습니다.(CIP제어번호 : CIP2019003438)

생김새의
생물학

성게, 메뚜기, 불가사리가 그렇게 생긴 이유

모토카와 다쓰오 | 장경환 옮김

김영사

머리말

이 책에서는 다양한 동물의 세계를 소개한다. 많은 이들이 동물이라고 하면 자연스럽게 우리 인류와 같은 척추동물을 떠올리겠지만, 여기서는 주로 무척추동물(등뼈가 없는 동물)에 대해서 소개하려고 한다. 현재 알려진 동물은 약 130만 종에 이른다. 그 가운데 척추동물은 약 6만 종으로 전체 동물의 5% 이하를 차지한다. 그 외 대부분의 동물은 무척추동물이다. 이 책에선 그 방대한 무척추동물의 세계를 소개할 것이다. 그리고 책의 끝부분에서 이들과 비교했을 때 우리 척추동물이 어떤지를 살펴보도록 하겠다.

동물에는 다양한 종류가 있다. 이들을 몸의 구조가 서로 비슷한 것끼리 모으면, 크게 34문(문이란 강의 위, 계의 아래인 생물 분류 단위의 하나)으로 나뉜다. 34문에는 소라가 속하는 연체동물문이나 불가사리가 속하는 극피동물문 등이 있으며, 우리 척추동물은 척삭동물문 가운데 하나의 군이다.

문이 34개나 된다는 것은 몸의 구조가 다른 동물이 그만큼 많다는 말이다. 몸의 구조에는 사는 환경, 생활방식, 그 동물의 진화 과정 등이 반영되어 있다. 몸의 구조가 다른 동물들은 각자의 생존 현장에서 어떻게 행동해야 하는지, 무엇을 추구해야 하는지도 다를 것이다. 추구하는 것이 다르다는 것은 동물에 따라 가치관이 다르다는 것을 의미한다. 가치관이 다르고 사는 환경도 다르다면, 각각의 동물은 서로 다르게 독자적인 세계를 구축하고 있다고 할 수 있지 않을까? 이 다양한 동물들이 사는 세계를 해독하는 것이 동물학자의 사명이라 여기고, 40년 가까이 그들과 어울렸다. 그리고 그런 자세로 이 책을 썼다.

이 작은 책에서 34문 전체를 소개할 수는 없다. 여기에서는 대표적인 문 5개(자포동물문, 절지동물문, 연체동물문, 극피동물문, 척삭동물문)을 소개한다. 사실 이들 가운데 절지동물문을 제외한 다른 문은 필자가 연구 대상으로 삼은 적이 있는 만큼, 인연이 깊다(절지동물도 학생 실험에서 많은 신세를 졌다). 모든 동물은 각기 다른 몸 구조를 지니고 각기 다른 방식으로 산다. 필자는 실험을 통해 동물들의 독자적인 몸 구조가 각자의 독자적인 세계를 가능케 하는 기초임을 생생하게 느낄 수 있었다. 이제부터 동물들의 몸 구조의 차이를 중심으로, 각각의 독자적이고 다채로운 세계를 소개하겠다.

차례

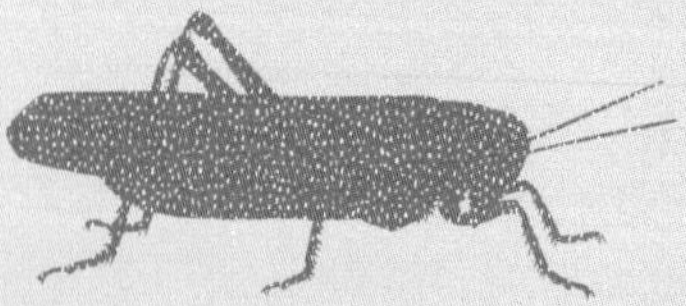

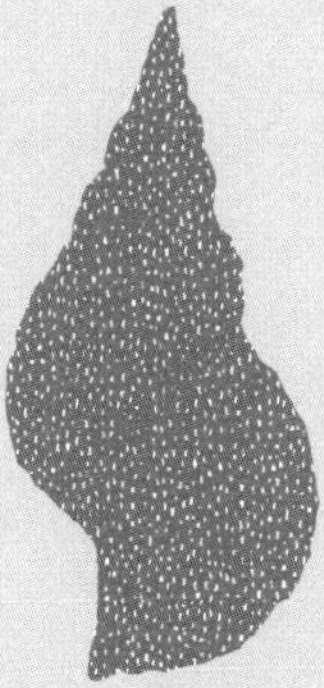

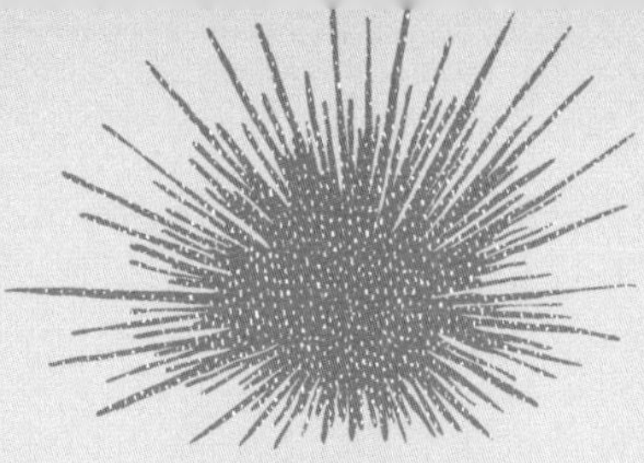

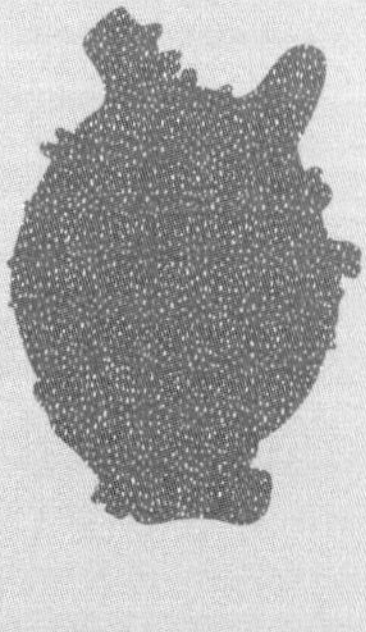

● 일러두기

일본어 이름을 직역한 생물명에는 * 표시를 하였다(예시: 삿갓천공석산호*).

1

산호초와 공생의 세계

자포동물문

자포동물문

4강 31목, 약 9,000종(일본에는 약 1,800종). 주로 바다에 살지만, 담수에도 소수의 종이 산다.

1. 산호충강(말미잘·산호 5,300종)
2. 해파리강(해파리 200종)
3. 히드라충강(히드라 · 고깔해파리 3,400종)
4. 상자해파리강(허브해파리 20종. 자포의 독이 강하다)

먼저 산호 이야기부터 시작하자. 필자는 젊은 시절 오키나와에서 연구한 적이 있어, 산호와 인연이 깊다.

산호는 동물이다. 다만 체내에 대량의 식물(조류藻類)을 공생시키는데, 이 보기 드문 공생이 산호초라는, 이 세상의 것이라고는 상상할 수 없을 정도로 아름답고 다채로운 세계를 만들어낸다. 여기서의 키워드는 '공생'과 '리사이클'이다. 이 두 가지 모두 현대인에게 매우 중요하다.

산호초에 관한 현대적인 키워드는 더 있다. '생물다양성 감소'와 '지구온난화'이다. 산호초는 열대우림과 더불어 생물다양성이 매우 높은 곳인데, 현재는 양쪽 생태계 모두에서 생물다양성이 무서운 속도로 감소하고 있다. 산호초에서 생물다양성이 감소하는 주요 원인 중 하나는 지구온난화이다. 생물다양성 감소나 지구온난화는 인류가 조급히 해결해야 할 과제이기도 하니, 산호와 산호초 이야기부터 시작하겠다.

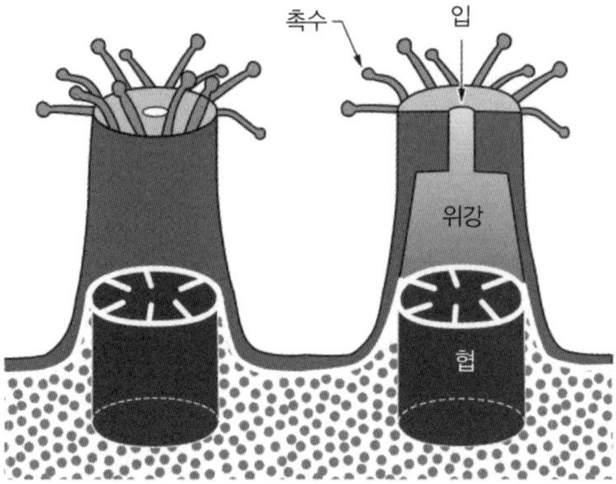

그림 1-1 산호의 폴립 오른쪽의 단면도는 산호 속 위강을 나타낸 것이다. 산호는 말미잘의 아주 가까운 친척으로, 산호와 말미잘의 폴립은 모두 갯바위에 있는 복주머니 같은 모양을 하고 있다. 즉, 위에 입이 있고 가운데에는 텅 빈 위강이 있다. 폴립 아래에는 폴립이 분비한 석회질로 된 외골격이 있고, 여기에는 구멍(협)이 나 있다. 산호는 위강 안에 먹이를 삼켜 소화하고, 이 안에 바닷물을 빨아들여 폴립을 부풀어 오르게 한다. 바닷물을 내뱉으면 주머니가 젖혀져 협 가운데에 숨을 수 있다.

산호는 어떻게 생겼나

산호초를 만드는 산호는 조초산호造礁珊瑚인데, 해파리나 히드라 등과 같이 자포동물문에 속한다(문이나 강에 대해서는 다음 쪽 칼럼을 참고). 산호는 자포동물 가운데서도 특히 말미잘과 가깝다. 말미잘이나 산호 모두 하나의 개체를 폴립이라고 부르며, 폴립 모양은 서로 빼닮았다. 말미잘이 폴립 주위에 돌로 컵을 만든다면 산호는 그 컵 속에 산다고 생각하면 된다. 폴립은 원통형이며 아랫부분이 바위 등에 고착한다. 윗부분에는 입이 있으며, 그 주변에 촉수라는 신축성 있고 가는 손이 여러 개 나 있다(그림 1-1).

촉수를 늘리면 마치 꽃이 핀 것처럼 보이기 때문에 이 종은 화충강花虫綱(산호충강)이라고 한다.

산호의 분류학상 위치

여기서는 동물 분류에 대한 기초 지식을 설명하고자 한다. 칼 폰 린네Carl von Linné(1707~1778)는 생물 분류학의 아버지라고 불린다. 그는 모양이 어느 정도 닮았는지를 기준으로 생물을 분류했는데, 서로 압도적으로 닮은 것끼리 같은 종이라고 했다. 종은 분류의 최소 단위이다. 그리고 비슷한 정도를 토대로 서로 다른 종끼리 어떤 관계에 있는지를 찾아서, 생물 전체를 몇 가지 계층에 따른 그룹으로 정리하였다.

이 방법은 현재까지 이어져오고 있다. 다만, 린네가 눈에 보이는 모양을 토대로 종을 분류했던 것과는 달리, 현재는 단백질의 아미노산 배열이나 유전자 염기배열의 유사성도 고려해서 종을 결정한다. 또한, '서로 교배해서 자손을 남기는 자연집단'에 속하는 것을 같은 종으로 구분하는 분류법도 사용되고 있다.

삿갓천공석산호*를 예로 들어 이 종이 분류체계에서 어느 위치에 있는지 살펴보자. '동물계 — 자포동물문 — 산호충강 — 육방산호아강 — 돌산호목 — 천공석산호과 — 천공석산호속*에 속하는 삿갓천공석산호라는 종'이다. 유사성을 바탕으로 '종 → 속 → 과 → …'의 순서에 따라 점차 높은 차원의 그룹으로 묶는 것이 계층 분류 방법이다.

삿갓천공석산호라는 종은 잔가지천공석산호*라는 종과 매우 닮아서, 천공석산호속으로 분류된다. 같은 산호 안에서도 단풍돌산호*라는 종과 사마귀단풍돌산호*라는 종은 매우 닮았지만, 천공석산호속과는 다르므로 다른 속(단풍돌산호속)으로 분류된다. 그렇지만 천공석산호속의 종은 단풍돌산호속의 종과 그런대로 닮아서 하나로 묶어 천공석산호과로 분류한다. 그리고 천공석산호과와 국명석과, 구멍돌산호과 등을 돌산호목이라는 하나의 그룹으로 묶을 수 있다. 조초산호는 돌산호목에 속한다. 돌산호목과 말미잘목은 서로 닮았기 때문에 하나로 묶어 육방산호아강으로 분류한다. 산호와 말미잘은 이 수준에서 친척이다. 육방산호아강과 팔방산호아강(여기에 보석산호의 동류가 속한다) 등을 하나로 묶어 산호충강으로 분류한다. 산호충강은 한 단계 위의 그룹인 자포동물문에 속한다.

자포동물의 특징 1: 자포가 있다

자포동물의 정의는 '자포를 지닌 동물'이다. 자포는 작은 총이다. 자포는 캡슐 모양을 하고 있으며, 자세포라는 세포 안에 들어 있다. 캡슐의 크기는 0.02~0.05밀리미터 정도이다. 캡슐 안에는 자사라는 긴 실이 쌓여 있다(그림 1-2).

자포는 로프가 달린 포경용 작살을 아주 작게 만든 것과 같다. 자포동물은 이것을 발사해서 먹이를 잡기도 하고, 자신의 몸을 보호하는 데에도 사용한다. 캡슐 상단에 뚜껑이 있는데, 먹이에 반응해 뚜껑이 열리고 그 안의 실이 날아간다. 실이라고는 하지만 사실은 속이 빈 가는 관이다. 관은 안쪽이 바깥쪽이 되도록 뒤집히면서 날아가 사냥감에 꽂힌다. 그리고 관을 통해 캡슐에 쌓여 있는 독을 사냥감에 주입한다. 독은 단백질로, 신경을 마비시키거나 세포를 파괴하는 일 등을 하며, 여러 종류의 독이 섞여 있다. 자포는 특히 촉수 끝 부분에 많은데, 산호는 이 자포를 발

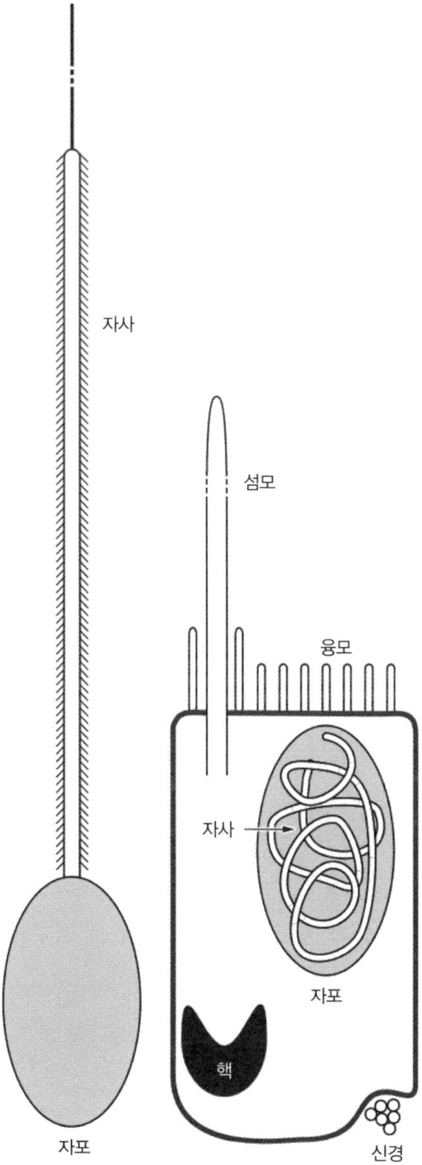

그림 1-2 자포 왼쪽은 발사한 자포. 오른쪽은 자세포에 들어 있는 상태. 길게 하나로 돌출한 것은 섬모, 여러 개 돌출한 것은 융모로 둘 다 먹이가 접근하는 것을 감지한다.

사하여 동물플랑크톤을 포획한다.

그렇다고 자포가 마구 발사되는 것은 결코 아니다. 예를 들어 유리봉으로 촉수를 건드리더라도 자포는 발사되지 않는다. 그런데 촉수에 육즙을 먼저 주고 유리봉으로 살짝 건드리면 자포가 발사된다(육즙을 주는 것만으로는 자포가 발사되지 않는다). 즉, 먹이가 접근하는 것을 미각으로 느껴 준비하고, 접촉하는 순간을 노려 자포를 발사한다. 자포는 한 번 쓰고 버려지며, 모래알이 부딪히는 것만으로는 발사되지 않는다.

자포가 발사되는 원리는 샴페인 마개가 날아가는 원리와 같다. 즉, 자포 내부의 상당히 높은 압력이 원인이다. 자포 내부는 150기압이나 되기 때문에, 알맹이가 날아가지 않도록 뚜껑으로 누르고 있다. 자극에 반응해서 뚜껑이 열리면, 속에 들어 있던 침이 힘차게 날아간다. 사출 속도는 시속 60킬로미터이다. 세포의 동작으로는 생물계에서 반응 속도가 가장 빠른 축에 속한다. 발사된 자사가 먹이에 꽂히는 데까지 평균 300분의 1초밖에 걸리지 않는다. 그리고 총알과 같은 압력으로 꽂힌다.

자포가 들어 있는 자세포는 세포 자체적으로 외부 자극을 감지해서 반응한다. 우리가 눈으로 먹이를 보고 움직일 때 신호가 눈(감각기) → 감각신경 → 중추신경 → 운동신경 → 근육(효과기)으로 전달되며 다수의 기관이 관여하는 것과는 달리, 자세포는 혼자 감각세포와 효과기를 겸하기 때문에 신경을 통하지 않고 자포를 발사한다(효과기란 근육이나 섬모, 분비기관과 같이 외부에 효과를 미치는 기관·세포·세포소기관을 말한다). 다만 자세포도 어느 정도는 신경의 지배를 받기 때문에 배가 부를 때는 신경계의 작용으로 자포가 발사되지 않는다.

자포는 꽂히는 타입(관통자포, penetrant) 외에도 휘감아서 먹이 동물을 잡는 타입(나선자포, spirocyst)도 있다. 관통자포에도 많은 종류가 있으며 히드라충류에서는 24종이나 알려져 있다.

자포동물의 특징 2: 2배엽동물

자포동물에는 자포 외에도 다른 동물과 전혀 다른 특징이 있다. 바로 내배엽과 외배엽 두 종류의 배엽만 갖고 있다는 점이다(이와 같은 동물을 2배엽동물이라고 한다). 대부분의 동물은 2배엽에 더하여 중배엽을 갖는 3배엽동물이다. 배엽이 하나 적기 때문에 자포동물은 매우 원시적인 동물이라고 여겨진다.

이 부분을 좀 더 자세히 설명하려면 먼저 동물의 발생에 대해

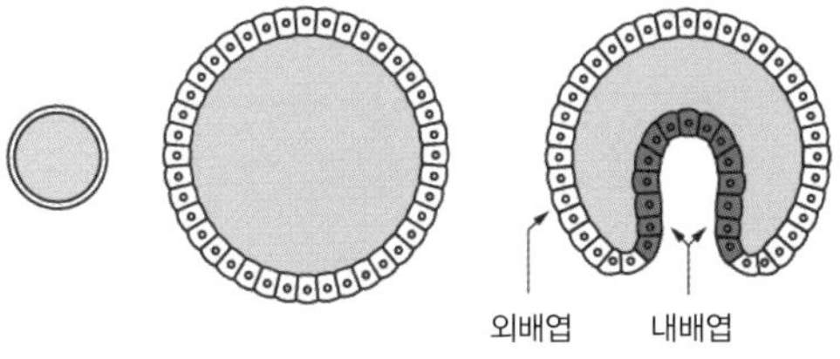

그림 1-3 동물 난자의 발생 왼쪽부터 수정란, 배엽, 낭배.

이야기할 필요가 있다.

난자와 정자가 합체하는(수정하는) 것에서부터 발생이 시작된다(그림 1-3). 이것은 어느 동물에서나 마찬가지다. 수정란은 아주 동그란 세포 하나이지만, 이것이 분열하여 세포의 수가 늘어나 중앙의 공간을 둘러싸는 것처럼 세포가 한 층에 죽 늘어선다(속이 빈 고무공을 상상하면 된다. 고무가 세포의 층이다). 이와 같은 배(부화 전의 개체)를 포배라고 한다. 이어서 이렇게 생긴 고무공을 검지로 밀어 넣은 것처럼 관 모양으로 움푹하게 들어간 곳이 중심을 향해 생긴다. 이것이 원장함입이라는 현상으로, 안쪽에 함입해서 생긴 관이 원장(이후 창자가 되는 부분)이다. 이와 같은 배를 낭배(원장배)라고 부른다.

그럼 이제부터 2배엽을 설명하겠다. 배엽이란 발생 초기에 세포가 늘어서서 천처럼 넓적한 상태가 된 것으로, 낭배에서 몸 바깥을 덮는 시트가 외배엽, 몸 안쪽에 함입되어서 원장을 만드는 시트가 내배엽이다.

낭배에서 발생이 더욱 진행되면 대부분의 동물은 내배엽과 외배엽에 더하여, 그 중간에 중배엽이 생긴다. 세 종의 배엽을 갖는 것이 3배엽동물이며, 우리 인간을 비롯해 대부분의 다세포동물이 여기에 포함된다.

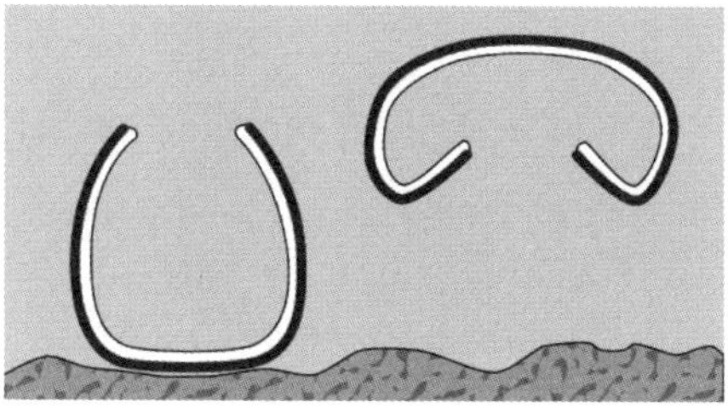

그림 1-4 폴립(왼쪽)과 해파리

헤켈의 뛰어난 의견

자포동물은 내배엽과 외배엽만 있는 동물인데, 이것은 낭배 단계(즉, 중배엽이 생기기 전의 단계)에서 발생이 멈췄다고 볼 수 있다. 낭배가 입을 위로 해서 반대쪽을 바위에 붙이면, 마치 (촉수를 수축했을 때의) 폴립과 똑같다. 또한 입을 밑으로 해서 바닷속을 떠다니면, 이것은 (자포동물에 같이 속하는) 해파리와 똑같다(그림 1-4).

이 생각을 최초로 설명한 것이 에른스트 헤켈Ernst Haeckel(1834~1919, 다윈과 동시대의 생물학자)이었다. 헤켈은 우리 인간을 포함한 3배엽동물이 자포동물과 같은 2배엽동물에서 진화했다고 생각했다. 이 뛰어난 의견에는 지금도 지지자가 많다. 헤켈은 다윈의 진화론을 동물의 발생과 연결지어 생각한 것이다. 오늘날 진화와 발생을 연결한 학문인 진화발생생물학이 한창 유행하고 있는데, 150년 전, 진화론이 주창된 시기에 같은 발상에 다다른 헤켈은 대단하다고 할 수 있다.

그는 상상력이 매우 뛰어난 사람으로 "개체발생은 계통발생을 반복한다"라는 명언을 남겼다. 계통발생이란 생물의 무리가 단순한 것에서 복잡한 것으로 진화해가는 과정을 말한다. 개체발생이란 개체가 수정란에서 어미로 발생해가는 과정을 말한다. 우리들 한 사람 한 사람이 알에서 어미로 되는 과정에서 생물 진화의 역사를 반복한다는 것이 헤켈의 주장이다. 사람은 태아 시기에 새공(아가미구멍)을 갖고 있는데, 이것은 선조인 물고기 시대를 발생에서 반복하는 증거라고 볼 수 있다는 것이다. 현실에서는 개체발생이 진화의 역사를 엄밀하게 반복하는 것은 아니므로, 이 유명한 명언은 말 그대로는 맞지 않는다. 하지만 우리 자신이 생명의 38억 년 역사를 다시 경험하고 있다고 여기는 것은 우리 존재의 무게를 느끼게 하니, 참으로 훌륭한 발상이라고 생각한다.

산호초

조초산호(이하 산호라고 한다)가 산호초를 만든다. 산호는 폴립 모양을 한 자포동물이다. 물론 자포를 갖고 있으며, 이것으로 동물플랑크톤을 잡아먹는다.

바다에서 생물다양성이 가장 높은 생태계가 산호초이다. 산호초가 해양에서 차지하는 면적은 불과 0.2%이지만, 바닷물고기 종의 3분의 1이, 그리고 전체 해양생물의 4분의 1이 산호초에 산다. 이 정도로 생물다양성이 높다. 그 다양한 생물들을 유지하는 것은 광합성에 의한 유기물 생산이다. 산호초는 전 세계의 바다에서 생물생산성이 높은 장소 중 하나로 손꼽힌다. 생물생산성이 산호초 주변 난바다에 비해 100배나 높다.

산호초의 정의는 '열대·아열대의 바다에서 주로 산호가 만든 석회질 골격이 굳어져 형성된, 수심이 얕은 바위 밭'이다. 여기에는 ① 열대, ② 얕은 수심, ③ 바위 밭이라는 세 가지 키워드가 들어가 있다.

이들 키워드에서도 산호초에는 생물이 많을 것이라고 추측할 수 있다. ① '열대'는 매서운 한파 등이 오지 않는 안정된 환경을 의미한다. 혹독한 겨울이 오는 곳에는 그 기후를 견딜 수 있는 동물밖에 살 수 없다. ② '얕은 수심'에선 햇빛이 물에 흡수되는 경우가 적다(그리고 '열대'이므로 연중 햇빛이 강하다). 이것은 광합성이 활발해 먹이가 풍부하게 제공된다는 것을 의미한다. ③ '바위 밭'은 파도에 쓸려가지 않아 살기에 안정된 환경이다. 그리고 산호가 만드는 석회질 바위가 바위치고는 부드럽다. 이 때문에 침식되기 쉽고, 또한 천공성穿孔性 생물(성충이나 해면)이 구멍을 뚫을 수가 있다. 그 결과 바위가 울퉁불퉁해져서 숨을 장소가 많고, 바위 위, 바위 그늘, 바위에 뚫린 구멍 속 등 다양한 서식환경을 제공할 수 있다. 이처럼 산호초에는 다양한 형태의 안정된 거처가 있고, 먹이가 풍부하고 기후도 온난해서 다양한 생물이 살 수 있을 것이라고 추측할 수 있다. 실제로 산호초에는 수많은 생물이 살고 있다.

이는 산호초가 있는 바다에 잠수해보면 곧바로 알 수 있다. 잠수해서 물속을 보면 주변은 열대어 천지다. 그리고 눈앞에는 산호 숲이 끝없이 펼쳐져 있다. 산호 바위 위에는 석회관갯지렁이가 컬러풀한 파라솔을 펼치고, 산호 뿌리에는 한 아름이나 되는 말미잘이 하얀 촉수를 흔들거리며, 그 속에 금속성 오렌지색으로 빛나는 흰동가리를 감싸고 있다. 산호와 산호 사이의 모래밭은 새하얗다. 이 모래는 산호가 부서져서 생긴다. 흰모래 위에 새까만 해삼이 여기저기 굴러다니고 있다. 색의 홍수, 생물의 대홍수이다. 이처럼 다양한 생물로 넘쳐나는 세계를 만드는 기초가 조초산호이다. 조초산호는 과연 어떤 동물일까?

조초산호

조초산호의 특징으로 세 가지를 들 수 있다. 첫 번째 특징은 석회질 껍데기를 만든다는 것이다.

조초산호는 자기 몸 바깥에 돌로 된 컵을 만들고 그 속에 산다. 돌의 소재는 거의 순수한 석회암(탄산칼슘)이다. 돌을 분비하는 것은 몸의 외부층, 즉 외배엽에서 유래한 세포이다. 이 석회질이 기초가 되어 산호초가 만들어진다.

조초산호의 두 번째 특징은 군체를 만든다는 것이다.

산호의 친척인 말미잘은 폴립의 직경이 수 센티미터에서 큰 것은 1미터나 되며 폴립 한 개로 단독 생활을 한다. 그런데 산호는 폴립이 극히 작아서 직경 1센티미터 이하이다. 이렇게 작은 폴립이 수없이 모여 군체를 만든다. 군체는 '무성생식으로 늘어난 개체끼리 서로 분리되지 않고 몸의 일부가 연결된 무리'를 말한다. 단지 한데 모여서 무리를 만들었다고 군체라고 하지는 않으며, 몸의 조직이 연속되어 있어야 한다(이와 달리 개체 한 마리가 독립적으로 살아가는 경우에는 단체單體라고 한다. 또한 군체를 구성하는 개체를 개충個蟲이라고 한다).

산호가 군체를 만드는 과정을 최초의 수정에서부터 설명하겠다(그림 1-5). 산호의 일생은 난자와 정자가 바닷속에서 수정하는 것에서부터 시작된다. 수정란이 발생해서 플라눌라 유생(몸길이 1~2밀리미터)이 되고, 얼마 동안 바닷속을 유영하다가 해저에 가라앉아 바위 표면에 붙어, 그곳에서 변태해서 하나의 폴립이 된다. 그리고 폴립은 몸 주위에 컵 모양 돌집을 만든다.

이 최초의 한 마리에서부터 군체가 형성된다. 폴립 하나가 옆구리에서 싹을 틔우기도 하고, 몸을 두 개로 분열시키기도 해서 이웃에 자신과 똑같은 폴립을 만들어낸다. 이것은 무성생식이다.

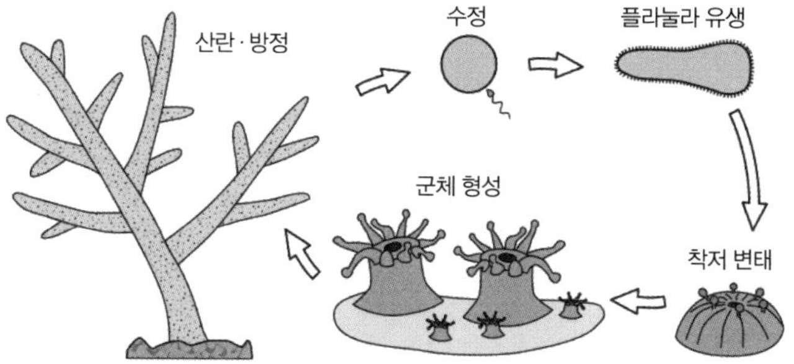

그림 1-5 산호의 일생 각 단계는 각각 다른 축척으로 묘사하였다.

즉, 자웅이라는 성에 관계없이 자식을 만든다. 이렇게 해서 생긴 자식은 모양도 판박이며 유전자도 완전히 똑같다. 쉽게 말하자면 클론이다. 어미 폴립과 새롭게 생긴 폴립은 몸의 일부가 연결되어 있어서 정보나 영양을 주고받을 수 있다.

폴립은 무성생식을 계속 반복하여 폴립을 늘려가 전체가 큰 군체를 형성한다. 우리가 산호를 떠올리면 그려지는 나무 모양이나 덩어리 모양이 바로 군체이다. 수많은 폴립이 모여서 사는 석조 아파트가 나무나 덩어리이다. 폴립 하나는 작지만, 군체는 10만 개 이상의 폴립이 모여서 직경이 수 미터에 달하는 것도 드물지 않다. 수 세기에 걸쳐 성장을 지속한다는 전설이 있는 거대한 군체는 직경이 10미터를 넘으며 수백만 개의 폴립을 갖고 있다고 한다.

산호가 죽어도 이 석조 아파트는 남아서 조가비나 성게 껍데기, 석회조류와 같이 석회질 껍데기를 만드는 생물의 껍데기와 더불어 단단해지는데, 이것이 산호초珊瑚礁라는 암초가 된다.

산호의 공생

조초산호의 세 번째 특징은 공생조류라는 것이다.

조초산호는 몸속에 조류를 살게 하여 그것과 공생한다. 이 사실은 70년 전 일본인에 의해 발견되었다. 조초산호의 공생 원리는 다음과 같다.

산호초에는 수수께끼가 존재한다. 산호초는 매우 아름답지만 그 아름다움의 주요 구성요소는 유리처럼 투명한 물이다. 물이 투명하기 때문에 물고기들의 컬러풀한 색이 의미를 갖는다. 눈으로 보고 '아! 같은 종의 수컷, 혹은 암컷이구나' 하는 것처럼 물고기들은 색과 모양으로 정보를 주고받는다. 색은 커뮤니케이션 수단이며, 아름다운 물고기들은 움직이는 포스터이다. 탁한 물에서는 결코 이렇게 될 수 없다.

이처럼 매우 투명하고 아름다운 물이 실은 큰 문제를 안고 있다.

산호초에는 수많은 동물이 산다. 즉, 먹이가 풍부하다는 의미이다. 우리와 같은 동물은 식물이나 조류가 광합성으로 만들어 낸 것을 먹는다. 쌀도 그렇고, 쇠고기 역시 소가 풀을 먹어서 만든 것이다. 이처럼 먹는 것의 근본을 따져보면 전부 식물에서 유래했다. 산호초에 수많은 동물이 산다는 것은 광합성을 하는 생물이 많다는 의미이다.

바닷속에서 광합성을 하는 것은 조류이다. 북쪽 바다에는 대형 조류(다시마나 모자반 등)가 만든 훌륭한 숲이 있다. 그런데 산호초에는 물에 흔들리는 조류의 숲 따위는 찾아볼 수 없다.

물속에서 광합성을 하는 조류로는 한 가지 더, 식물플랑크톤이 있다. 식물플랑크톤은 물속을 떠도는 단세포 조류인데, 규조나 와편모조류를 비롯한 많은 식물플랑크톤은 현미경이 없으면 볼 수 없을 정도로 작다. 산호초가 있는 바다에는 식물플랑크톤도 적다. 이는 산호초 주변의 물이 투명하다는 사실을 통해 추측할 수 있다. 왜냐하면 플랑크톤같이 작은 입자가 물속에 많이 떠 있으면, 햇빛이 난반사되어 물이 탁해지기 때문이다(게다가 물이 투명하다는 것은 물속에 유기물 입자가 거의 없다는 것을 의미한다. 유기물 입자는 생물의 사체 등이 분해된 것으로, 이것은 동물이나 박테리아의 먹이가 된다).

산호초 주변의 물과 산호초를 둘러싼 외양外洋의 바닷물은 영양이 부족하다. 생물이 몸을 만드는 데에 필요한 영양염류(질소와 인)가 적다. 질소는 단백질을 만드는 데에 필요하며 인은 핵산(유전물질)을 만드는 데에 필수적인 원소이다. 열대 바다에는 질소나 인이 적기 때문에 광합성 생물이 자라지 않는다. 영양분이 빈약한 상태를 '빈영양貧營養'이라고 하는데 열대 바다는 말 그대로 빈영양이다. 아름답긴 하지만 생물에게는 살기 어려운 환경이다. 그래서 사실 산호초 주변 외양에는 그만큼 생물이 없다. 그런데 같은 빈영양 바닷물인데도 산호초에는 수많은 생물이 산다. 이것은 도대체 어떻게 가능한 일일까?

생물학자인 가와구치 시로川口四郎가 이 수수께끼를 풀었다. 산호의 조직을 현미경으로 보면, 둥글고 작은 갈색 입자(직경 100분의 1밀리미터)가 수없이 들어 있다. 이 입자는 이전부터 잘 알려진 황록공생조류이다. 이 황록공생조류는 작은 갈색 동물이다. 가와구치는 이것을 산호에서 분리하여 바닷물 속에서 배양해보았다. 그러자 갈색 입자가 변신하여 독특한 껍질을 분비해 몸을 둘러싸고, 편모라는 가는 털을 두 개 만들어서 수영을 하였다. 이 모습을 보면 그 입자가 와편모조류와 같은 식물플랑크톤

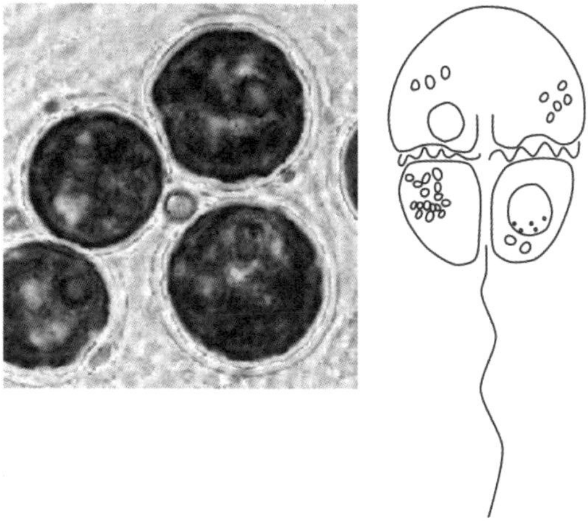

그림 1-6 갈충조 왼쪽이 산호의 세포 내, 오른쪽은 분리해서 배양한 것(왼쪽보다 확대해서 나타냈다).

이라는 사실이 명확해진다. 즉, 광합성 생물이 산호의 체내에 숨어 있었던 것이다. 이 발견(1944)을 통해서 황록공생조류에는 '갈충조褐蟲藻'라는 이름이 붙게 되었다.

산호는 2배엽동물이며 내외 두 개의 세포층으로 이루어져 있다. 몸 표면을 덮는 것이 외배엽에서 유래한 외층이고, 안쪽 면(위강에 접하는 면)을 덮는 것이 내배엽에서 유래한 위층胃層이다. 갈충조는 위층의 세포 안에, 액포(심비오솜)에 둘러싸여 들어 있다. 1제곱센티미터당 수백만 개의 밀도로 들어 있으며 많은 경우에 산호의 연체부(껍데기를 제외한 부분) 중량의 절반이 갈충조라고 하므로, 산호는 절반이 조류라고 할 수 있다. 그래서 산호 숲은 조류 숲이기도 한데, 그것을 몰랐던 것이다.

갈충조가 얻는 이익

두 종류의 다른 생물이 같은 장소에서 서로 긴밀하게 결합을 유지하면서 생활하는 것을 공생이라고 한다. 공생함으로써 양쪽 종 모두 이익을 얻으면 상리공생相利共生, 한쪽만 이익을 얻으면 편리공생片利共生이라고 한다. 산호와 갈충조는 상리공생 관계이며, 둘 다 공생으로 막대한 이익을 얻는다.

우선 갈충조가 얻는 이익부터 살펴보자. 첫 번째는 안전한 집에 살 수 있다는 것이다. 산호는 단단한 돌 컵 속에 살고 있으며, 자포라는 독침까지 갖고 있기 때문에 산호를 잡아먹는 동물은 거의 없다. 말하자면 산호는 무장된 돌 요새나 다름없으며, 이와 같은 환경에 사는 한 갈충조는 매우 안전하다. 바닷속을 어슬렁어슬렁 떠다니면 적에게 잡아먹힐 위험이 있기 때문에 산호 바깥에 있을 때에는 껍데기를 분비해서 몸을 지킨다. 그러나 산호 속에서 갈충조는 껍데기를 벗은 알몸 상태로 아주 '편안히' 지낸다.

산호의 군체는 요새처럼 안전하다는 한 가지 장점만 있는 것이 아니다. 산호는 갈충조가 광합성하기 쉽도록 배려해서 군체 모양을 만든다. 군체 중에는 나무의 가지나 잎 모양을 한 것이 많다. 잎처럼 평평한 모양은 표면적이 넓어 햇빛을 많이 모을 수 있다. 나뭇가지 모양을 하면 위로 자라서 다른 그늘에 가려지지 않으며, 해저에 붙은 면적당 햇빛을 받는 표면적이 늘어 보다 많은 햇빛을 모을 수 있다. 산호는 동물이기 때문에 나무나 풀 모양을 할 필요는 없지만 갈충조를 배려해서 빛을 많이 받도록 군체를 식물 같은 모양으로 만드는 것이다.

갈충조에 대한 배려는 그 외에도 있다. 적도 상공에서는 자외선을 흡수하는 오존층이 얇기 때문에 바닷속에도 자외선이 강렬하게 내리쬐어서 엽록체가 파괴될 우려가 있다. 그래서 산호는 자외선을 흡수하는 필터 물질(마이코스포린 유사 아미노산MMAs)을 만들어, 이것을 갈충조 위에 늘어뜨려 준다. 결국 갈충조는 채광이 양호하고 자외선 방지 선루프가 설치된 안전한 아파트에 사는 것이다.

영양과 이산화탄소

영양 면에서도 갈충조는 산호로부터 은혜를 입는다. 갈충조는 열대 바다에서 부족하기 쉬운 인이나 질소라는 영양분을 산호로부터 얻는다.

산호는 촉수를 이용해서 동물플랑크톤을 잡아먹는다. 동물플랑크톤을 먹으면 산호의 배설물에는 단백질이나 핵산이 분해되어 생긴 인이나 질소가 포함된다. 이 배설물을 갈충조가 받아먹는다. 필자가 어렸던 시절에는 인간의 배설물을 작물에 퇴비로 주었다. 그런 것처럼 산호는 갈충조에게 자신의 배설물을 주는 것이다. 다만 산호의 경우에 배설물은 산호의 세포 안에서 생기며, 그것을 세포 안에 있는 갈충조가 직접 받아먹기 때문에 낭비가 없고, 인간의 농작업보다 훨씬 효율성이 좋다. 이와 같이 산호에서는 영양소 낭비가 없는 리사이클이 이루어진다.

낭비 없이 리사이클되는 것은 인이나 질소뿐만이 아니다. 광합성에는 이산화탄소가 필요한데, 광합성이 왕성하면 이산화탄소가 부족해진다. 그래서 갈충조는 산호가 호흡해서 내뱉는 이산화탄소를 이용한다. 그런데 산호가 '어차피 버리는 것이니 가져다 쓰려면 쓰라'는 식으로 이산화탄소를 건네주는 것만은 아닌 것 같다. 산호는 일부러 에너지를 사용해 바닷물에서 이산화탄소를 체내로 끌어들여 갈충조에게 건네주기도 하는 것 같다.

산호가 얻는 이익

이처럼 갈충조는 공생에 의해 산호로부터 많은 이익을 얻는데, 그렇다면 산호는 어떨까?

공생을 통해 산호가 얻는 첫 번째 이익은 영양이다. 갈충조는 광합성으로 글리세린 등을 만들어내는데, 그 상당 부분을 산호가 받는다. 많을 때에는 갈충조가 만들어낸 양의 90%나 받는다.

우리들이 음식을 필요로 하는 것은 몸을 움직이기 위한 에너지원(녹말이나 글리세린 등의 탄수화물)을 얻기 위해서, 그리고 몸이나 유전물질을 만드는 재료를 얻기 위해서이다. 몸은 주로 단백질로 되어 있고, 그것을 만드는 데에는 질소가 필요하다. 유전물질인 DNA를 만드는 데에는 질소와 인이 필요하다. 산호의 경우, 에너지원은 갈충조에게서 얻는 것으로 충분하다. 산호가 동물플랑크톤을 잡아먹는 것은 질소와 인을 얻기 위해서이다.

산호에게 폴립(연체부)의 성장에 영양이 필요한 것과 마찬가지로, 껍데기를 성장시키는 데에도 재료가 필요하다. 껍데기는 탄산칼슘으로 되어 있다. 탄산이나 칼슘도 바닷물 속에 있기 때문에 그것을 거두어들이면 되지만, 그 두 가지를 가지고 탄산칼슘 결정을 만들려면 결정의 핵이 되는 유기물이 필요하다. 산호는 그것을 갈충조로부터 얻고 있다.

산호는 받으면서만이 아니라 갈충조에게 주면서도 이익을 얻는다. 우리는 먹으면 화장실에 가야 하고, 호흡에서는 이산화탄소를 부지런히 내뱉지 않으면 안 된다. 그런데 산호의 경우, 앞에서 말한 바와 같이 먹어서 나오는 배설물이나 호흡으로 나오는 이산화탄소를 갈충조가 받아주기 때문에 배설물 처리는 신경 쓰지 않아도 된다. 또한 호흡에서 산소를 받아들이는 일도 산호는 갈충조에게 신세를 진다. 갈충조가 광합성을 할 때 배출한 산소를 산호가 세포 안에서 직접 받아들일 수 있기 때문이다.

결국 산호는 갈충조와 공생하기 때문에 먹을 걱정도 거의 없고, 화장실 걱정도 없으며, 인공호흡기를 체내에 갖추고 있는 것과 같기 때문에 무리하게 숨을 쉴 필요도 없다. 안락한 최고의 생활이 가능하다. 갈충조도 안전하고 일하기 편하며, 비료나 광합성 재료(이산화탄소)까지 제공하는 집에 산다. 덕분에 갈충조는 왕성하게 광합성을 하고, 그렇게 해서 만든 먹이를 기분 좋게 산호에게도 나눠주기 때문에 산호는 계속해서 집을 만든다. 산호초는 빈영양 바다인데도 산호가 크게 번성하는 바다이며, 또한 갈충조가 크게 번성하는 바다이기도 하다. 이 둘의 번성은 서로 불필요한 것을 효율적으로 재활용하는 공생관계가 있기에 가능하다.

산호의 점액이 산호초의 생물들을 기른다

산호초에서 산호만 번성하는 것은 아니다. 다른 많은 동물들이 산호가 분비하는 점액을 먹이로 해서 산다. 산호가 자신을 완전히 덮을 정도로 분비하는 대량의 점액은 다른 동물들을 기르는 먹이가 된다.

점액은 입 주변에 있는 세포에서 분비되어 산호의 표면에 착 달라붙어서, 식품을 보존할 때 사용하는 투명한 랩처럼 몸을 덮는다. 점액의 역할은 몸을 청결하게 유지하고, 외부환경의 변화 등으로부터 몸을 보호하는 것이다. 산호는 바다 밑바닥에 붙어 있기 때문에 모래알 등의 쓰레기가 몸 표면으로 내려와 쌓인다. 몸 표면에 퇴적물이 쌓이면 빛이 체내로 들어오기 어려워 갈충조의 광합성이 방해받는다. 그것을 방지하는 것이 점액 필름이다. 필름 위에 쓰레기가 쌓이면 필름을 통째로 몸에서 벗어버린다. 그리고 새로운 필름을 분비해서 몸을 항상 청결하게 유지한다. 산호는 필름을 정기적으로 바꾼다. 예를 들어 어느 구멍돌산호는 보름마다 필름을 새로 바꾼다고 한다.

점액은 몸을 보호하는 역할을 한다. 얕은 곳에 있는 산호는 한사리[大潮] 때 물이 빠지면 수면 위로 드러나는 경우가 있다. 이때는 대량의 점액을 분비해서 몸을 덮는다. 점액은 보습 효과가 있어 몸을 건조하지 않게 한다. 또한 고온이나 저온, 비 등에 의해 바닷물의 염분 농도가 낮을 때에도 산호는 왕성하게 점액을 분비해서 몸을 보호한다.

산호는 점액을 만들기 위해서 갈충조한테 얻은 영양의 절반 정도를 사용한다. 점액은 탄수화물이나 단백질이 연결된 고분자로 되어 있으며, 산호는 이것을 만들기 위해 아주 많은 에너지를 투입한다. 그리고 갈충조로부터 얻은 영양의 나머지 대부분을 일상생활에 필요한 지출(먹이를 잡고, 몸의 부서진 부분을 고치며, 갈충조와 물질을 거래하는 일 등에 쓰이는, 일상생활을 유지하기 위한 에너지)에 사용하고, 성장에 사용하는 것은 겨우 1% 정도이다.

영양 덩어리나 다름없는 점액은 다른 생물들에게 좋은 먹이가 된다. 산호의 몸에서 벗겨져 떨어져 나온 점액은 바닷물 속을 떠돈다. 점액의 절반 이상은 곧 바닷물에 녹고, 영양을 듬뿍 포함한 이 바닷물에서 박테리아가 왕성하게 증식한다. 그것을 동물플랑크톤이 먹고 증식하며, 또 그것을 보다 큰 동물이 먹어서 증식하고, 그리고 그것을 더욱 큰 동물이 먹는 식으로 산호초에서의 먹이연쇄가 진행된다.

바닷물에 녹지 않은 점액도 먹이가 된다. 점액은 모여서 덩어리가 되고, 이것은 기포를 둘러싼 채 천천히 해수면까지 떠올라

수면을 떠돌아다닌다. 이것이 점액 덩어리인데, 여기에는 바닷물에 떠다니는 박테리아·조류(단세포나 실 모양의 것)·동물플랑크톤 등이 들러붙어서 산호에서 막 떨어져 나왔을 때에 비해 영양가가 1,000배나 높아져 매우 좋은 먹이가 된다.

점액 덩어리에는 모래알도 섞이기 때문에 점점 무거워지고, 해수면에서 먹히지 않은 점액 덩어리는 결국 해저에 가라앉는다. 이제 점액 덩어리는 그곳에 있는 박테리아를 키우고 박테리아는 저생동물들의 먹이가 된다. 이렇게 해서 산호의 점액은 유영하는 생물이나 해수면에 떠다니는 것, 그리고 해저에 있는 것 모두를 기른다.

산호게와 귀신불가사리

산호에서 벗겨져 떨어지기 전의 점액을 산호 위에서 직접 먹는 물고기나 조개, 새우, 게도 있다. 예를 들어 레이스산호에 사는 산호게는 솔처럼 털이 난 다리로 점액을 문질러서 먹는다. 그렇다고 해서 산호게가 산호로부터 거처와 먹이를 제공받아 자신만 이익을 얻는 편리공생 관계를 맺고 있냐 하면, 꼭 그렇지는 않다. 산호게는 매우 재미있는 행동으로 산호에게도 이익을 준다.

귀신불가사리는 직경이 60센티미터나 되는 대형 불가사리로, 산호의 몇 안 되는 천적이다. 귀신불가사리는 위를 뒤집어서 입으로 토해낸 다음, 산호를 눌러서 소화액을 끼얹고 산호를 녹여

그림 1-7 귀신불가사리 산호가 하얗게 된 부분은 귀신불가사리에 먹혀 뼈만 남은 곳이다.

서 흡수해버린다. 귀신불가사리가 이렇게 산호를 공격해 오면, 그토록 대단한 산호의 돌집도 방어할 수 없다. 그리고 이유는 모르겠지만 귀신불가사리에게는 자포도 맥을 못 춘다. 귀신불가사리는 때때로 개체수가 급격히 늘어나 산호에게 엄청난 타격을 준다.

그런데 주변의 산호가 전부 먹혀버려도 산호게가 있는 레이스 산호는 먹히지 않는다. 귀신불가사리가 습격해왔을 때 산호게는 집게발로 불가사리를 막아내거나, 집어서 흔들거나, 관족(불가사리나 성게가 갖는 작은 다리)을 자르는 식으로 반격해서 귀신불가사리를 격퇴한다. 산호와 산호게는 상리공생 관계이다.

백화가 산호를 죽인다

얼핏 아주 견고해 보이는 산호와 갈충조의 관계도 때로는 깨진다. 이것이 지금 큰 문제가 되고 있는 백화현상이다. 백화는 산호 속에 있는 갈충조의 수가 극단적으로 감소하는 현상을 말한다. 갈색을 띠는 갈충조가 줄어들면, 투명한 폴립 벽을 통해서 아래에 있는 산호의 흰 골격이 투명하게 비쳐 산호가 하얗게 보인다. 그래서 백화白化라고 부르는 것이다. 갈충조가 광합성 색소를 잃어버리는 현상도 백화 때 일어나는 것 같다. 백화로 갈충조한테 받는 광합성 산물의 양이 줄어들면 산호는 영양부족에 빠지고, 백화가 2개월 정도 지속되면 결국 죽는다.

백화는 스트레스로 일어난다. 갈충조가 이상 고온이나 저온, 지나친 햇빛, 장기간의 암흑, 장마 따위에 의한 바닷물의 염분 저하 등으로 스트레스를 받는 것이다. 스트레스가 단기간에 사라지면 한때 줄어들었던 갈충조의 수는 회복되고, 산호도 생기를 되찾는다.

현재 전 지구적으로 일어나는 대규모 백화가 문제인데, 원인은 지구온난화이다. 백화는 해수 표면의 온도와 밀접하게 연관된다. 여름의 최고 기온이 평년보다 1도 높은 주가 3개월 사이에 4주 이상 지속되면 백화현상이 일어날 확률이 높아진다. 1998년에 일어난 대규모 백화는 기록적이었다. 그해는 천 년에 한 번 있는 규모라고 할 정도의 엘니뇨현상이 발생해서 해수 온도가 매우 높았다. 이때 대규모 백화가 발생해서, 전 세계 산호초의

16%가 괴멸되었다. 오키나와의 피해는 특히 심각해서 약 80%의 산호가 사멸했다. 높은 해수 온도에 매우 강한 햇빛이 더해지면 피해가 확대된다. 파괴된 산호초의 회복은 더뎌서, 회복하지 못하고 현재에 이른 산호초도 많다. 오키나와의 산호초는 그 후 회복되었지만, 2016년에 다시 세키세이쇼코(이시가키섬과 이리오모테섬 사이에 있는 일본 최대급의 산호초)에서 산호 군체의 70%가 백화로 사멸했다.

세계적인 규모의 백화는 1980년대에 들어서면서부터 나타나기 시작했다. 이후 매년 전체의 5~20%에 달하는 산호초가 위험 수준에 처하고 있고, 그 비율은 해마다 늘어나고 있다. 지금의 속도로 온난화나 해양오염, 난개발, 어패류의 난획 등이 진행되면 2050년까지 모든 산호초가 위험에 빠질 것이라는 무서운 예측도 있다.

백화가 일어나는 메커니즘

여기서 불가사의한 점은 산호와 갈충조가 공생에 의해 서로 막대한 이익을 얻는데, 어째서 온도가 불과 1, 2도 높아지는 것만으로 공생관계가 깨지는가 하는 점이다. 그 이유는 그들이 공생관계가 성립하는 범위의 아슬아슬한 상한 온도에서 생활하고 있기 때문인 것 같다.

산호초 지대와 같이 온도가 높고 빛도 강렬하며 물이 투명한 환경에서 갈충조는 매우 높은 속도로 광합성을 하면서 계속 산소를 방출한다. 그러면 주변의 산소 농도가 올라가서 활성산소가 생기는데, 이것은 매우 위험한 물질이다. 생물의 몸을 구성하는 핵산이나 단백질, 그리고 세포막 등에 상처를 입히기 때문이다. 갈충조 한 마리가 바닷속을 헤엄쳐 다니면 활성산소가 바닷물에 흘러가버리기 때문에 별다른 문제는 없지만, 산호의 세포 속이라는 폐쇄된 공간에서 계속 활성산소가 발생한다는 것은 큰 문제이다. 물론 산호나 갈충조도 그것을 처리하기 위한 메커니즘을 갖추고 있다(활성산소를 처리하는 각종 효소 등).

평상시에는 그렇게 어떻게든 극복할 수 있지만 지구온난화에 의한 이상 고온과 강한 햇볕 등이 더해지면 갈충조는 광합성 장치 여러 곳에 손상을 입어 더 많은 활성산소를 발생시킨다. 그러면 갈충조나 산호도 활성산소를 처리하는 능력이 한계에 달해버리는 것 같다.

이렇게 되면 산호 입장에서 갈충조는 고마운 존재가 아니라 독극물 발생 장치이기 때문에 쫓아내는 수밖에 없다. 갈충조 입장에서도 산호의 세포 속이라는 폐쇄된 공간에 있어서 문제가 심각해지는 것이기 때문에 도망갈 수밖에 없다. 이렇게 해서 1, 2도라는 작은 온도 상승으로 공생관계가 깨진다고 할 수 있다(다만 활성산소의 발생이 원인이 되어서 어떤 메커니즘에 따라 공생관계가 깨지는지는 아직 잘 알려져 있지 않다).

산호초는 푸른 카나리아

공생관계가 해소되는 메커니즘이 어떠하든, 겨우 1, 2도로 산호와 갈충조가 맺는 드문 공생관계가 깨진다는 사실은 우리들에게 매우 중요한 것을 가르쳐준다. 생물과 생물의 관계도, 그리고 생물과 환경의 관계도 매우 취약하다는 사실 말이다.

극히 미세한 온도 상승으로 백화라는 눈에 보이는 결과가 곧바로 나타나기 때문에, 산호는 지구온난화의 고감도 센서라고 할 수 있다. 우리는 전 세계의 열대 바다에 배치된 이 센서를 활용하지 않을 수 없다. 필자는 산호초를 '푸른 카나리아'라고 부른다. 옛날에는 탄광에 들어갈 때 카나리아를 데리고 내려갔다고 한다. 갱내에 독가스가 발생하면 곧바로 카나리아가 반응해서 울음을 멈춰 재빨리 위험을 알려주기 때문이다. 바다는 푸르니까 산호초는 푸른 카나리아이다. 그들은 지구온난화의 위험 신호를 가장 먼저 알려준다. 인류는 이 경고를 심각하게 받아들일 필요가 있지 않을까?

산호의 탱고

작사 · 작곡 모토카와 다쓰오

2

곤충 전성기의 비밀

절지동물문

절지동물문

1. 삼엽충아문(삼엽충, 멸종)
2. 갑각아문(새우 · 게 · 따개비, 약 5만 종)
3. 육각아문(곤충, 약 100만 종)
4. 다족아문(지네 · 노래기)
5. 협각아문(투구게 · 거미 · 전갈)

동물 가운데서 가장 종 수가 많은 것은 곤충이다. 무려 전체 동물의 70% 이상이 곤충이다. 생물 전체에서 보더라도 곤충이 절반을 차지한다. 개체 수 역시 곤충이 생물 가운데 가장 많다. 수로 따졌을 때도 단연 가장 많고, 가장 성공적으로 번성하는 것이 곤충이다. 이 장에서는 그 성공의 비밀을 파헤쳐보겠다.

곤충은 절지동물문에 속하며, 새우나 게(갑각류)도 여기에 속한다. 바다에서 종 수가 가장 많은 것이 이 갑각류이므로, 육지에서나 바다에서나 가장 많은 동물이 절지동물이다. '절지節肢'라는 말은 '아스라퍼더arthropoda'를 번역한 것이다. 이는 '관절arthron'과 '다리pous'라는 말(둘 다 그리스어)을 결합해서 만든 단어로, 절지동물은 '관절이 있는 다리를 가진 동물'이라는 뜻이다.

곤충의 몸 디자인

우선 곤충의 몸 디자인을 간략하게 설명하겠다.

절지동물은 말 그대로 복수의 마디가 연결되어 다리가 생겼으며, 마디 사이가 관절로 되어 있다. 그리고 몸 그 자체도 마디가 연결된 모양이다(지네의 몸통을 떠올리면 된다). 여기에서 하나의 마디가 체절이다. 절지동물은 기본적으로 비슷한 체절이 전후로 일렬로 늘어서서 몸을 이룬다. 다만 곤충의 경우에는 몸의 부위에 따라 체절의 모양이 서로 다르며, 비슷한 체절 몇몇이 모여서 두부, 흉부, 복부의 세 부분을 형성한다.

두부에는 입이나 감각기관(눈 등)이 있다. 두부는 복수의 체절이 융합된 것으로, 각 체절이 갖고 있던 다리가 변화해서 촉각이나 섭식을 위한 큰 턱, 작은 턱, 아랫입술이 되었다. 뇌도 여기에 있다. 다만 곤충을 비롯한 절지동물에서는 체절마다 신경세포가 모인 신경절이 있어, 우리 척추동물과 같이 뇌에만 통합적인 기능이 집중된 것은 아니다.

흉부에는 다리나 날개와 같은 운동기관이 있다. 흉부는 세 가지의 체절(전흉·중흉·후흉)로 되어 있는데, 체절마다 다리가 한 쌍씩 있어서 모두 합치면 여섯 개이다. 이것이 곤충의 특징이기에 곤충은 육각아문六脚亞門이라고 불린다. 날개 두 개는 중흉에나 있다.

복부는 11개의 체절로 구성된다. 창자가 체절을 관통하고 있으며, 체절 내에는 생식기관과 배설기관(말피기관) 등이 있다.

곤충의 특징 1: 키틴질 외골격

곤충이 지금처럼 번성할 수 있었던 핵심적인 특징을 생각해보자. 우선 주목할 만한 것은 곤충의 골격이 아주 훌륭하다는 점이다. 골격이란 힘을 가하더라도 몸이 찌부러지지 않도록 모양이나 자세를 유지하는 견고한 구조물을 말한다. 골격은 중력이나 바람과 같은 외부로부터 가해지는 힘에 저항해서 자세를 유지하는 것뿐만 아니라 내부로부터의 힘, 즉 근육을 이용해서 스스로 내는 힘을 외부에 전달하는 역할도 하고 있다. 예를 들면, 다리의 뼈가 흐느적거리지 않기 때문에 근육으로 다리를 움직여 대지를 박찰 수 있다. 골격은 운동하는 데에 매우 중요하다.

골격에는 크게 두 종류가 있다(그림 2-1). 하나는 내골격이다. 이것은 몸속, 즉 피부(표피)의 안쪽에 위치하는 골격이다. 우리 척추동물의 골격이 여기에 해당한다. 두 번째는 외골격이다. 피부의 바깥쪽(즉, 체외)에 있으며, 몸을 바깥에서 감싸는 골격이다. 절지동물의 골격은 여기에 해당된다. 산호나 조개의 골격도 외골격이다.

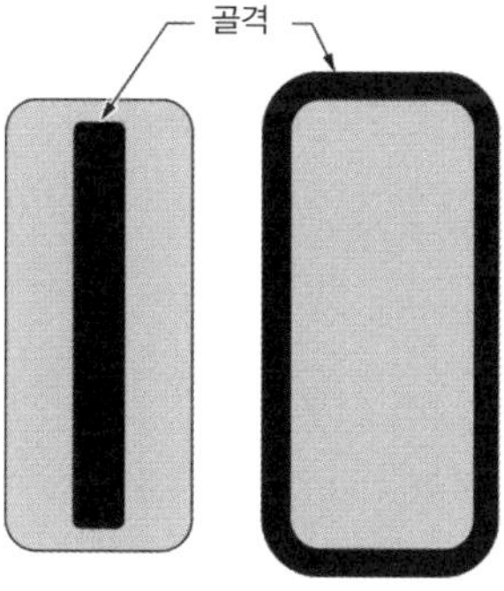

그림 2-1 내골격(왼쪽)과 외골격
검은 부분이 골격.

외골격은 체표體表를 감싸고 있기 때문에, 몸의 형태를 유지할 뿐만 아니라, 몸의 내부를 보호하는 기능도 갖고 있다. 보호 기능으로는 외부로부터의 충격 등 물리적인 힘으로부터 몸을 보호하는 기능도 있고, 유해한 화학물질이나 병원균으로부터 보호하는 기능도 있지만, 곤충에게 특히 중요한 것은 건조로부터 몸을 보호하는 역할이다. 곤충은 외골격 덕분에 건조한 환경에서 견딜 수 있게 되었다. 이처럼 외골격은 곤충이 육지에서 번성하는 데에 아주 중요한 역할을 하였다.

무기질 골격과 유기질 골격

골격을 그것을 구성하는 재료에 따라 분류하면, 크게 무기물로 만들어진 것과 유기물로 만들어진 것으로 나눌 수 있다. 대표적인 무기물은 탄산칼슘이다. 산호의 골격이나 조개껍데기가 그것이다. 바닷물에는 칼슘이 대량으로 녹아 있고, 또한 공기 중의 탄산가스도 바닷물에 녹아 있기 때문에, 탄산칼슘의 원료는 무한대로 있다. 그래서 약간의 조건을 갖추기만 하면, 탄산칼슘을 간단히 침전시켜 신속하고 저렴하게(에너지를 그다지 많이 사용하지 않고) 골격을 만든다는 큰 이점이 있다. 그러나 탄산칼슘은 무겁고 약하며, 일단 만들고 나면 부수기 어렵다는 결점도 있다.

우리 척추동물도 똑같이 칼슘을 이용하는데, 다른 점이 있다면 인산칼슘을 이용한다는 것이다. 이 골격은 만들어진 뒤에도 간단히 녹여서 모양을 고칠 수 있다는 장점이 있다. 우리 인간의 골격은 날마다 힘이 걸리는 부분은 굵게, 걸리지 않는 부분은 가늘게 수정을 반복한다. 이렇게 해서 필요한 부분을 강하게 하고, 불필요한 부분을 줄여서 쓸데없는 무게를 줄인다. 이것은 커다란 장점이지만 인을 얻는 일은 칼슘만큼 간단하지 않기 때문에 만드는 데에 비용이 든다.

유기물로 된 골격의 대표 격이 곤충의 각피角皮이다. 이것은 다당류나 단백질이라는 복잡한 분자로 되어 있으며, 그런 분자를 합성해서 만들기 때문에 제작비는 당연히 높다. 다만 비싸긴 해도 가볍고 튼튼하며 성능이 매우 뛰어나다. 그러한 고기능 재료를 이용한 덕분에, 그만큼 가는 다리를 만들더라도 흐느적거리지 않고 강하며 또한 가볍다. 그래서 다리를 가볍게 움직여 재빨리 달릴 수 있다.

각피 외골격을 사용하면 얇고 넓은 날개를 만들어서 날 수도 있다. 이것은 곤충의 세계를 크게 확장시켰다. 하늘을 자유로이 나는 동물은 곤충과 척추동물(익룡·새·박쥐)뿐이다. 하늘을 나는 척추동물이 등장한 것은 중생대로 약 1억 6,000만 년 전이다. 나는 곤충의 등장은 훨씬 오래되었다. 고생대인 약 4억 년 전으로, 2억 년 이상 동안 곤충이 하늘을 독점했다. 각피 외골격에 의해 곤충은 날고 달리는 커다란 운동 능력을 획득할 수 있었다. 곤충의 번성에 크게 공헌하는 것이 바로 이 외골격이다.

곤충은 두 단계의 과정을 거쳐서 세력을 확장했다. 우선 건조해지지 않는 몸을 가짐으로써 육지를 제패했다. 이것이 가능했던 것은 몸을 건조로부터 지켜주는 각피 외골격을 가졌기 때문이다. 다음으로 날개를 만들어 하늘을 제패했다. 이것 역시 각피 외골격 덕분이다. 곤충의 커다란 성공은, 오로지 각피라는 매우 뛰어난 재료의 개발 덕분이라고 보아도 과언이 아니다.

각피의 구조

각피는 영어로 '큐티클cuticle'인데, 이는 피부를 의미하는 라틴어 '큐티큘라cuticula'에서 유래되었다. 몸의 표면을 덮는 얇고 단단한 막과 같은 것은 무엇이든 큐티클이라고 하며, 동물뿐만 아니라 식물에게도 존재한다(렌즈의 코팅막 같은 것이라고 생각하면 된다). 샴푸 광고에서 종종 나오는 머리카락의 큐티클이라는 말은 머리카락 표면에 있는 죽은 세포층으로, 머리카락을 보호하며 보습 작용도 한다. 곤충을 비롯한 무척추동물의 각피는 몸 표면의 세포가 분비해서 만든 것이며, 역시 몸을 보호하고 보습하는 기능을 한다.

곤충의 경우 각피는 3층 구조이며, 외부에 접한 부분(상측)부터 상각피, 그 밑의 외각피, 가장 안쪽의 내각피로 구성되어 있다(그림 2-2). 3층을 합쳐도 두께는 0.2밀리미터 정도로 아주 얇다. 이것은 내각피 아래에 있는 표피세포에 의해 만들어진 것이다. 표피세포는 기저막이라는, 강도 높은 단단한 막 위에 한 층으로 늘어서 있으며, 이것이 각피의 성분을 분비한다. 표피세포의 안쪽이 '살아 있는' 부분이다. 각피는 표피세포의 바깥쪽에 있으며,

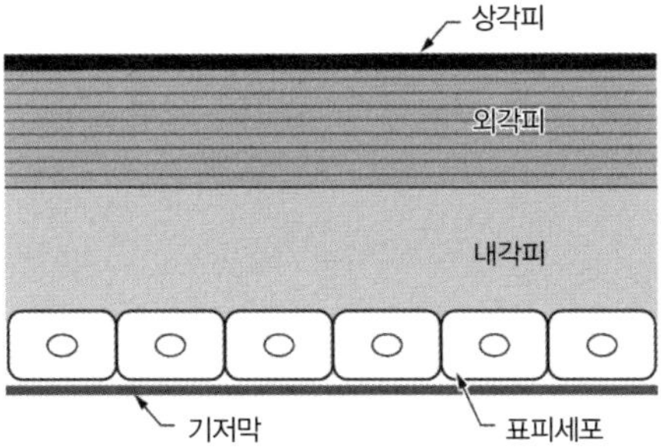

그림 2-2 곤충의 각피 단면

각피 내에 살아 있는 세포는 찾아볼 수 없다. 각피가 체외에 있는 '죽은' 부분이기는 하지만, 각피를 구성하는 각각의 층은 죽은 것이라고 얕볼 수 없을 만큼 중요한 기능을 한다.

상각피 · 외각피 · 내각피

상각피上角皮, epicuticle는 두께가 1,000분의 1밀리미터밖에 되지 않지만, 몸에서 물의 증발을 막는 장벽 역할을 하기 때문에 곤충이 육상 생활을 하는 데에 없어서는 안 된다. 상각피 덕분에 곤충은 절수형 몸이 되어, 물을 얻기 어려운 육지라는 환경에서의 생활이 가능하였다. 이 층은 화학적인 장벽으로 작용하는 층이며, 물이라는 귀중한 화학물질을 증발하지 않게 할 뿐 아니라 위험한 화학물질이나 질병을 일으키는 박테리아나 균류 등의 침입도 방지해서 몸을 지킨다.

상각피는 세 개의 층으로 되어 있으며(바깥에서 안쪽으로, 시멘트층, 왁스층, 큐티클린층), 한가운데의 왁스층은 물을 막아서 통하지 않게 하는 부분으로 방수의 핵심이다. 시멘트층은 왁스층을 감싸서 보호하는 역할을 한다. 큐티클린층은 각피가 만들어질 때에 최초로 생긴 층으로, 큐티클린이라는 단백질로 되어 있다.

상각피의 아래에 있는 것이 외각피外角皮, exocuticle와 내각피內角皮, endocuticle이다. 상각피가 화학적인 장벽인 것에 반해 이 층들은 각피의 역학적 성질(단단함과 질김)을 결정하는 것으로, 물리적인 장벽으로서 몸을 보호한다. 또한 각피에 강도를 줘서 몸을 지탱하여 곤충의 격렬한 운동을 가능케 하는 주역이다.

외각피와 내각피는 처음부터 분리되어 있지 않다. 먼저 표피세포에서 원각피原角皮, procuticle가 분비되고, 그 바깥쪽 층만 퀴논경화를 받아 외각피로 분화한다.

원각피는 섬유와 그것이 가득 찬 기질基質로 이루어져 있다(젤라틴의 기질 속에 많은 실이 들어가 굳어진 것을 상상하면 된다).

섬유는 키틴으로 만들어졌다. '키틴chitin'이란, 외피라는 뜻의 그리스어 '키톤chiton'에서 유래된 말이다. 이것은 다당질로, 주로 N-아세틸글루코사민이 연결되어서 섬유를 만든다. 원각피의 20~50%(건조중량)가 키틴섬유이며, 섬유는 전부 몸의 표면에 나란히 늘어서 있다.

기질은 수용성 단백질인 아트로포딘arthropodin 등의 단백질로 만들어졌으며, 이것이 키틴 섬유 사이를 메워서 섬유를 붙이는 풀 역할을 한다.

각피는 곤충의 몸이라는 '건축물'을 만드는 재료이며, 건축 재료로 보면 섬유와 기질이라는 서로 다른 소재가 조합된 섬유강화 복합재료라고 할 수 있다. 이 '섬유+기질'이라는 조합에는 뛰어난 특징이 있다. 섬유와 같은 끈 모양의 것은 당기면 강하게 저항하지만, 밀면 맥없이 구부러져 저항할 수 없다. 반대로 기질과 같이 덩어리로 된 것은 미는 힘(압축력)에는 그런대로 강하지만, 끌어당기는 힘에는 약해서 끌어당기면 뚝하고 끊어진다. 상처가 조금이라도 나 있으면 그 부분에서 균열이 생겨 갈라지기 때문이다. 섬유와 기질은 각각 단점을 갖고 있지만, 둘을 합치면 서로 단점을 보완하여 인장이나 압축에도 강한 재료가 된다(복합재료에 대해서는 210쪽 칼럼에 더 자세히 설명해놓았다).

각피는 베니어 구조

곤충의 각피는 복합재료이며, 재료로서 뛰어난 디자인을 갖고 있다. 그리고 곤충은 여기에 한 번 더 머리를 짜냈다. 각피의 섬유를 일정한 방향으로 가지런히 기질에 채워서 얇은 널빤지 모양으로 만들고, 그 얇은 판 여러 장을 조금씩 방향을 회전시켜 겹쳐 쌓은 다층구조로 만들었다. 이것은 베니어판 구조와 같다. 베니어는 섬유의 방향이 가지런한 얇은 판 여러 장을 90도씩 회전시켜 서로 겹쳐 붙여서 만든다. 곧은결의 판(섬유의 방향이 가지런한 판)은 보기에는 아름답지만 강도에는 문제가 있다. 섬유의 결 방향으로 잡아당기면 매우 강하지만, 그것과 직각 방향으로 힘을 가하면 섬유를 따라 쉽게 갈라진다. 그 결점을 방향이 다른 판을 겹쳐 붙여서 극복한 것이 베니어판이다. 베니어는 쪼개려고 해도 잘 쪼개지지 않으며, 무리하게 힘을 가하면 들쭉날쭉하게 쪼개진다. 들쭉날쭉하다는 것은 균열의 경로가 길다는 것을 의미한다. 그 길이에 비례해서 쪼개는 데 필요한 에너지는 커지기 때문에 베니어는 쪼개기 어렵다. 각피의 경우에는 베니어보다 세공이 훨씬 복잡하다. 90도보다 작은 각도로 조금씩 방향을 바꾼 얇은 층이 여러 장 겹쳐 붙여져 원각피층이 만들어진다. 따라서 각피가 그렇게 얇지만, 어느 방향으로 구부리거나 잡아당겨도 매우 튼튼해서 물리적으로 좋은 장벽이 된다.

퀴논경화

본디의 원각피는 부드럽지만, 바깥쪽의 외각피가 되는 부분에서 퀴논경화가 일어나 단단해진다. 퀴논이라는 화학물질이 각피의 기질을 만드는 단백질 분자들 사이에 다리를 놓아 변형되지 않게 하므로 기질이 단단해진다. 퀴논(구체적으로는 오르토퀴논ortho-quinone)은 매우 반응성이 높아 단백질과 결합해서 단백질 분자끼리 다리를 놓는다. 다리를 놓을 때에는 각피에서 수분을 없애기 때문에, 이 역시 원각피가 단단해지는 데 기여한다.

퀴논경화는 태닝이라고도 한다. 태닝은 자외선에 피부를 노출시켜 갈색으로 만드는 것이다. 퀴논경화 과정에서도 다갈색이 착색되기 때문에 이렇게도 불린다. 바퀴벌레의 갈색은 퀴논경화로 착색된 색이다. 각피는 본래 흰색이지만 태닝 정도에 따라 연한 갈색에서 검정에 가까운 갈색까지 여러 가지가 있으며, 검을수록 퀴논경화의 정도가 더욱 높으며 더욱 단단하다.

흰개미(야마토흰개미)

예를 들면, 흰개미가 하얀 것은 각피를 태닝하지 않았기 때문이다. 흰개미와 같이 나무속에 들어가 있으면 단단한 각피로 몸을 보호할 필요가 없어, 몸의 표면이 물렁물렁해도 문제가 없다. 다만 흰개미도 입의 큰 턱은 갈색이다. 턱은 나무를 갉기 때문에 단단해야 하므로 그곳은 제대로 태닝한다. 흰개미 중에 집을 지키는 병정개미는 새까맣고 강하게 태닝된, 가위와 같은 큰 턱으로 침입자를 격퇴한다. 땅속에 있는 장수풍뎅이의 유충도 몸은 흰색인데, 이는 땅속이라면 체표를 보호할 필요가 없기 때문이다. 다만 특별히 중요한 머리 부분은 갈색을 띤 단단한 각피로 보호한다. 이와 같이 곤충은 몸의 부분마다 필요에 따라 각피의 견고성을 조절한다.

곤충은 갑각류(새우·게)에서 진화하였다. 갑각류도 키틴질 각피를 갖고 있지만, 갑각류는 태닝을 통해서가 아니라 주로 탄산칼슘을 각피에 침착시켜서 각피를 단단하게 만들고 있다. 바닷물에는 칼슘이 풍부하기 때문에 이것은 저비용으로 각피를 단단하게 하는 좋은 방법이다. 또한 칼슘을 껍데기에 모으면 무거워지는데, 바다와 같이 부력이 작용하는 환경에서는 이것이 누름돌 역할을 해서 몸이 안정된다. 그런데 육지에서 각피가 무거우면 운동에 방해될 뿐이다. 게다가 육지에서는 칼슘을 구하는 것도 결코 쉽지 않다. 곤충이 채용한 태닝에 의한 각피의 경도 조절법은 육지 생활에 적응하기 위한 것이었다.

곤충의 특징 2: 큰 운동 능력 - 걷기 · 달리기 · 날기

각피 외골격은 가볍고 단단하기 때문에 가늘고 긴 다리나 얇고 넓은 날개를 만들 수 있다. 곤충은 그것으로 커다란 운동 능력을 획득하였다.

걷기

사람이든 곤충이든, 다리라는 것은 몸에서 튀어나온 길쭉하고 단단한 막대 모양이다. 동물은 이것을 움직여서 걷는다. 움직이는 원동력은 다리가 붙어 있는 부분의 근육이다. 자동차에 비유하자면 엔진이라고 할 수 있으며, 움직이는 봉 모양의 뼈가 트랜

스미션과 바퀴에 해당한다고 상상하면 된다.

다리는 왜 길쭉한 모양을 하고 있을까? 길수록 보폭이 커지고 빨리 걸을 수 있기 때문이다. 즉, 다리를 지렛대로 사용하고 있다고 보면 된다(아래 칼럼 참고). 다리는 가볍고 긴 것이 좋다. 그래서 다리의 재료로 가볍고, 가늘고 길어도 부러지지 않는 튼튼한 것이 요구된다. 키틴질 각피는 그야말로 안성맞춤이다.

다리는 지렛대·다리는 길쭉한 원기둥꼴

곤충이든 우리 인간이든, 다리는 길쭉한 원기둥꼴을 하고 있다. 다리가 길쭉한 것은, 지렛대의 원리를 이용해서 보폭을 넓히고 걷는 속도를 높이기 위해서이다. 지렛대란 하나의 봉이, 한쪽 끝 가까운 부분에서 지탱되는 것이다(지탱하는 점을 지렛목이라고 한다). 보통은 지렛목에 가까운 끝에 물건을 올리고, 반대쪽의 끝을 잡고 움직여, 작은 힘으로 무거운 것을 움직이는 데 사용한다. 즉, 힘을 증폭하기 위해서 사용하고 있다. 이때 무거운 것을 약간 움직이기 위해서는, 힘을 가하는 쪽의 끝을 크게 움직여야 한다(그림 2-3).

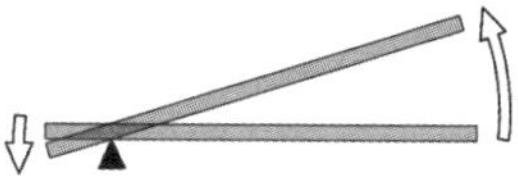

그림 2-3 지렛대

이 지렛대의 구조를 반대로 사용하여 지렛목에 가까운 끝을 조금 움직이면 먼 끝은 훨씬 크게 움직이기 때문에 움직임을 크게 만들 수 있다. 거리도 길어지고 움직이는 속도도 빨라진다. 동물의 다리는 이 지렛대의 원리를 역이용하는 것이다. 다리가 붙어 있는 부분을 근육으로 움직여서, 발끝으로 지면을 찬다. 다리가 길면 길수록, 발끝은 크고 빠르게 움직인다.

다만 긴 봉은 휘기 쉽고 부러지기 쉽다. 부러지고 나면 만사가 끝이고, 휘면 제대로 지면을 찰 수가 없다. 그렇게 되지 않도록 다리를 굵게 하면 좋지만, 그러면 무거워져 움직이는 데 막대한 에너지가 필요하다. 그래서 가늘어도 단단하고 어떤 방향에서 구부리는 힘이 가해져도 부러지지 않는 강한 모양을 할 필요가 있다.

무엇이든 얇은 쪽이 구부러지기 쉽고 약하다. 그런데 원은 어느 방향에서도 두께가 같으며, 원에는 약한 방향이 없다. 그래서 다리의 단면은 원형이 좋다. 다리는 길고 강한 지렛대여야 한다. 그래서 다리는 원기둥꼴이다.

관절

각피가 다리를 만드는 재료로 좋은 이유가 또 하나 있다. 관절을 만들기가 쉽다는 점이다. 관절이 없으면 다리를 움직일 수 없다. 다리와 몸통의 결합부가 움직이는 관절로 되어 있어야 비로소 보행이 가능해진다.

사람의 경우, 다리를 지탱하는 것은 골반이라는 체간의 뼈이며 골반과 다리의 뼈(대퇴골) 사이는 고관절로 되어 있다. 넓적다리를 움직이는 대요근(큰허리근)이나 대둔근(큰볼기근)은 고관절에 걸치듯이 골반과 대퇴골 방향으로 발판을 만들고 있다. 이러한 튼튼한 발판이 있기 때문에 근육은 힘을 내서 움직일 수 있다. 그리고 골반과 대퇴골 사이를 연결하는 고관절이 매끄럽고 부드러운 가동관절로 되어 있기 때문에 다리를 자연스럽게 움직일 수 있다. 더욱이 다리는 전후로 움직이는 하나의 봉이 아니라 중간에 무릎, 발목, 발가락 등 몇 곳에 관절을 갖고 있다. 이 때문에 복잡한 운동이 가능하고, 운동 능력이 훨씬 높아진다.

관절은 운동에 꼭 필요한 구조이며, 이것은 절지동물 또한 마찬가지이다. 절지동물이라는 말은 다리에 마디(=관절)가 있는 동물이라는 의미이다. 다리의 관절군이, 운동 능력이 매우 뛰어난 이 동물군을 대표하는 명칭이 되었다는 사실에는 상징적인 의미가 있다.

관절은 매우 중요하지만 만들기는 결코 쉽지 않다. 우리 인간의 관절과 같이 뼈와 뼈가 결합된 경우에 뼈끼리 직접 붙어서 마찰하면, 뼈의 표면이 울퉁불퉁하고 까칠까칠해서 저항이 증가하여 곧 닳아버린다. 그래서 뼈의 말단부는 연골로 덮여 있으며, 이것에 의해 부드럽게 움직일 뿐 아니라 연골이 쿠션 역할도 해서 충격을 흡수한다. 게다가 관절액이라는 윤활제로 접촉면을 적셔서 저항을 훨씬 줄인다. 또한 다리가 과도하게 당겨지거나 큰 각도로 구부러지거나 하면 관절이 탈구해서 뼈와 뼈는 흩어지기 때문에, 그렇게 되지 않도록 인대라는 탄력성 있는 강한 끈으로 뼈와 뼈를 연결하고 있다.

관절이란 이와 같이 손이 많이 가는 복잡한 구조물이다. 그래서 이것을 파손하면 명의의 손을 빌리더라도 원래대로 고치기 어렵다. 평소처럼 사용하더라도 오랜 기간 관절은 마모된다. 나이가 들면 가장 먼저 덜거덕거리는 것이 관절이다. 지금 절실히 그것을 체감하고 있다.

이 정도로 관절의 구조가 복잡한 이유는 단단하고 변형되지 않는 뼈라는 재료를 이용해서, 굽히고 펴는 변형이 가능한 다리와 같은 구조물을 만들려고 하기 때문이다. 만약 뼈가 단단하기만 한 것이 아니어서 도중에 굽히거나 펴고 싶을 때 그 부분만 부드럽게 구부리도록 바꿀 수 있었다면 하나의 뼈만으로 허리에서 발끝까지 전부 만들 수 있다. 그렇게 되면 관절은 재료의 경도를 부분마다 바꾸는 역할만 하면 되므로, 구조는 매우 단순해질 것이다.

그렇게 할 수 있는 것이 곤충의 골격이다. 곤충의 각피는 태닝 정도에 따라, 자유자재로 단단하거나 부드럽게 할 수 있다. 그래서 굽히고 싶은 곳만 태닝을 약하게 하여 유연하고 부드러운 상태를 유지하고, 나머지 부분은 강하게 태닝해서 단단하게 하면, 자유롭게 구부러지는 다리를 쉽게 만들 수 있다. 곤충의 다리는 관절부의 각피가 부드럽고 얇은 막 모양의 절간막節間膜으로 되어 있어서 부드럽게 구부러진다(그림 2-4). 절간막이라는 다른 이름으로 부르고는 있지만, 다리의 나머지 단단한 부분과 하나로 연결된 각피이다. 이와 같이 각피라는 같은 재료로 똑바른 봉 부분과 구부러지는 관절 부분을 모두 만들 수 있기 때문에 연골, 인대, 관절액은 전부 필요 없다. 덕분에 구조가 매우 간단하여 그만큼 가볍고 저렴하게 만들 수 있고, 고장도 잘 나지 않으며, 고장이 나더라도 복원이 쉽다. 각피의 위력이 관절부에서 유감없이 발휘되고 있다.

다만 아무리 간단하다고 하지만 과도한 변형이 일어나서 절간막이 찢어지는 일은 없도록 하는 등, 구조상의 배려는 필요하여 곤충의 관절도 그 나름대로 복잡한 구조를 갖고 있다. 그것은 같은 절지동물인 게의 다리를 먹어보면 알 수 있다.

게의 다리를 먹으면 한 가지 더 알 수 있는 것은, 근육(먹는 부분)이 껍데기 속에 들어 있다는 사실이다. 이 구조가 외골격이라는 것으로, 관절을 움직이는 근육은 골격의 안쪽에 있다. 이는 우리 인간과는 반대이다.

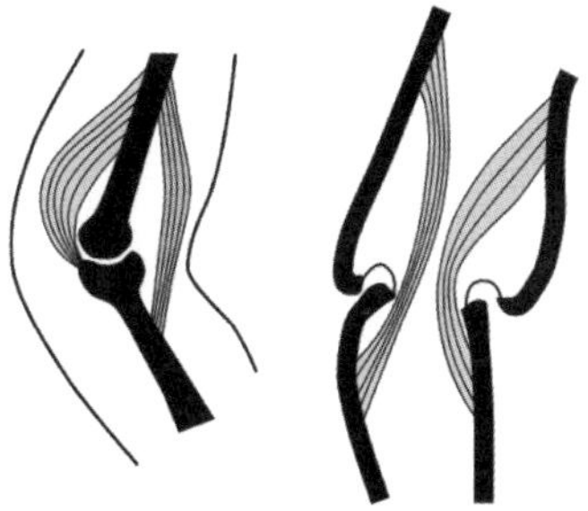

그림 2-4 팔다리의 관절부 포유류(왼쪽)와 곤충. 검은 부분이 골격, 회색이 길항근.

그림 2-4에서 알 수 있는 것처럼, 관절에는 관절을 구부리는 근육과 펴는 근육이 짝으로 배치되어 있다. 이것은 인간이나 곤충이나 다르지 않다. 그 이유는 아래의 칼럼에서 설명하였다.

근육은 짝으로 움직인다

관절부에는 관절을 굽히는 근육(굴근)과 펴는 근육(신근)이 짝이 되어, 관절에 걸쳐서 근육이 배치되어 있다. 왜 이렇게 짝으로 움직이는지 설명하겠다.

굴근이나 신근은 수많은 가늘고 긴 세포(근세포, 모양이 섬유 모양이어서 근섬유라고도 한다)의 다발로 되어 있다(그림 2-5). 그리고 근세포 하나하나를 보면, 그 안에는 액틴이라는 단백질로 만들어진 가늘고 긴 섬유와 미오신이라는 단백질로 만들어진, 역시 가늘고 긴 섬유가 근세포의 장축 방향으로 평행하게 가득 차 있다. 즉, 세포 다발도, 세포 그 자체도 가늘고 긴 섬유 모양으로 되어 있다. 근육이란 굵은 섬유(실) 속에 가는 실이, 그 실 속에 더욱 가는 실이 마치 마트료시카처럼 들어 있는 '실 다발로 이루어진 끈'이라는 것이 포인트이다.

그런데 끈이라는 것은 잡아당길 수는 있지만 반대로 밀면 흐늘흐늘해진다. 그래서 근육은 수축할 수는 있지만 밀 수는 없다. 다른 것을 밀 수 없는 것뿐만이 아니다. 일단 수축하면 자기 자신조차 원래의 길이로 되돌릴 수가 없다. 되돌아가려면 다른 근육이 잡아당겨야 한다. 이것이 근육이 안고

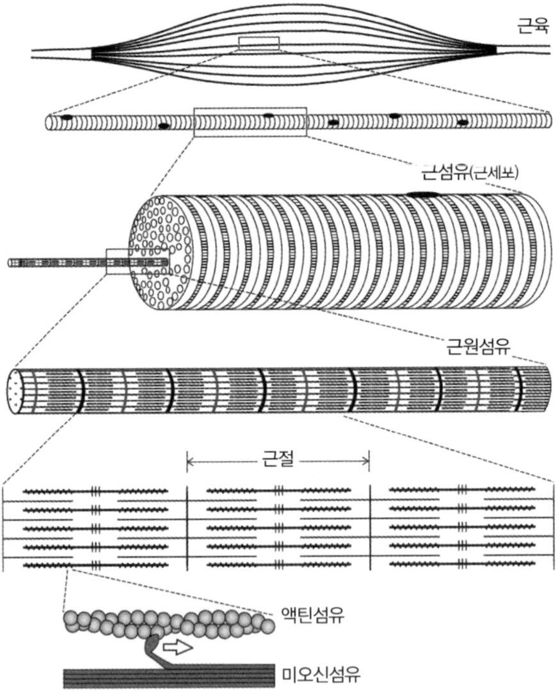

그림 2-5 근육의 계층 구조(척추동물의 골격근) 근육의 섬유는 마치 마트료시카처럼 들어 있다. 가장 아래가 미오신섬유와 액틴섬유의 확대 그림. 미오신섬유에서 손이 나와 있는데 이것이 액틴섬유를 붙잡고 손목을 휙 흔듦으로써 화살표 방향으로 액틴섬유를 움직여, 액틴섬유가 섬유 다발 사이로 미끄러져 들어간다. 그 결과 근섬유가 수축한다.

있는 문제다. 근육은 혼자서는 움직일 수 없다.

이 문제는 근육끼리 서로 잡아당기도록, 반대 방향으로 수축하는 다른 근육과 짝을 지음으로써 해결할 수 있다. 이 짝은 굴근과 신근으로 이루어진다. 팔목을 굽혔다 펴보면 상상하기 쉽다. 굴근이 수축해서 관절이 구부러지면, 관절의 반대쪽에 있는 신근은 펴진다. 이어서 펴졌던 신근이 수축함으로써 관절이 열리면, 이번에는 굴근이 펴진다. 펴지면 굴근은 다시 움직여서 관절을 굽힐 수 있다. 굴근이나 신근과 같이 반대 방향으로 움직이는 근육을 길항근(대항근)이라고 한다. 근육들은 길항근과 짝을 이뤄서 움직인다.

다만 길항근의 짝만으로 문제를 해결할 수는 없다. 짝 사이에 뼈가 들어 있지 않으면 구부리고 펴는 것을 반복하는 것은 불가능하기 때문이다. 뼈가 없이 두 개의 길항근이 나란히 붙어 있다면, 한쪽 근육이 수축할 때 다른 한쪽도 그것에 이끌려 짧아져버린다. 수축된 근육은 자력으로 늘어날 수 없기 때문에 어느 쪽의 근육도 원래의 길이로 되돌아갈 수 없어서 더 이상 근육은 움직이지 않는다. 길이가 변하지 않는(근육과 함께 수축하지 않는) 뼈가 사이에 들어 있기 때문에 양측의 길항근이 기능을 지속한다. '관절로 구부릴 수는 있지만 길이는 변하지 않는 단단한 봉', 그것이 뼈이며, 이 봉이 있기 때문에 비로소 다리의 길항근은 움직일 수 있다. 다리뼈는 지렛대로서의 역할도 물론 중요하지만, 근육이 움직이기 위해서도 필수적이다.

날기

나는 것은 곤충의 커다란 특징이다. 세게 흔들어서 나는 날개에도 각피의 위력이 유감없이 발휘된다. 곤충의 날개는 두께가 0.1밀리미터 정도이다. 그렇게 얇게 펼쳐진 것을 흔들면, 흐늘흐늘해서 공기를 미는 일 따위는 도저히 불가능할 거라고 생각할지 모르지만 곤충은 그런 날개로도 잘 난다. 바다를 건너는 나비도 있다는 사실은 놀랄 만하다.

더욱 놀라운 사실도 있다. 모기가 날아올 때는 '윙윙' 소리가 나며, 꿀벌은 '붕붕' 소리가 난다. 날개를 1초 사이에 수백 번이나 흔드는 날개의 진동이 소리로도 들리는 것이다. 얇은 철판이라도 그렇게 빠르게 계속 진동시키면, 곧 금속피로를 일으켜서 부서지고 만다.

곤충은 날개를 만들어서 난 덕분에, 먹이를 찾는 데에도, 적으로부터 도망가는 데에도, 또한 자손을 널리 확산시키는 데에도 매우 유리해졌다. 곤충과 같은 작은 사이즈의 동물에게 난다는 것은 매우 큰 이점이다. 걷는 경우에 이동 비용('줄'이라는 단위로 계산한다. 1줄은 1킬로그램의 체중을 1미터 움직이는 데 필요한 에너지이다)은 몸이 클수록 상대적으로 낮아져, 행동권의 크기 또한 동물의 크기(체중)에 거의 비례한다. 그래서 작은 것은 행동범위가 매우 한정되는데 날면 행동범위가 훨씬 넓어진다. 같은 크기의 몸이라면 걷는 것과 같은 에너지를 사용해서 훨씬 멀리까지 갈 수 있기 때문이다.

나는 일에 에너지를 더 사용하지 않는다는 말은 기묘하게 들릴 것이다. 물론 몸을 공중에 들어 올리는 데는 많은 에너지가 필요하다. 그 순간만 두고 비교한다면 나는 데는 걷는 것보다 많은 에너지가 필요하다. 하지만 날면 단연 빠르다(나는 곤충은 시속 20~40킬로미터이고 걷는 것은 겨우 시속 100미터 정도이다). 비행은 보행보다 수십 배, 수백 배가 빠르고, 그렇기에 같은 거리를 가는 데 필요한 에너지도 적게 든다. 또한 걷는 경우는 장애물이 있으면 돌아가야 하지만, 날면 최단거리 직선으로 갈 수 있어 에너지를 더욱 절약할 수 있다. 곤충은 몸이 작기 때문에 바람을 타고 공짜로 멀리까지 날아가는 식의 곡예도 가능해서 더욱 에너지를 절약한다. 난다는 특징이 피자식물과의 공진화共進化를 가능케 했고, 덕분에 곤충은 먹이공급원을 확보할 수 있었다. 이는 동시에 종 수의 증대로도 이어졌다.

곤충이 나는 방법에는 두 종류가 있다. ① 잠자리같이 큰 날개를 천천히 획획 움직이는 것과, ② 벌처럼 작은 날개를 재빨리 붕붕 흔드는 것이다. 이 두 가지는 날개를 움직이는 메커니즘이 서로 다르다.

날개를 천천히 움직이는 곤충

잠자리, 메뚜기, 바퀴벌레 등과 같이 전통적인 방법으로 날 때, 날개 치는 빈도는 1초에 30번(30헤르츠) 이하이다. 이들 곤충은 날기 위한 근육(비상근=비행근)이 직접 날개를 잡아당겨서 움직이며, 이와 같은 형태의 비상근을 직접비상근直接飛上筋, direct flight muscle이라고 한다.

곤충의 날개가 나 있는 부분은 흉부이며, 흉부도 당연히 단단한 각피 판으로 둘러싸여 있다. 등쪽을 덮는 각피 판이 배판(등

판), 배쪽을 덮는 것이 복판(가슴판), 양 옆구리를 덮는 것이 좌우의 측판이다. 날개의 뿌리가 흉부에 관절을 넣어 결합되어 있는 부분은 배판과 복판의 경계 부분이다. 이 관절이 지렛목이 되어서 날개가 상하로 움직인다. 날개는 그 지점에서 약간 가슴 안쪽으로 뻗어 있는데, 그곳에 날개를 쳐올리는 근육이 부착되어 있다. 반대로 지렛목보다 약간 바깥쪽에는 날개를 내리치는 근육이 부착되어 있다. 어느 쪽의 근육이든 날개의 반대 측에서는 아래쪽 방향의 복판과 이어져 있다. 이와 같이 배치된 근육을 번갈아 수축시킴으로써 상하로 날개 치게 한다. 근육을 수축시키는 명령은, 신경에서 전기신호(신경자극)의 형태로 내려진다. 근육이 한 번 수축할 때마다, 매번 신경에서 신경자극이 나온다. 즉, 신경의 활동과 근육의 활동이 일대일로 동기화되어 있으며, 이와 같은 근육을 동조근同調筋, synchronous muscle이라고 한다.

천천히 날개 치는 곤충의 날개를 움직이는 근육은 직접근이며, 또한 동조근이다. 이것은 우리 인간이 손발을 흔들어 움직이는 경우와 똑같다. 손으로 날개 치는 흉내를 내면, 잠자리의 날갯짓을 그대로 흉내내는 것이다.

날개를 빠르게 움직이는 곤충

파리, 모기, 벌, 갑충 등은 날개를 100～1,000헤르츠라는 높은 진동수로 흔든다. 이들의 나는 방법은 특이한데, 이에 관계되는 비

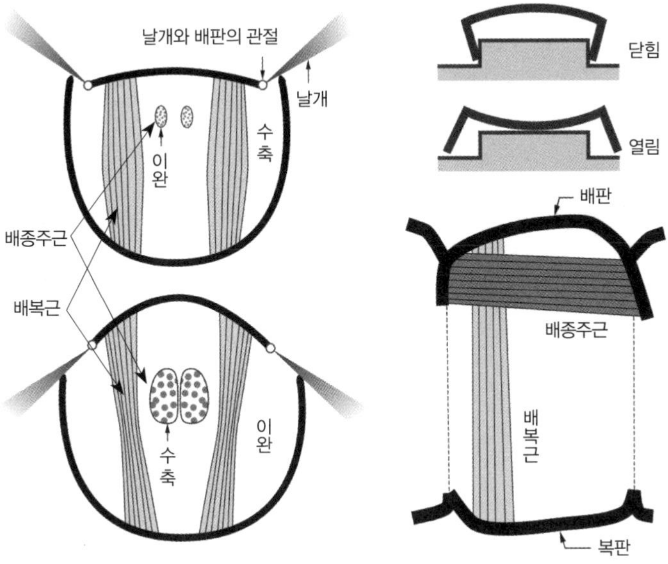

그림 2-6 간접비상근 흉부횡단면(왼쪽)과 종단면(오른쪽 아래)/캔의 뚜껑(오른쪽 위). 위로 볼록하게 닫힌 상태와 오목하게 열린 상태.

상근도 특이하다. 이 근육은 다음과 같이 매우 불가사의한 성질을 보인다.

① 비상근은 날개에 직접 부착되어 있지 않다

불가사의한 것은 근육이 직접 날개를 잡아당겨 상하로 흔드는 것이 아니라는 사실이다. 근육은 간접적으로 날개를 움직이며 이런 형태의 근육을 간접비상근間接飛上筋, indirect flight muscle이라고 한다.

날개를 쳐올리는 근육은 배판과 복판을 상하 방향으로 연결하는 배복근背腹筋이다. 날개를 내리치는 근육은 흉부 등쪽에 전후 방향으로 뻗어 있는 배종주근背縱走筋이다. 배판은 앞의 끝부분과 뒤의 끝부분이 안쪽으로 들어간 활 모양으로 굽어 있다. 가슴의 체절을 상자라고 한다면 배판은 마치 돔형으로 위로 볼록한 뚜껑과 같은 모양이다. 배종주근은 그 뚜껑의 앞과 뒤의 안쪽 가장자리에 부착되어, 뚜껑을 종단하는 것처럼 전후로 뻗어 있다. 결국, 날개를 드는 근육(배복근)과 날개를 내리치는 근육(배종주근) 모두 날개에 결합되어 있지 않다. 더욱이 두 가지 길항근의 짝이, 몸을 옆에서 보면 열십자로 직교하고 있다(그림 2-6). 정말로 불가사의한 배치이기에, 이것으로 어떻게 날개를 움직이는지 어리둥절할 것이다.

② 날개를 매우 빨리 진동시킨다

날개의 진동수는 100헤르츠를 넘는다. 100헤르츠, 즉 1초 동안 100번이라는 진동수는 보통의 근육이 수축과 이완을 반복할 수 있는 속도의 최대치인데 그 한계를 어떻게 넘는 것일까? 또한 근육은 빨리 수축시키면 약한 힘밖에 나오지 않아 힘이 부족하기 쉬운데도, 이 근육은 매우 큰 힘을 필요로 하는 비행을 해내고 있다.

③ 신경 자극은 가끔씩만 나온다

날개를 이 정도의 빈도로 진동시키는 데에, '날개를 움직여'라고 명령하는 신경 자극은 가끔밖에 나오지 않는다. 예를 들면, 1초 사이에 120회를 날개 치더라도 신경 임펄스는 3번밖에 나오지 않는다. 날개의 움직임과 신경 자극은 동기화되어 있지 않기 때문이다. 이와 같은 근육을 비동조성근육非同調性筋肉, asynchronous muscle이라고 한다.

이상의 불가사의한 성질은 흉부의 각피와 비상근 모두 용수철과 같은 성질을 가지고 있고 그것을 비행에 이용하고 있기 때문에 발생한다.

흉부 각피는 용수철

흉부 각피의 용수철 기능을 상상할 때, 양철로 된 말통(등유나 시너를 넣는 데 주로 사용한다)의 둥근 뚜껑을 떠올리면 된다(그림 2-6, 정제과자나 홍차의 캔에도 이 모양의 뚜껑이 사용되는 경우가 있다). 이 뚜껑은 옆 부분이 여러 개로 갈라진 갈고리로 되어 있는데, 이 갈고리가 본체의 주유구를 옆에서 밀더라도 뚜껑이 열리지 않도록 한다. 뚜껑의 중앙부가 약간 부풀어 올라 있으며 열 때에는 그곳을 밀어 누른다. 그러면 '탁' 하고 윗면 전체가 오목해지고, 그것과 동시에 옆의 갈고리가 바깥으로 벌어져 뚜껑이 열린다. 뚜껑을 닫을 때에는 옆의 갈고리를 안쪽으로 살짝 밀면, 역시 '탁' 하고 모든 갈고리가 오므라져 캔의 주유구에 파고들어 뚜껑이 닫히며 동시에 뚜껑 한가운데가 다시 볼록해진다. 여기에는 금속이

가지고 있는 용수철 같은 성질(탄성체로서의 성질)이 이용된다. 가운데가 오목해져 갈고리가 열린 상태와 한가운데가 볼록해져 갈고리가 오므라든 상태라는 두 가지 상태만을 안정된 형태로 하고, 이것 외의 형상이 되지 않도록 양철을 성형해서 만든 것이다.

곤충의 배판은 각피로 만들어졌으며, 이것은 탄성체로 작용한다. 배판은 약간 위로 볼록하고 전후의 끝이 안쪽으로 굽어, 캔의 뚜껑을 빼닮았다. 그래서 뚜껑처럼 작용한다. 뚜껑은 가운데 볼록한 부분을 손가락으로 누르면 오목하게 들어가면서 끝을 잡고 있던 갈고리가 열린다. 곤충도 이와 비슷한 원리로 날개를 움직인다. 손으로 누르는 대신 가슴 안쪽에 위아래로 뻗어 있는 배복근이 수축해서 배판을 아래로 끌어내리면, 볼록한 모양의 배판이 들어감과 동시에 앞뒤에 있는 '갈고리'가 열리고 앞의 갈고리에서 뒤의 갈고리까지 뻗어 있는 배종주근이 늘어난다. 반대로, 늘어져 있던 배종주근이 수축하면, 갈고리가 안쪽으로 당겨지는 것과 동시에 배판은 위로 볼록해지고, 이번에는 배복근이 늘어진다. 이렇게 해서 배판을 사이에 두고 직교하는 두 가지의 근육이 길항근으로서 작용한다. 배판은 두 가지의 모양을 번갈아 취하며, 이 변환이 날개의 상하운동과 짝을 이룸으로써 모기나 벌은 날개를 친다.

짝을 이루는 방법은 다음과 같다. 날개의 뿌리는 배판 가장자리와 관절을 사이에 두고 연결되어 있으며, 날개 뿌리의 약간 앞쪽은 측판 위에 놓여 있어서, 그곳이 날개의 지렛목으로 작용한다(그림 2-6). 배판이 배복근에 의해 쑥 펴져서 내려가면, 배판에 연결된 날개 관절의 위치가, 측판 위에 놓인 지렛목보다도 낮아져서 날개가 올라간다. 날개를 내리칠 때에는, 배종주근이 수축해서 배판이 위로 쑥 올라와 볼록해진다. 그러면 배판과 날개의 관절부가 끌어올려져, 그 결과 날개가 내리쳐진다.

비상근의 용수철 진자

열십자로 뻗어 있는 근육으로 어떻게 날개를 상하로 움직이는가에 대한 수수께끼가 풀렸다. 그러면 어떻게 벌이 아주 높은 진동수로 날개 치는지에 대한 수수께끼를 풀어보자. 여기에는 비동조성 비상근의 특별한 성질이 관여한다.

어떻게 특별한지를 이해하기 위해서 먼저 보통의 근육부터 설명해야 한다. 우리 인간의 골격근(손발을 움직이는 근육)은 근세포 내의 칼슘이온 농도에 의해 수축과 이완이 제어된다. 근세포 내에는 칼슘이온이 들어간 주머니(근소포체筋小胞體)가 있으며 신경에서 수축하라는 명령이 내려오면, 이 주머니에서 칼슘이온이 방출되어 세포 내의 칼슘이온 농도가 올라간다. 그러면 미오신의 손이 액틴섬유를 끌어당기게 되고 근육이 수축한다(그림 2-5). 이완시키기 위해서는 칼슘이온을 다시 주머니 안에 집어넣는다. 근소포체의 막에는 칼슘이온을 흡입하는 펌프가 있으며, 에너지를 사용해서 이 펌프를 작동시켜 주머니 안으로 칼슘이온을 받아들이는데, 미오신의 작용을 멈추는 농도까지 칼슘이온 농도를 낮추는 데에는 그만큼의 시간이 걸린다. 이 시간의 제약 때문에 100헤르츠보다 빨리 수축·이완을 반복해서 진동하는 일은 불가능하다.

비동조성 비상근은 이 문제를 해결하였다. 이 근육은 신경자극을 받아서 비상모드로 들어가면 칼슘이온 농도가 어느 일정한 값으로 유지되어서 변화하지 않는다. 이 상태의 비상근은 잡아당겨지면 힘이 발생하고, 느슨하게 하면 힘도 풀어지는 특별한 성질(신전활성화伸展活性化, stretch-activated)을 보인다. 당겨지면 힘을 내서 원래 상태로 돌아가려고 한다는 것은 근육이 용수철처럼 되었다는 뜻이다. 따라서 비행 중인 곤충의 가슴은 각피라는 탄성체로 된 상자 안쪽에 천장부터 바닥까지, 앞의 벽에서 뒤의 벽까지 교차하는 두 개의 용수철이 뻗어 있다고 할 수 있다. 배복근이 수축해서 천장에서 아래로 당겨지면, 상자가 전후로 넓어져(앞의 설명에 따르면 갈고리가 열려서), 전후로 뻗어 있는 용수철(배종주근)이 늘어난다. 그러면 이번에는 잡아당겨진 배종주근이 원래의 상태로 돌아가려고 하므로, 전후의 벽을 잡아당겨서 상자는 다시 천장이 높은 모양이 된다. 그렇게 되면, 다시 상하 방향의 용수철(배복근)이 늘어져…. 이런 식으로 상자는 두 가지의 상태를 왔다 갔다 반복해서 진동한다. 이 진동이 날개를 상하로 구동한다.

이것은 바로 용수철 진자이다. 용수철 진자란 용수철 끝에 추가 달린 진동 장치이다. 추를 당겼다가 놓으면 진동하며, 외부로부터 힘을 가하지 않아도 쭉 일정한 주기로 진동을 계속한다. 이 일정한 주기를 공진 주파수라고 한다. 그리고 이 값은 용수철의 탄성률(용수철의 경도)과 추의 질량에 의해 결정된다. 곤충의 용수철 진자는, 근육과 각피로 구성된 용수철에 날개라는 추가 달린 것이라고 보면 된다. 처음에 조금만 근육을 자극해서 수축시키면, 나중에는 자동적으로 날개의 상하진동을 반복한다.

물론 공기를 비롯한 여러 가지 저항이 있어서 영구적으로 계속 움직일 수는 없다. 때때로 근육을 자극해서 수축시키지 않으면 날갯짓은 계속되지 않는다. 또 근세포 내의 칼슘이온 농도를 일정하게 유지하기 위해서도 신경으로부터 오는 자극이 때때로 필요하다. 그러나 이들 신경자극은 날개의 진동수보다도 훨씬 적은 횟수로도 해결된다. 날개의 진동 주기는 일정하여 모기나 벌도 각각의 종에 따라 고유의 공진 주파수로 날개를 움직인다. 그들은 그것 이외의 주파수로 날개를 움직일 수는 없다(다만, 근세포 내의 칼슘이온 농도를 바꿔서 근육 용수철의 '탄성률'을 어느 정도는 변화시킬 수 있기 때문에, 날개 치는 횟수를 약간은 바꿀 수 있다).

소리굽쇠로 공명상자를 만들면 상자가 소리굽쇠의 진동에 공명하여 소리를 크게 할 수 있는데, 곤충의 날개 치는 메커니즘에서 흉부는 공명상자로 되어 있다고 봐도 좋다(공명상자가 용수철 진자의 원리로 진동하고 있다). 가슴에 있는 이 공명상자 시스템은 빠른 진동을 가능케 하고, 공명상자의 자동적인 진동을 사용하기 때문에 날기 위한 에너지가 크게 절약된다. 물론 비상근이 그 자체로 용수철은 아니어서 용수철과 비슷한 성질을 보이는 상태가 되기 위해서는 그만큼의 에너지가 필요하지만, 공명상자 시스템을 이용하지 않고 근육으로 직접 위아래로 올렸다 내렸다 하는 것보다는 에너지가 훨씬 적게 든다. 또한 세포 내의 칼슘이온 농도를 바꿀 필요가 없기 때문에 이완시킬 때마다 칼슘이온을 근소포체 안으로 집어넣는 에너지가 필요 없어 여기서도 에너지 절약이 된다. 적은 에너지 소비로 활동할 수 있다면 이보다 좋은 형태는 없다. 특히 곤충과 같이 몸이 작아서 큰 연료탱크를 갖출 수 없는 동물은, 이 공명상자 덕분에 장거리 비행이 가능하기에 매우 큰 이득이 있다.

곤충은 작은 날개로도 난다

작은 곤충은 고속으로 날개를 쳐야 한다. 공중으로 들어올려야 하는 중량은 곤충의 체적에 비례하기 때문에 몸길이의 세제곱에 비례한다. 한편, 몸을 공중으로 들어 올리는 힘(양력)은 몸길이의 네제곱에 비례한다. 이처럼 몸이 커질수록 양력에 여유가 생기기 때문에 대형 새는 그다지 날개를 칠 필요가 없다. 작은 동물은 필요한 양력을 얻기 위해서 날개를 많이 치거나, 몸에 비해 큰 날개를 가지고 있어야 한다. 곤충은 비동조성 비상근 덕분에 날개 치는 횟수를 늘릴 수 있었으며, 덕분에 날개가 작아도 비상이 가능하였다. 작은 날개는 비행할 때 바람의 영향을 덜 받고, 눈에 잘 띄지 않기 때문에 포식자들에게 잘 발견되지 않는다는 커다란 이점도 있다.

곤충의 진화 과정에서 비동조성근육 시스템은 다른 계통에서 적어도 4회는 독립적으로 진화했다고 한다. 계통이 다른 곤충이 모두 같은 결론에 달한 것으로 봐서, 그만큼 이 시스템이 곤충에게는 적합한 것이라고 생각된다.

곤충의 큰 도약력

메뚜기나 벼룩도 뛰어오른다. 대부분의 벼룩은 일반적으로 몸길이의 수십 배까지 뛰어오른다고 한다. 열대쥐벼룩(몸길이 2.5밀리미터)은 50센티미터나 뛰어오르는데, 이것은 자그마치 몸길이의 200배이다. 몸길이를 고려하여 비교한다면 열대쥐벼룩이 세계 챔피언이다. 영어로 '뛰는 개구리froghopper'라는 이름의 거품벌레(노린재와 같은 종)도 제법이다. 몸길이는 1센티미터에 불과하지만 70센티미터(몸길이의 70배) 높이까지 도약한다. 메뚜기의 경우는 높이 뛰어오르면 그대로 날아가버려 비교하기가 어렵기는 하지만 몸길이 5센티미터의 사막메뚜기가 뛰어올라 그대로 착지했을 때에는 높이 25센티미터, 거리 1미터 정도를 움직인다. 몸길이의 5배까지 뛰어오르고, 20배 전방에 착지하는 셈이다.

이것을 사람과 비교해보겠다. 제자리멀리뛰기(도움닫기를 하지 않고 멀리뛰기)의 세계기록은 3미터 73센티미터이니까 인간이 뛰어서 갈 수 있는 거리는 길어야 몸길이의 2배이다. 제자리높이뛰기 세계기록은 1미터 65센티미터(주고도走高跳에서도 2미터 45센티미터)이기 때문에, 기껏해야 몸길이와 비슷하거나 몸길이의 1.5배이다. 뛰어오르는 높이 자체는 인간이 훨씬 높지만, 몸길이에 비하면 곤충에는 도저히 미치지 못한다. 뛰어오를 때 받는 공기의 저항은 면적에 비례하므로 덩치가 작은 동물일수록 상대적으로 저항을 받는 면적이 크기 때문에(85쪽 칼럼 참고) 저항을 많이 받아 불리한데, 어떻게 이 정도로 뛰어오를 수 있는 것일까?

곤충은 뛰어오를 때 우리 인간과 같이 단순히 다리의 근육을 순간적으로 움직여서 지면을 차지 않는다. 곤충은 여기서도 용수철의 힘을 이용한다. 고무줄 새총을 상상해보자. 고무를 천천히 잡아당긴다. 근육은 천천히 움직일수록 큰 힘을 발생시킬 수 있다. 그렇게 큰 힘을 고무에 축적했다가 순간적으로 힘을 풀어 돌멩이를 발사한다. 그러면 손으로 직접 던지는 것보다 훨씬 멀리 날아간다.

메뚜기의 경우에는 주로 다리 관절부의 각피가 이 고무 용수철에 해당한다. 각피를 근육으로 천천히 잡아당겨 변형시켜서 여기에 탄성에너지를 축적한다.

벼룩의 경우에는 레실린이라는, 고무와 같이 탄성이 있는 특별한 단백질이 주역이다(레실린이라는 이름은 탄성을 의미하는 리질리

언스resilience에서 유래했다). 곤충에게서 이 레실린을 추출해 동그랗게 만들어 높은 곳에서 떨어뜨리면, 떨어뜨린 높이와 거의 같은 높이까지 튀어 오른다. 탄성에너지의 무려 97%가 위치에너지로 변환되는 거의 완전탄성체에 가까운 성질을 보이는 단백질이다. 이 정도 성능의 고무는 공업계에도 존재하지 않아 유전자 조작으로 레실린을 대량으로 만드는 연구가 진행되고 있는 것 같다.

벼룩은 점프할 때 뒷다리를 사용한다. 뒷다리가 가슴과 접속하는 관절을 잠가서 다리를 먼저 움직이지 않게 한다. 그리고 흉부의 배복근(이것은 잘 발달한 근육으로, 보통 비행에 사용된다)을 수축시킨다. 그러면 흉부의 골격(여기에도 레실린이 있다)이 압축되어, 각피와 레실린에 탄성에너지가 축적된다. 이렇게 해두고 관절의 잠금을 풀어 그 에너지를 한꺼번에 해방시켜서 다리를 움직여 다리 끝으로 지면을 차서 뛰어오른다.

레실린은 날개의 관절부에도 있는데, 이것이 벼룩의 도약에 사용되었다고 볼 수 있다.

곤충의 특징 3: 기관

난다는 것은 매우 격한 운동이어서 단시간에 대량의 에너지를 소비한다. 세포 내에서 에너지의 공급원으로 이용되는 것은

ATP(아데노신3인산)인데, 세포의 ATP 저장량은 적다. 따라서 ATP가 사용되면 곧바로 ATP를 보충할 필요가 있다. ATP는 세포 내의 미토콘드리아에서 당을 산소로 '태워서' 만들어진다. 당은 세포 내에 축적할 수 있지만, 산소는 저장할 수 없다. 따라서 산소를 대량으로 소비하는 비상근 세포에는 끊임없이 외부로부터 산소를 공급하는 장치가 필요하다.

산소 획득과 수분 손실

우리 인간의 경우에는 폐에서 산소를 받아들이고 그 산소를 혈류에 실어 근육까지 운반한다. 폐는 섬세한 주머니(폐포)로 나뉘어 있으며 공기에 접하는 폐포의 표면은 항상 물에 젖어 있다. 산소는 먼저 이 물에 용해된 다음, 얇은 폐포 벽과 그것에 접한 모세혈관 벽을 통과해서 혈액 속으로 들어간다. 그런데 '폐의 표면이 젖어 있어야 한다'는 것이 큰 문제이다. 건조하고 신선한 바깥 공기가 끊임없이 흘러가기 때문에 젖은 폐포 표면에서 물이 점점 사라지고 호흡과 더불어 체외로 도망간다. 추운 날 아침에 내뱉는 숨이 흰 것은 도망간 수분이 응결되어 보이는 것이다. 호흡이 격할수록 물도 더 많이 사라지므로 호흡에 수반하는 물의 손실을 얼마나 줄이는가가 육상생물의 커다란 과제이다. 특히 몸이 작아 수분 저장량이 적고, 햇볕이 쨍쨍 내리쬐는 마른 하늘을 대량의 산소를 소비하며 날아다니는 곤충에게 이는 반드시 해결해야 하는 큰 문제이다.

그래서 곤충은 우리 인간과는 전혀 다른 방식의 산소공급계를 개발하여 이 문제를 거의 해결하였다. 보통 동물은 양분이나 산소, 그 밖의 무엇이든 운반하는 혈관이라는 운반계를 사용해서 산소를 운반하는데, 곤충은 혈관과는 별도로 산소 전용 운반 시스템을 만들었다. 이것이 기관계이다.

혈관은 물(혈액의 약 90%는 물)이 가득 찬 관이지만, 기관은 공기가 가득 찬 관이다. 우리 인간에게도 기관이라는 이름의 관이 있지만, 이 기관이 입에서 폐까지 공기를 운반하는 것뿐인 데 비해, 곤충의 기관은 체표에서 체내 각각의 세포에까지 들어가 있어서 세포에 직접 산소를 건네준다. 기관의 체표 쪽 끝에는 공기를 받아들이는 입구인 기문이 열려 있다. 기문은 몸 양쪽에 있으며, 가슴에서 복부 뒤쪽 끝까지, 예를 들어 가슴에 두 개, 배에 여덟 개(한쪽에 있는 기문의 수)가 열려 있다. 기문 반대쪽 끝(세포 쪽, 말단 쪽) 부분에서는 기관이 잘게 갈라져 모세기관(기관세지氣管細枝)으로 되어 있으며, 이것이 세포의 표면까지 뻗어 있다. 더욱이 비상근과 같이 산소 수요가 높은 곳에서 기관은 개개 세포의 표면을 밀고 들어가는 것처럼 해서 내부에 있는 미토콘드리아 가까이까지 파고 들어간다(그림 2-7, 다만 기관은 어디까지나 세포막 바깥에 머무른다).

우리 인간과 같이 혈액으로 산소를 운반하는 경우, 심장이라는 펌프를 (에너지를 사용해서) 움직여서 혈류를 일으켜 혈액에 산소를 실어서 운반한다. 그런데 기관에서는 산소분자가 기문에서 세포까지 확산이라는 현상에 의해 이동해간다. 모든 분자는 농도가 짙은 쪽에서 옅은 쪽으로 자연히 움직여가는 성질을 보인다. 이것이 확산이다. 이동하는 속도는 농도 기울기(농도구배)에 비례한다. 산소를 사용하는 세포 쪽의 산소농도는 극히 낮고, 바깥 공기에 접하는 기문 쪽의 산소농도는 높기 때문에, 농도 기울기가 커서 산소가 자연히 신속하게 체내로 확산된다. 아무것도 하지 않아도 산소가 이동하므로, 산소를 공급하기 위한 별도의 에너지가 필요 없다.

우리 인간의 경우에도 폐에 접하는 혈관과 산소를 사용하는 조직의 세포에 접하는 모세혈관 사이에 산소의 농도 차이가 있다. 그렇다면 산소는 자연히 혈관 속을 확산해서 세포까지 도달하므로, 펌프를 통해 말단세포까지 피를 보낼 필요는 없다고 생각할지도 모른다. 그런데 그렇지 않다. 산소가 물속에서 확산해 가는 속도는 매우 느려서, 공기 중에서 확산하는 시간의 1만 배나 걸린다. 따라서 핏속에서 확산으로 산소를 운반하려면 시간이 지나치게 걸려 세포의 수요를 따라갈 수 없기 때문에 어떻게든 에너지를 사용해서 펌프를 가동하여 혈류를 일으켜 산소를 운반하지 않으면 안 된다.

기관에서는 수분이 도망가기 어렵다

앞에서 호흡과 더불어 몸에서 물이 빠져나가는 것이 문제라고 말했다. 곤충의 기관은 가는 관이 그물코처럼 체내에 둘러쳐 있는 모습이다. 그 관의 표면을 통해서 물이 나가지는 않을까?

곤충은 그 문제를 훌륭하게 해결하고 있다. 기관은 체표가 체내로 파고들어간 것이며, 기관의 안쪽은 사실 몸의 표면이다. 이 면은 다른 체표면과 마찬가지로 각피로 덮여 있어서 물이 통과하지 못한다. 따라서 여기에서 수분이 빠져나갈 수는 없다.

각피로 덮여 있지 않은 곳은 말단의 모세기관 부분뿐이며, 여기에서는 아무래도 물이 빠져나가지만 그것에 관해서도 곤충은 두 가지 해결책이 있다.

① 모세기관의 직경은 0.2마이크로미터(1만분의 2밀리미터)

이 두께에는 의미가 있다. 이것은 산소분자의 평균자유행로의 2배이다. 평균자유행로란, 자유롭게 날아다니는 분자가 서로 충돌하기까지 움직이는 거리의 평균값이다. 만약 관의 직경이 평균자유행로와 같으면 분자는 벽에 자주 부딪혀서 자유롭게 확산해가지 못한다. 직경이 그 2배 정도이면 산소의 농도 기울기에 따라서 벽에 방해받지 않고 확산될 수 있다. 세포가 산소를 사용하면 체외와 세포 사이에 산소의 농도 기울기는 매우 커져서, 산소는 자연히 세포 내로 확산되어 들어간다. 이와 동시에 물 분자는 반대로 확산해 나가는데, 체외의 습도는 건조주의보가 발령되었을 때에도 25% 정도여서, 농도 기울기는 기껏해야 4배 정도로 그렇게 크지 않기 때문에, 확산으로 나가는 양은 그리 많지 않다.

만약 기관의 직경이 더욱 커지면 관 속 공기는 섞이기 쉬워져 곤충이 운동을 할 때 일어나는 공기의 흐름에 실려 물이 빠져나갈 우려가 있다. 기관의 직경 0.2마이크로미터는 산소는 들어오지만 물이 나가기는 어려운 절묘한 굵기이다.

② 모세기관 내의 물

모세기관의 벽은 각피로 둘러싸여 있지 않아서 이 벽을 통해서 물이 빠져나갈 가능성이 있지만, 실제로 이 부분에는 물이 가득 차 있다(그림 2-7). 이처럼 모세기관의 벽 전체가 공기에 접해 있는 것이 아니라, 관 속의 물과 공기의 경계면이라는 극히 좁은 면적만 접해 있기 때문에 물이 도망갈 수 있는 표면적은 매우 좁다. 이것은 아주 좋은 현상이지만, 동시에 모세기관의 물에 산소가 녹아들어오는 면적도 극히 일부분이 되기 때문에 산소공급계로서는 실격이다.

하지만 보완 장치는 분명히 존재한다. 근육이 심하게 수축하면 세포 내에 대사산물이 쌓여서 세포 내의 삼투압이 상승한다. 그러면 모세기관 내의 물은 세포 내로 흡수되기 때문에 모세기관의 끝부분까지 공기가 파고들어가 세포가 공기에 접하는 면적이 늘어난다. 모세기관 끝부분은 세포 안쪽 미토콘드리아 가까이까지 파고들어가 있기 때문에 미토콘드리아 가까이까지 공기가 도달한다. 액체보다 기체 속에서 산소의 확산 속도가 훨씬

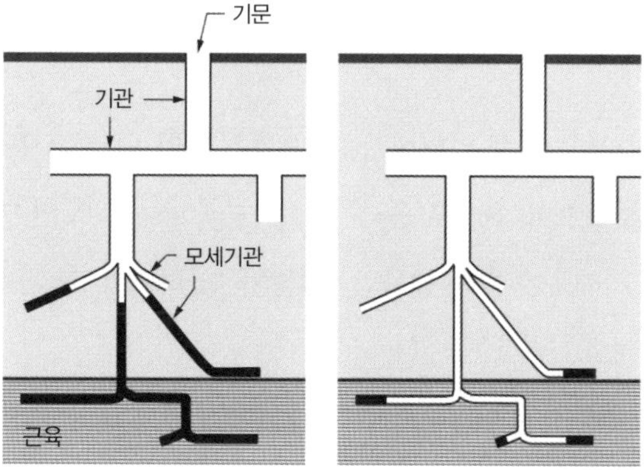

그림 2-7 기관 근육의 휴지 시(왼쪽)와 활동 시. 검은 부분은 물이 찬 곳으로, 활동 시에는 모세기관 끝에만 물이 찬 것을 확인할 수 있다.

빠르기 때문에, 보다 짧은 시간에 미토콘드리아까지 산소를 보낼 수 있다. 물론 그때 세포 내에서 수분이 모세기관으로 도망가지만 이 상태는 산소를 왕성하게 사용할 때, 즉 근육을 격하게 수축시킬 때에만 일어나므로 불필요한 물의 손실은 최소화된다.

이와 같이 기관계는 물을 잃지 않고 효율성 있게 산소를 공급하는 장치를 갖춘 시스템으로, 곤충이 육상을 제패하고 나아가 공중으로 진출하는 데에 매우 중요한 역할을 했다. 기관계도 비동조성 비상근과 마찬가지로 진화 과정에서 몇몇 곤충에서 독립적으로 진화했다고 생각된다.

곤충의 특징 4: 작은 크기

생물은 원래 바다에서 태어났다. 30억 년 이상 바다에서만 생활하였으며, 육지로 올라간 것은 불과 4억 5,000만 년 전이다. 그것도 매우 한정된 종류만 상륙에 성공하였다. 그 한정된 종류 가운데 하나가 곤충이다.

육지로 올라가는 일이 간단하지는 않았다. 최대의 난관은 물을 조달하는 일이었다. 생물의 몸은 체중으로 보자면 60~80%가 물이며, 세포 속은 85%가 물이다. 그런 점벙점벙한 물이라는 환경 속에서 화학반응이 일어나고, 그 화학반응에 의해서 생명이 유지된다. 물이 없으면 화학반응이 진행되지 않아서 살아갈 수 없다. 다른 천체에 지구와 같은 생명체가 있는지를 판단할 때, 우선 액체 상태의 물이 있는가를 조사하는 것은 바로 이 때문이다. 지구는 물의 별이며, 바다라는 물투성이 환경에서 생명이 발생하였다. 그래서 생물의 몸은 세포 안도, 그것을 채우는 체액(혈액)도 물투성이다. 그리고 곤충이나 우리 인간이나 그러한 몸 구조를 육지에 올라간 후에도 계속 유지하고 있다. 생물은 물에 살든 육지에 살든 물투성이다.

물을 구하는 것은 바다에 사는 동안에는 문제가 되지 않았지만 육지에 올라가면 큰 문제이다. 심지어 물을 구하더라도, 그 후로도 녹록지 않다. 주변의 공기가 건조하기 때문에 몸에서 물이 점점 증발하여 곧 말라버린다. 물이 말라버리면 생체의 화학반응이 진행되지 않아서 살아갈 수 없다.

몸이 작은 생물에게 건조한 환경은 특히 문제가 된다(아래 칼럼 참고). 곤충이라는 작은 생물이 육지에 살 수 있는 것은 그가 가진 외골격 때문이다. 몸의 표면을 물이 통하지 않는 왁스층이라는 발수성 재료로 푹 덮어서, 물이 몸에서 도망가지 못하도록 하고 있다. 각피 외골격에 의해 곤충은 몸을 절수형으로 만들 수 있었다.

몸의 크기와 건조

공 모양의 생물이 있다고 하자. 직경을 d로 하면

표면적 $S = \pi d^2$

체적 $V = \pi d^3/\sigma$

체적당 표면적 $S/V = (\pi d^2) \div (\pi d^3/\sigma) = \sigma/d$

공의 표면적은 직경의 제곱에 비례하며, 체적은 직경의 세제곱에 비례한다. 따라서 체적당 표면적은 몸의 길이에 반비례한다. 즉, 몸이 작으면 체적당 표면적이 상대적으로 커진다.

몸의 체적은 몸이 갖는 물의 양과 비례하며, 표면적은 물의 손실 양에 비례한다(물은 몸의 표면에서 빠져나가기 때문이다). 따라서 작은 생물은 갖고 있는 물은 적은데 빠져나가는 물의 양이 상대적으로 많아져 마르기 쉽다. 이처럼 작은 생물이 육지에서 생활하는 것은 대단히 어렵다.

곤충 외에 몸이 작은 동물로 육지에서 활약하는 달팽이 등의 연체동물이 있다. 이 동물도 껍데기로 몸을 덮고 있다. 다만 달팽이는 활동할 때에 껍데기 밖으로 몸의 대부분을 노출하기 때문에 건조해지기 쉬워, 습도가 높을 때에만 활동할 수 있다. 맑고 건조한 날이면 달팽이는 껍데기 속에 들어가 뚜껑을 덮고 틀어박혀 나오지 않는다. 또한 땅속에는 지렁이 등 작은 동물들이 산다. 그런데 흙은 상당한 물을 품고 있어 사실상 절반은 물에 잠긴 것과 같은 환경이다. 그래서 건조해질 걱정은 적다.

그래서 육상이라는 건조한 상태에서도 활발하게 활동할 수 있는 몸이 작은 동물은 곤충밖에 없다. 파충류, 조류, 포유류(전부 척추동물)도 육지에서 생존하는 데에 성공했는데, 이것들은 덩치가 크다. 곤충은 몸이 작아서 가지는 어려움을 극복해서 육지의 왕자가 되었다. 그 성공의 열쇠를 쥐고 있는 것이 각피로 된 골격이다.

작은 동물은 건조해지기 쉽다는 단점도 있지만 좋은 점도 있다. 원래 작은 것은 수가 많아진다.

이것은 생물에 한정된 이야기는 아니다. 지면의 요철을 예로 들면, 에베레스트 정도의 요철은 하나이지만, 2,000~3,000미터 정도라면 일본에도 300개 이상이나 있다. 요철이 작으면 작을수록 수가 늘어나서, 모래알 정도의 요철이라면 셀 수 없이 많다.

생물 역시 큰 것일수록 종의 수도 적고, 개체 수도 적다. 큰 개체는 양육하는 데 자원이 많이 필요하기 때문에 애초에 지구는 그렇게 많은 수를 양육할 수 없다.

진화의 역사라는 차원에서 생각했을 때도 작은 것은 생식이 가능할 때까지 성장하는 데에는 시간이 많이 걸리지 않기 때문에 다양화하기 쉽다. 그 이유로 다음과 같은 것들을 들 수 있다.

① 작으면 세대 교번의 시간이 짧기 때문에 자주 돌연변이를 낳는다.
② 작으면 환경의 변화에도 약하기 때문에, 그들의 돌연변이가 계속 도태된다. 환경에 접한 것은 체표이므로, 표면적이 상대적으로 큰 작은 동물은 환경의 영향을 보다 강하게 받아 환경 악화로 죽기 쉽다. 즉, 작으면 개체 수가 많기 때문에, 변이된 개체가 계속 태어나고 죽는데 때로는 다른 것과 달리 뛰어난 돌연변이가 생긴다.
③ 작은 동물은 행동범위가 좁기 때문에 다른 집단으로부터 격리되기 쉬워, 그 뛰어난 돌연변이가 새로운 종이 되어서 정착하기 쉽다.
④ 작으면 적은 먹이로 살아갈 수 있으므로, 얼마 안 되는 먹이를 먹도록 특수화한 종으로도 생존할 수 있다.

곤충이 종의 수나 개체 수를 늘리며 성공적으로 살아가는 데에는 이처럼 몸이 작다는 사실이 크게 영향을 준다.

곤충의 특징 5: 피자식물과의 공진화

곤충의 종이 많은 데에는 또 다른 이유도 있다. 바로 피자식물(속씨식물)과의 공생이다. 여기에도 덩치가 작다는 특징이 관계한다. 피자식물이란 아름다운 꽃을 피우는 식물로, 육상식물 가운데 가장 성공한 식물, 즉 종의 수가 가장 많은 식물이다.

피자식물이 아름다운 꽃을 피우는 것은 곤충의 눈을 사로잡아 수분을 도움받기 위해서이다. 유성생식을 하기 위해서는 화분을 다른 개체의 암꽃술까지 보내야 한다. 그러나 식물은 움직일 수 없다. 그래서 화분의 운반을 곤충에 의존하며, 그 답례로 화분의 일부를 곤충에게 먹이로 준다. 이것이 꽃가루를 매개로 한 공생이다. 아름다운 꽃잎은 '여기에 꽃이 있다'고 곤충에게 어필하는 포스터나 다름없다. 그래서 먼 곳에서도 보이도록 꽃잎을 활짝 펼쳐 면적을 크게 하고, 눈에 띄는 색을 갖는다. 곤충은 꽃가루 운반을 부탁하기에 가장 적합한 생물이다. 날 수 있기 때문에 멀리까지 화분을 운반하는 능력이 있다. 또한 높은 가지 꼭대기에 있는 꽃에도 문제없이 배달해준다. 그리고 작기 때문에 꿀을 조금만 줘도 만족한다. 곤충은 역시 운반하는 일을 맡기기에 안성맞춤이다.

다만 아무 곤충이나 좋은 것은 아니다. 꽃이라면 가리지 않고 찾는 곤충은 닥치는 대로 가까운 곳의 꽃만을 떠돌아다니다가 배가 불러서 화분과 같은 종인 꽃까지 화분을 잘 운반해주지 않는다. 꽃 입장에서는 자신과 같은 종의 꽃을 좋아해서 찾아오는 곤충과 특별한 관계를 맺으면, 수분受粉 확률이 올라가므로 더 좋다.

피자식물과 꽃가루 매개자와의 대응관계에는 식물이 꽃가루를 운반해주는 곤충을 특정하지 않는 만물상도 있지만, 한 종류나 많아야 몇 종류의 동물에 한정해서 화분의 운반을 의뢰하는 전문가가 훨씬 많다(이 가운데는 특정 동물군에만 화분 운반을 의뢰하는 것도 있다). 만물상인 종은 크기가 작아 눈에 잘 띄지 않는 꽃을 피우며, 곤충에게 주는 보수도 적다. 이 때문에 화분의 운송 효율이 나빠서 결실률이 일정하지 않다. 화분 운송자를 특정하는 전문가일수록 꽃의 특수화가 보이며, 결실률이 올라간다. 예를 들면, 나비에게 화분의 운반을 의뢰하는 꽃은 가늘고 긴 관 모양을 하고 있어, 나비와 같이 긴 흡관을 뻗어서 꿀을 빨아들이지 않으면 긴 꽃의 바닥 가까이에 있는 꿀을 빨아들일 수 없는 구조로 되어 있다.

다양성이 발생한 이유

이와 같이 특정한 곤충에게 꿀을 주도록 꽃이 진화하고 그 꽃에서 효율성 있게 꿀을 얻을 수 있도록 곤충도 진화하는 등, 함께 진화함으로써(공진화) 피자식물과 곤충 모두 종의 다양성이 높아졌다. 동물종의 70% 이상이 곤충이고, 모든 광합성 생물의 약

70%가 피자식물이다. 가장 종 수가 많은 부류로 쌍벽을 이루는 것이 곤충과 피자식물이며, 이 엄청난 다양성은 양자의 공진화에 의해 발생했다.

꽃가루를 매개로 한 공생이 피자식물과 곤충종의 다양성을 높였던 것도 육상이었기 때문에 일어난 것이다. 물속에 사는 조류의 경우, 웅성 배우자(움직여 가는 배우자로 정자에 해당)라는 극히 작은 것이라도 바짝 마르지 않고 수영해갈 수 있다. 수영할 수 없는 자성 배우자(난자에 해당) 역시 물속에 방출되면 수류를 타고 떠돌아다니다가 웅성 배우자와 만나서 수정할 수 있다. 수류를 이용해서 그 나름대로 먼 곳까지 갈 수 있다. 따라서 물속에서는 화분 운송자에게 사례를 하면서까지 수정을 도움받을 필요는 없다. 육상이라는 환경에서는 정자가 난자까지 움직여가는데 물이 필요하며, 더욱이 정자와 난자가 작기 때문에 건조될 위험이 높은 것은 이용하기 어렵다. 풀고사리는 정자를 이용하는데, 수정은 비로 젖었을 때에 한하며 이동하는 거리도 매우 짧다. 피자식물은 건조에 강한 화분이라는 것을 만들어 바람이나 곤충에게 장거리를 운반하게 한다. 순조롭게 암꽃술에 화분이 도착하면, 그곳에서 발아해서 암꽃술 속이라는 습한 환경 속에서 정자가 만들어져 수정이 일어난다. 물속처럼 정자를 그대로 방출해서 해결되는 일이 아니었기 때문에, 육상에서는 꽃가루를 매개로 한 공생이 진화하였다. 그것이 우연히도 곤충과 피자식물의 종 다양성을 가져왔다.

애초에 다양한 종류의 곤충이 진화할 수 있었던 이유는 상륙이 가능하였기 때문이고, 그것을 가능케 한 것은 키틴질의 각피이며, 날개를 만들어 화분을 운반할 수 있게 한 것도 각피이다. 곤충의 엄청난 번성은 각피 덕분이라고 할 수 있다.

곤충의 특징 6: 탈피

각피 외골격은 곤충의 몸을 푹 덮고 있다. 그래서 몸이 안전하며, 또한 체내의 물이 도망가기 어렵다. 더욱이 각피를 이용해 날개나 다리를 만듦으로써 운동 능력이 커지는 등 좋은 일만 있는 것 같지만, 문제도 있다. 각피라는, 이른바 단단한 죽은 껍데기로 몸을 푹 덮어버렸기 때문에 껍데기보다 크게 성장할 수 없다. 그래서 성장할 때에는 껍데기를 벗어버리고 몸을 키워서 그 바깥쪽에 다시 한 단계 큰 껍데기를 만든다. 이것이 탈피라는 과정이다. 껍데기를 새롭게 만들기 때문에 여기에는 수고와 비용이 드는 데다가, 한동안은 껍데기를 벗은 알몸 상태가 되므로 매우 위험하다.

탈피에는 또 다른 위험이 있다. 탈피 자체가 위험을 수반하는 작업이다. 탈피할 때에는 기관 벽에 있는 각피도 벗어버린다. 매미의 허물을 보면, 몸속까지 파고들게 세공한 유리처럼 섬세한 기관까지 바깥쪽의 덮개와 함께 벗어버렸다는 사실을 알 수 있을 것이다. 기관 벽뿐만이 아니다. 창자도 체내에 함입된 관으로 볼 수 있다. 곤충의 창자는 앞에서부터 전장, 중장, 후장으로 나뉘어 있는데, 전후의 출구에 가까운 전장이나 후장의 표면도 각피로 덮여 있다. 이렇게 해서 외부로 수분이 빠져나가는 것을 억제하는데, 이 부분의 각피도 벗어버린다.

곤충은 이렇게 가는 관의 벽을 싹 벗는 감탄할 수밖에 없는 고도의 기술을 보여주는데, 역시 실패하는 경우도 있다. 가는 관 중 한 곳이라도 걸려서 각피가 벗겨지지 않으면 만사가 끝이다. 곤충은 탈피 과정에서 죽는 경우도 많다. 단단해서 물을 통과시키지 않는 외골격으로 튼튼하게 몸을 덮었다는 것은, 이익만 주는 것이 아니라 탈피라는 위험을 짊어지고 살아가야만 한다는 것을 의미한다. 탈피는 절지동물에게서 나타나는 공통적인 현상이므로, 새우나 게도 탈피라는 커다란 문제를 안고 있다(그들에게는 기관이 없어서 탈피에 따르는 위험이 곤충만큼 크지는 않다). 성장에 따르는 이와 같은 문제는 외골격을 가진 동물들의 공통적인 문제이기도 하다. 소라가 이것에 어떻게 대처하는지는 다음 장에서 살펴보자.

곤충의 진화와 변태

곤충은 탈피를 반복하면서 성장한다. 알에서 부화한 유충이 일령 유충이 되고, 그것이 탈피해서 이령 유충, 또 그것이 탈피해서 삼령 유충이 된다. 그리고 최후의 탈피를 통해 성충이 된다. 대부분의 곤충은 유충일 때 날개가 없다. 최후의 유충이 탈피할 때에 변태해서 번데기가 되고, 그것이 다시 탈피해서 변태하여 날개가 달린 성충이 된다.

곤충은 갑각류(새우·게)와 근연종으로, 갑각류에서 진화했다고 추측된다. 조류가 파충류에서 진화한 데에서 "새는 하늘을 나는 파충류"라는 말이 나왔는데, 이 말에 비유하자면 '곤충은 하늘을 나는 갑각류'이다. 다만 육지에 올라온 처음의 곤충은 날개를 갖고 있지 않았으며, 현재의 무시류(톡토기가 여기에 속한다) 같았다. 데본기(약 4억 2,000만 년~3억 6,000만 년 전) 전기의 톡토기 화석은 가장 오래된 곤충의 화석이며, 또한 가장 오래된 육상동물의 화석이다. 무시류 유충은 작지만 외형은 성충과 똑같다. 탈피하면서 성장하며 변태는 하지 않는다. 무시류는 현존하는 생물종의 1%에 지나지 않으며, 곤충의 대부분은 성충이 날개를 가진 유시류로, 유시류는 변태를 한다.

곤충의 변태에는 불완전변태와 완전변태가 있다. 불완전변태를 하는 곤충은 메뚜기·잠자리·사마귀·바퀴벌레·노린재 등으로, 이것들은 유충과 성충의 외형이 상당히 닮았으며 번데기 단계는 없다. 그 외에 완전변태를 하는 종은 진화적으로 가장 나중에 출현한 종이다. 이 종에서는 유충과 성충 사이에 번데기라는 운동할 수 없는 기간이 들어가, 성충은 유충과 아주 다른 몸을 갖는다. 모기나 파리(쌍시류), 벌이나 개미(막시류), 나비나 나방(인시류), 장수풍뎅이 등이 완전변태를 한다. 이런 종은 곤충종의 무려 83%를 차지하고 있어서, 곤충뿐만 아니라 전체 생물 가운데 가장 번성한다고 할 수 있다.

곤충의 날개가 어떻게 진화했는지는 알려져 있지 않다. (새의 날개는 앞다리가 변화한 것으로, 이것이 날개가 된다는 사실은 알기 쉽지만) 곤충의 날개는 다리와는 관계없이 체벽이 얇게 자라서 나온 것이다. 날개가 나는 기관으로 갑자기 진화했다고는 생각하기 어렵기 때문에, 우선 몸에서 돌출한 얇은 판 모양의 것이 어떤 목적 때문에 진화하여, 그것이 비행용으로 전용된 것이라고 추측한다. 돌출한 얇은 판으로 태양광을 모아 몸을 따뜻하게 한 것은 아닌가라는 설이나, 돌출한 판에 부속지의 유전자가 돌연 작용해서 움직이는 날개가 된 것은 아닌가 하는 설 등, 날개의 진화에는 여러 가지 억측이 난무하다.

유충과 성충 두 시기를 구분한다

날개를 가짐으로써 먹이를 찾는 데에도, 적으로부터 도망가는 데에도 매우 유리해졌다. '그만큼 날개가 좋은 것이라면, 유충 시대부터 날개를 만들어서 날아다니면 된다. 작은 모기 역시 날고 있으니까, 몸이 작아서 날지 못하는 것은 아니다. 장수풍뎅이의 유충이 그만큼 커질 때까지 땅속에 살 필요는 없는 것이 아닌가?' 하는 생각이 들기도 하지만 이는 우리 인간이 변태를 경험하지 않고, 어릴 때부터 나이를 먹을 때까지 같은 몸으로 같은 환경에서 전보다 나은 것 같지 않은 일상을 보내기 때문인지도 모른다. 단순히 하늘을 날게 된다는 사실뿐만 아니라, 유충 시기와 성충 시기를 살면서 각각의 시기에 서로 다른 환경을 이용할 수 있다는 사실도 곤충의 번성에 크게 기여한다.

대부분의 나는 곤충은 유충 시기에는 식물의 잎을 먹고, 성충은 꿀이나 수액을 먹는다. 예를 들면, 청띠제비나비 유충은 녹나무 잎을 먹지만, 성충은 다양한 꽃의 꿀을 먹고 잎은 먹지 않는다. 장수풍뎅이는 유충 시기에 땅속에서 썩은 나무나 낙엽을 먹고, 성충 시기에는 수액을 먹는다. 모기의 애벌레인 장구벌레는 수저水底에 퇴적되었거나 수중에 떠 있는 유기물이나 박테리아 등의 미생물을 먹고, 성충은 식물의 꿀이나 과즙을 먹는다. 피를 먹는 모기도 있다.

꿀과 잎 중에서는 꿀이 먹이로 단연 뛰어나다. 꿀은 수크로스가 농후한 용액인데, 수크로스는 분자량이 작아 흡수가 잘된다. 수크로스는 효소 하나에 의해 글루코오스와 프룩토오스로 나뉘는데, 둘 다 즉시 연료로 사용할 수 있다. 그런데 잎은 먹는 데 수고가 따른다. 식물세포는 하나하나가 세포벽이라는 단단한 벽으로 싸여 있다. 이 벽은 셀룰로오스 섬유가 리그닌 수지로 굳어진 것으로, 동물은 셀룰로오스나 리그닌이나 분해할 수 없다. 그래서 어떻게든 질근질근 씹어 으깨 먹을 수 있는 세포벽 안의 알맹이를 꺼낸다. 셀룰로오스를 부숴서 씹어 으깨기 쉽도록 창자 속

미생물에게 도움을 받는 것은 예삿일로, 여기에는 시간이 걸린다. 초식동물은 이와 같은 음식물 처리를 위해 긴 창자를 갖고 있다. 그들은 오랜 시간을 들여 음식물을 처리한다(이 점에 관해서는 척추동물 장에서 구체적으로 설명하겠다). 그리고 먹은 것의 대부분은 영양분이 되지 않는 것이라서, 대량의 잎을 먹지 않으면 양분을 조달할 수 없다. 잎을 많이 먹는다는 것은 가득 차서 무거운 위장을 쭉 안고 있는 상태가 계속되는 것을 의미한다. 단단한 잎을 씹어 으깨는 이빨이나 턱은 단단해야 한다. 움직이는 근육은 굵어야 하고, 잎을 대량으로 모아두는 위는 커야 한다. 잎을 처리하려면 긴 창자가 필요하고, 집어먹은 먹이는 무겁다. 결국, 몸이 무거워진다.

날기 위해서는 가능한 한 가벼운 것이 좋다. 몸뿐만이 아니다. 나는 데에는 에너지가 많이 필요한데, 싣는 연료도 가벼운 것이 좋다. 잎을 먹고 있다면, 이들의 필요에 부응하는 것은 어렵다.

다만 잎은 항상 있지만, 꽃은 피는 시기가 극히 한정되어 있다. 게다가 잎은 많지만 꽃은 적다(한 개의 풀에서 꽃의 수와 잎의 수를 비교해보라). 그래서 곤충은 많은 잎을 계속 먹어서 성장하는 시기와, 꿀을 먹어서 날아다니는 시기로 일생을 나눴다.

곤충의 유충, 예를 들어 배추흰나비는 먹는 풀이 양배추 등의 십자화과 식물로 정해져 있다. 십자화과의 식물은 겨자 기름을 갖고 있는데, 그런 잎을 먹는 벌레는 적다. 같은 먹이를 두고 다른 종과의 쟁탈전을 벌일 일이 없기 때문에, 어미가 양배추를 찾아내서 그 위에 알을 낳아주면 안심하고 그곳에 있는 잎을 먹으면서 천천히 자라면 된다(성장에는 시간이 걸린다). 곤충은 몸이 작기 때문에, 잎 하나만 있으면 성장할 때까지의 먹이로 충분하다. 그래서 유충은 먹이를 찾아 돌아다닐 필요가 없으며, 돌아다니지 않으면 적에게 발견될 위험성이 적어 도망갈 필요도 없다. 그래서 항상 가득 찬 배를 안고서 어기적어기적하더라도 문제없다.

충분히 먹고 성장을 마쳤을 때 만반의 준비를 해서 변태하고, 날개를 만들어서 날아다닌다. 교배할 상대를 발견하고 아이를 위해 피막이풀을 찾아내서 알을 낳는다. 이것으로 목표는 전부 달성하였으므로 성충의 시기가 길 필요는 없다. 성충이 되면 먹이를 전혀 먹지 않는 곤충도 제법 있다.

식물에게는 꽃잎이 교배할 상대를 찾기 위한 것이다. 식물은 움직일 수 없기 때문에 아름다운 꽃을 피우고 꿀을 만들어 곤충을 불러들이고, 곤충을 통해 화분을 운반시켜 교배한다. 이것이 끝나면 꽃잎은 떨어진다. 꽃의 생명은 짧다. 나비의 생명도 짧다. 꽃과 나비의 공진화에 의해 피자식물이나 곤충도 그 다양성이 크게 증가하였다.

벌레는 난다

작사 · 작곡 모토카와 다쓰오

3

소라는 왜 나선형일까?

연체동물문

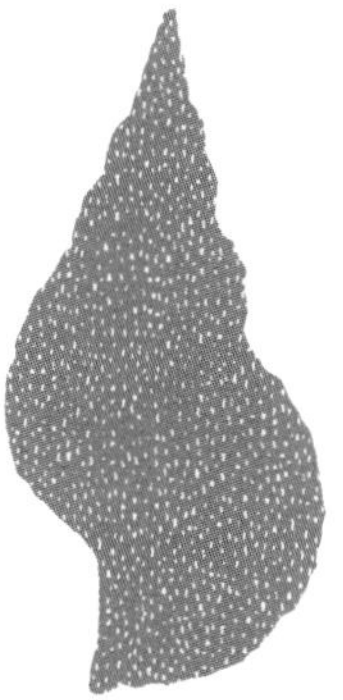

연체동물문

1. 무판강(껍데기가 없다. 족쇄지렁이*)
2. 다판강(껍데기가 8장. 딱지조개)

※ 아래의 다섯 항목은 패각아문(유각아문)이다.

3. 단판강(껍데기가 1장. 네오필리나)
4. 복족강(껍데기가 입체적인 나선. 달팽이·소라 등의 고둥. 현존하는 생물종의 4분의 3을 차지한다)
5. 이매패강(껍데기가 2장. 바지락·대합. 복족류 다음으로 종의 수가 많다)
6. 굴족강(껍데기가 상아와 같이 끝이 가는 통 모양. 뿔소라)
7. 두족강(껍데기가 평면 나선 모양인 앵무조개, 껍데기가 퇴화한 오징어·문어)

여기서는 소라와 같은 연체동물을 다룬다. 동물 전체에서 절지동물에 이어 종 수가 많은 것이 이 연체동물이다. 이들은 절지동물과 마찬가지로 훌륭한 외골격을 가졌으며 그 외골격 역시 연체동물이 환경 적응에 성공하여 번성하는 데에 큰 영향을 주었다.

연체동물문에는 현존하는 생물종이 약 10만 종이나 있으며 화석도 다수 발견되고 있다. 탄산칼슘으로 만들어진(즉, 돌로 된) 훌륭한 껍데기를 가졌기 때문에 껍데기가 화석으로 남기 쉽다. 절멸한 암모나이트(오징어와 같은 두족류)의 화석은 전 세계에 걸쳐 널리 출토되어, 그것을 포함한 지층이 언제 퇴적되었는지를 추측하는 기준으로 이용된다.

연체동물은 영어로 '멀러스커Mollusca'이다. '몰리스(부드러운)'와 '에스카(육체)'라는 라틴어를 결합한 말에서 비롯한 단어로, '연체軟體'는 이를 직역한 것이다. 소라에게서 가장 눈에 띄는 부분은 단연 단단한 껍데기다. 이 때문에 소라가 어째서 연체인가

하는 의문이 들겠지만, 처음에 이름을 붙일 때 얇은 껍데기를 가진 견과류 중에 멀러스크라는 것이 있는데 그것을 닮아서 그렇게 명명된 것 같다. 얇은 껍데기로 덮여 있는 것이 연체동물의 특징이며 이들은 주로 껍데기의 모양에 따라 분류된다.

가상의 공통 조상에 기초해서 생각하다

여러 연체동물의 기원과 발달 과정을 생각할 때, 그들의 공통 조상이 된 동물을 상정해서, 그 조상에게 다양한 특수화가 일어나 현재처럼 다양한 연체동물이 되었다고 상상하는 방법이 종종 쓰여왔다. 특수화가 일어나기 전, 현재 있는 모든 연체동물에 공통된 성질을 가진 조상형인 '일반적인 연체동물'이 있었다고 상정하는 것이다. 물론 현실의 진화는 그렇게 단순하지 않다. 하지만 특수화하지 않은 조상형을 상정하면 연체동물의 기본을 이해하는 데에 도움이 되기 때문에 여기서도 그 방법을 사용하려고 한다. 다만 무판강과 다판강은 다른 종류와 크게 다르기 때문에 따로 생각하기로 하고, 우선 나머지 것(패각아문으로 묶이는 것)의 공통 조상으로 일반적인 연체동물을 상정하여 살펴보기로 한다. 패각아문에는 연체동물의 대부분이 포함되기 때문이다.

일반적인 연체동물은 바위 위에 살며, 바위에 나 있는 아주 작은 조류를 도려내서 먹었다. 바위의 표면에는 생물막(바이오필름)도 나 있다. 이것은 박테리아 등 다수의 미생물이 번식해서 자신

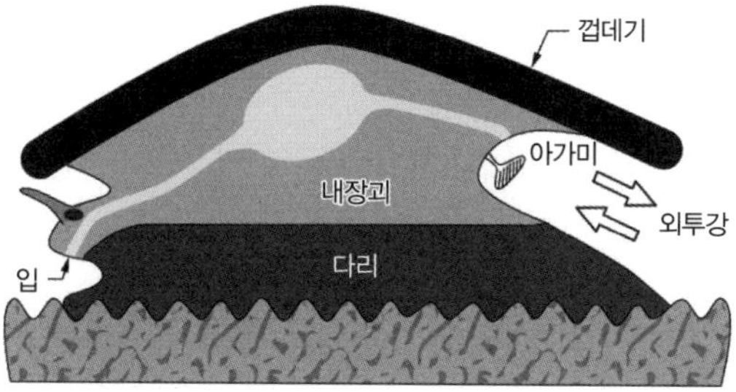

그림 3-1 일반적인 연체동물 외투강 내의 화살표는 물이 흐르는 방향을 나타낸다.

이 분비한 점액 상태의 고분자 속에 가득 차서 얇은 필름으로 된 것이다. 일반적인 연체동물은 이 필름이나 조류를 바위째 도려내서 먹었다. 이 동물(그림 3-1)의 특징은 다음과 같다.

① 등에 껍데기를 짊어지고서 몸을 지킨다.

② 몸의 아래에는 평평하면서 넓고 두툼한 다리가 있다.

③ 동물 본체인 내장괴는 다리와 껍데기 사이에 있으며 소화관이 전후로 뻗어 있다. 앞쪽에 입이 있다. 입에는 치설이라는 특별한 섭식기관이 있다. 눈이나 촉각 등의 감각기관도 앞쪽에 존재한다.

④ 내장괴의 등쪽은 외투막으로 덮여 있으며, 이 막이 등쪽으로 껍데기를 더 분비한다. 몸 뒤쪽의 껍데기 아래에 외투막이 내뻗어서 생긴 공간(외투강)이 있고, 이 속에 아가미가 있다.

일반적인 연체동물의 특징

일반적인 연체동물에게 있는 기관들의 특징을 설명해보겠다.

① 껍데기

껍데기는 위로 약간 볼록하고 평평하게 솟은 전립(무로마치시대 이후 병사들이 썼던 모자 — 옮긴이) 모양을 한 석회질 판이며 몸의 등쪽 전체를 덮는다. 적에게 공격받았을 때에는 껍데기를 끌어내려 틈새가 없도록 '우산'의 가장자리를 바위에 밀착시켜서 몸 전체를 방어한다. 껍데기는 탄산칼슘으로 되어 있으며 등쪽 표피(이것을 외투막이라고 한다)가 껍데기를 만든다. 외투막은 몸의 뒤쪽 끝에서 내장괴보다도 뒤쪽으로 뻗어 껍데기와 다리 사이에 공간(외투강)을 만든다. 외투강은 바깥쪽으로 열려 있어 바닷물이 자유로이 출입할 수 있는 공간이며 그곳에 아가미가 있다. 또한 항문이나 신관(질소대사물, 즉 오줌을 만드는 기관)의 배출구도 여기에서 열린다.

② 다리

이 조상 연체동물은 바위 위에 있으므로 바위로부터 공격받는 일은 없다. 그래서 등에 껍데기를 짊어지면 방비가 완벽해서 매우 안전…하기는 하지만, 그것은 바위 위에 있을 때의 이야기다. 물고기나 새 등 포식자의 공격으로 바위에서 떨어지면 만사가 끝이다. 또한 수류에 휩쓸려 떨어져서 뒤집히면 넓적하고 단단한 몸을 일으키는 데에는 시간이 걸린다. 그리고 단단하지 않은 무방비한 면이 드러나면 매우 위험하다. 그런데 이 조상이 즐겨 사는 장소는 얕은 바위 밭으로 파도의 힘이 세서 파도로 인해서 떨어질 위험이 높은 장소이다.

얕은 곳을 좋아하는 이유는 조류가 많기 때문이다. 태양광은 바닷물에 흡수되기 때문에 깊어질수록 햇빛이 약해서 조류가 자라기 어렵다. 그래서 먹이가 풍부한 얕은 바위 밭이 조상 연체동물이 즐겨 사는 장소가 된 것이 틀림없다. 다만 얕은 장소는 파도의 힘을 강하게 받아 바위에 꽉 달라붙어 있지 않으면 떨어져 쓸려갈 위험이 있다. 그렇다고 따개비처럼 껍데기를 바위에 시멘트로 고정해버리면 돌아다닐 수 없기 때문에 돌아다니며 조류를 먹을 수도 없다.

강력한 힘으로 바위에 들러붙고, 또 필요할 때에는 걸을 수 있다. 이 '걷기'와 '들러붙기'라는 두 가지 역할을 하는 것이 연체동물의 다리이다. 우리 인간은 다리를 걷거나 달리기 위한 것이라고만 생각하는데 그것은 우리가 육상동물이기 때문이다. 바다에서는 큰 부력이 작용하기 때문에 몸이 둥실둥실 떠올라 수류나 파도가 있는 장소에서는 쓸려갈 우려가 있다. 그래서 해저면을 발로 이동하는 저생동물에게 몸을 고정하는 다리의 역할은 매우 중요하다. 전복에서 가장 먹음직스러운 부분이 다리이다. 다리가 그토록 근육 덩어리로 이루어진 이유는 바위에 단단히 들러붙는 힘을 얻기 위한 것이지, 빨리 달리기 위해 근육이 발달한 것이 아니다.

③ 치설

바위 표면에는 작은 요철이 무수히 있고, 그 요철을 따라서 미세 조류가 자란다. 이를 우리 인간이 치아로 물어뜯으려고 하면 바위에서 길게 뻗어져 나온 부분밖에 먹을 수 없다. 그런데 연체동물은 치설이라는 특별한 섭식기관을 가지고 있어서 해조를 아래에 있는 바위째 먹을 수 있다.

치설은 표면에 미세한 이빨이 여러 개 난 리본 모양의 혀이며, 말하자면 (무를 갈 때 사용하는) 강판이다. 어떤 고둥의 경우 리본 폭이 1.2밀리미터이고 길이가 그 10배이다. 이 폭에 50개의 이빨이 일렬로 늘어서 있는데, 이런 줄이 리본의 전 길이에 걸쳐 나 있다. 리본은 치설돌기라는 연골의 지탱을 받으며 구강 바닥에 들어가 있다. 이빨은 키틴과 태닝을 한 단백질로 이루어져 있기 때문에 단단하고, 개중에는 철 모자를 쓴 것도 있다. 조류를

그림 3-2 치설의 끝부분 점을 찍은 곳이 치설돌기

먹을 때 조개는 치설돌기를 입에서 쑥 내밀어 리본을 바위에 밀착시킨다. 그리고 이빨이 늘어선 리본을 앞뒤로 미끄러지듯 움직여 해조를 바위째 깎아 먹는다(그림 3-2). 이런 방법을 사용하면 이빨은 곧 닳아 없어지는데, 그러면 목의 안쪽에서 이빨을 새롭게 만들어서 내보내며 앞쪽의 마모된 부분은 잘라버린다. 달팽이의 경우 하루에 3~4열의 이빨을 교체한다.

④ 아가미

몸은 돌로 된 우산이 윗면과 측면을 덮고 있으며 몸의 아랫면은 바위이다. 즉, 암석으로 몸을 푹 덮고 있기 때문에 이대로라면 산소가 들어오지 않는다. 그래서 스스로 수류를 일으켜서 외부로부터 신선한 바닷물을 체내로 빨아들여 그 물을 아가미 위로 흐르게 해서 호흡한다.

수류를 일으키는 펌프 역할을 하는 것이 섬모이다. 섬모는 세포에서 생성된 가는 털이다. 이것이 에너지를 사용하여 앞뒤로 흔들어서 물을 젓는다. 섬모의 길이는 100분의 1밀리미터 정도이다. 굵기는 그 50분의 1(머리카락의 400분의 1)로 매우 가늘고 짧지만, 아가미 표면에는 섬모가 많이 난 세포가 죽 줄지어 있으며 이 섬모가 일제히 통제된 동작을 해서 강력한 수류를 일으킨다. 물은 조개의 뒤쪽 아래에서 들어와 아가미의 위를 흘러 조개 뒤쪽 위에서 배출된다. 이 바깥으로 향하는 수류를 타고 대변이나 소변이 배출된다. 호흡에 사용된 수류가 수세식 화장실로도 사용되고 있다.

넓적한 동물의 문제점

앞에서 본 일반적인 연체동물은 알기 쉽게 말하면 '몸의 윗면이 단단한 판으로 덮인 넓적한 동물'이다. 그런데 사실 넓적한 체형의 동물은 문제가 될 수 있는 부분을 타고났다고 할 수 있다.

① 표면적이 크다

넓적하다는 것은 몸에 비해 표면적이 크다는 것이다. 즉, '표면적/체적'의 비율이 다른 모양보다 크다. 표면이 넓으면 포식자의 눈에 띄기 쉽다. 또한 면적이 넓어서 파도에 취약한데(저항은 면적에 비례하기 때문에), 이것은 조간대와 같이 파도의 힘이 센 장소에서 특히 문제가 된다. 또한 간조 때에는 몸이 공기 중에 노출되는데, 그때 넓은 표면에서 물이 점점 사라져 바짝 마를 위험이 높아진다. 특히 햇볕이 닿는 면적이 크기 때문에 쨍쨍 내리쬐는 햇볕에 놓이면 체온이 높아져 더욱더 바짝 마르기 쉬운데다가 삶아질 위험도 있다.

② 몸에서 각 부분의 거리가 멀리 떨어진다

평면 모양으로 퍼진 몸은 몸의 각 부분의 거리가 입체적인 몸에 비해 멀리 떨어져 있다. 따라서 물건이나 정보를 운반하는 운반계의 전체 길이가 길 수밖에 없다. 혈관계나 신경계의 길이가 길어져, 그만큼 운반에 시간과 에너지가 소요되기 때문에 효율이 나쁘다. 또한 위험하기도 하다. 몸의 끝을 포식자에게 베어 먹혀도 위험하다는 신호가 멀리 떨어진 끝까지 전해지는 데 시간이 걸려서 몸 전체가 즉시 방어태세를 취할 수 없다.

그러나 외부에 접하는 면적이 크면 유리한 점도 있다. 특별한 일을 하지 않더라도 그 넓은 면을 이용하여 산소를 흡입할 수 있다. 또한 물속에 녹아 있는 유기물을 체표에서 흡수해서 영양분으로 삼을 수도 있다(다만 이러한 장점은 껍데기로 덮인 일반적인 연체동물에서는 사용할 수 없다).

넓적한 껍데기의 문제점

그러면 일반적인 연체동물처럼 넓적한 몸에 넓적한 껍데기를 짊어진 경우는 어떨까? 그때는 더 큰 문제가 보태진다. 이 문제는 몸이 클수록 뚜렷하게 드러난다. 보통 몸이 큰 동물에게는 좋은 점이 많기에 생물의 진화과정에서는 작은 몸에서 큰 몸으로 여러 번 변화가 일어났다(아래 칼럼 참고).

크다는 것은 좋은 것이다

생물의 역사를 보면 몸이 한 개의 세포로 된 아주 작은 원핵생물에서 시작되어 진핵생물, 다세포 생물로 발전되어 갔는데, 진화의 어느 시점까지는 나중에 등장한 것일수록 몸집이 커졌다. 큰 것에는 다음과 같은 장점이 있기 때문이다.

① 기능을 늘릴 수 있다

어떤 동물이든 살아가기 위해 갖추어야 하는 최소한의 장치가 있으며, 이 장치를 설치하기 위한 최소한의 공간이 필요하다. 몸이 작은 것은 그 공간만으로 몸이 가득 차버리지만 크면 클수록 공간에 여유가 생긴다. 예를 들면 알을 많이 만들어 저장해둘 수 있으며 위장을 크게 해서 많이 먹어둘 수도 있고, 또한 만일의 경우를 위해서 몸에 영양분을 축적해둘 수도 있다. 뇌를 크게 해서 쓸데없는 것을 생각하는 여유도 가질 수 있다.

작은 동물에게는 여유 공간이 없기에 공간이 한정요인이 되어 기능을 갖추는 데에 한계가 있다. 동물이 새로운 기능을 추가하려고 하면, 이를 위한 장치(예를 들면 새로운 단백질)가 필요하므로 그것을 넣을 공간이 필요하다. 자연히 몸이 커질 수밖에 없다(이것은 기업에서도 마찬가지다. 새로운 것을 시작하는 데는 ○○준비실이라는 공간을 먼저 확보하는 것처럼 말이다).

② 잡아먹히지 않는다

포식자는 일반적으로 자신보다 훨씬 작은 것을 노린다(보통 자신의 체중의 10분의 1 정도의 먹이를 먹는다).

③ 항상성을 유지하기 쉽다

작은 동물일수록 몸에 비해서는 표면적이 크기 때문에 그만큼 외부의 영향을 받기 쉽다. 예를 들어 외부 온도가 달라지면 체온도 순식간에 변하며, 외부 바닷물의 염분농도가 달라지면 즉시 체액의 농도에 영향이 미친다. 살아 있다는 것은 체내에서 화학반응이 활발하게 일어나고 있다는 것이며, 화학반응의 속도는 온도의 영향을 크게 받는다. 또한 생물의 화학반응에는 효소가 관여하고 있으며, 효소의 활성은 염분농도에 크게 영향을 받는다. 그래서 체내의 환경이 변하지 않도록 하는 것, 즉 항상성을 유지하는 일이 중요한데, 작으면 항상성을 유지하기 어렵다.

앞에서 큰 동물에게는 상당한 이점이 있다는 사실을 언급했는데 실은 작은 동물에게도 좋은 점이 있다. 가장 큰 장점 중 하나는 새로운 종을 만들어내기 쉽다는 사실이다. 실제로 진화의 역사를 보면, 새로운 계통의 조상이 된 동물은 대부분 작은 동물이었다(우리 영장류의 경우도 조상은 다람쥐만 한 크기였다). 작은 동물이 조상이 되고 그것을 바탕으로 다양한 자손이 만들어진다고 하면, 나중에 큰 동물이 생기는 것은 당연하다면 당연한 일이다.

조상 연체동물은 몸이 그다지 크지 않고 그 후로 더욱 몸이 큰 동물로 진화했다는 것은 있을 법한 이야기일 것이다. 그러면 조상 연체동물인 넓적한 껍데기를 등에 짊어진 넓적한 몸의 동물이 더욱 커지면 어떤 문제가 발생할까?

① 껍데기는 클수록 약하다

동일한 두께의 판들 중에서도 큰 것일수록 휘기 쉽다. 큰 판의 양 끝을 붙잡고 한가운데로 밀면 (힘이 가해지는 위치와 손으로 붙잡는 위치가 멀면 멀수록 지렛대의 원리에 의해) 보다 작은 힘으로 판을 크게 변형시킬 수 있기 때문이다. 이처럼 껍데기가 크면 몸의 알맹이가 찌부러지기 쉬워져서 위험하다. 균열이 퍼져서 껍데기가 깨져버릴 위험도 높아진다. 그 이유는 판이 깨지는 경우에 상처가 먼저 난 곳부터 균열이 퍼져 부서지는데, 상처를 입을 확률도 판의 면적에 비례하기 때문에 큰 판일수록 많은 상처를 가지고 있을 뿐 아니라 상처를 큰 힘으로 잡아당기기 때문에 부서지기 쉽다.

이렇게 되지 않도록 판을 두껍게 하면 껍데기가 더욱 무겁고 부피가 커져서 결국 몸에서 껍데기가 차지하는 비중이 점점 커져버린다. 원래 넓적한 것은 몸 크기에 비해 표면적이 크다. 그 큰 표면을 껍데기가 덮고 있기 때문에 입체적인 몸을 가진 동물에 비해 껍데기의 비중이 크다. 이런 동물의 껍데기를 더욱 두껍게 한다고 했을 때, 몸이 크면 클수록 더 껍데기뿐인 생물이 된다. '껍데기=뼈'이기 때문에 쉽게 말하면 뼈밖에 없는 동물이 되어버리는 꼴이다. 이는 참으로 곤란한 일이다.

② 사는 장소가 한정된다

넓적하고 변형할 수 없는 몸을 갖는다는 것은 넓고 평평한 장소에서만 살 수 있다는 것을 의미한다. 바위가 활 모양으로 구부러졌거나 요철이 심한 부분에 살면 넓적한 몸을 바위에 밀착시킬 수 없어서 바위와의 사이에 틈새가 생기게 되는데, 그러면 그 틈새로 공격받을 위험이 있다. 또한 다리의 모든 면을 바위에 찰싹 붙일 수 없기 때문에 접착력이 떨어져 파도나 포식자에 의해 떨어지기 쉽다. 이렇게 되면 매우 위험하다. 그래서 큰 몸에 맞는 넓고 평탄한 바위 밭을 찾게 되는데, 그런 장소가 흔한 것은 아니다. 넓적한 껍데기를 짊어진 동물이 커지면 안전한 거주 장소를 확보하기가 어려워진다.

넓적한 껍데기를 분할한다

껍데기를 몇 개의 판으로 나눠서 그들을 관절로 연결하면 변형이 가능해지기 때문에 넓적한 껍데기가 갖는 문제는 해결할 수 있다. 관절의 종류로는 판들이 관절부에서 구부러져서 회전할 수 있는 것(상가 셔터, 욕조 뚜껑이나 태블릿 PC 케이스에 이런 것이 있다)도 있고, 기와나 서양 갑옷처럼 판끼리 조금씩 겹쳐서 정렬하여 겹쳐진 부분이 서로 미끄러지듯 움직이는 관절도 있다. 판을 계속 작게 해서 갑옷의 미늘이나 갑옷 속에 받쳐 입는, 작은 미늘로 엮은 사슬처럼 만들면 더욱 변형하기 쉬워진다.

연체동물 중에도 영어로 '쇠사슬조개*'라고 불리는 것이 있다. 딱지조개의 동류(다판류)이다. 껍데기를 V자 모양의 판 8장으로 분할해서 비스듬히 놓아 일부만 겹치도록 앞뒤로 정렬해 타원형 몸을 덮고 있다(그림 3-3). 바위에서 떨어지면 경단벌레처럼 껍데

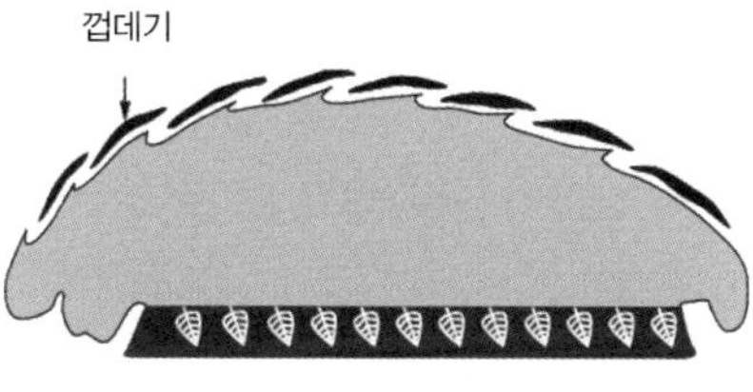

그림 3-3 딱지조개 왼쪽이 앞. 아가미(하얀 잎처럼 보이는 것)가 양 옆으로 반복해서 늘어서 있다.

기를 둥글게 말아 껍데기가 없는 복부를 보호한다.

사실 딱지조개는 하나의 껍데기를 등에 짊어진 동물로부터 진화했다고 여겨지지 않는다. 따라서 몸이 커짐에 따라 원래 한 장이었던 껍데기를 분할해서 문제를 해결한 사례에는 해당되지 않는다. 그런데도 굳이 이 맥락에서 딱지조개를 언급한 이유는 일반적인 연체동물로 상정하는 종과 딱지조개의 크기 차이에 주목하기 위해서이다. 딱지조개의 대부분은 몸길이가 1~10센티미터이지만, 말군부처럼 30센티미터나 되는 것도 있으며 가장 큰 딱지조개는 36센티미터라는 기록도 있다. 이것에 비해 일반적인 연체동물에 가까운 단판류는 아무리 크더라도 3센티미터 정도이다. 그래서 딱지조개는 분할된 껍데기를 가지면 커질 수 있다는 사실을 방증하는 사례인 것 같다.

연체동물의 진화

여기서 연체동물의 진화에 대해 언급하고자 한다. 연체동물은 환형동물(지렁이나 갯지렁이와 같은 종)과 가까운 동물이었던 것 같다. 알에서 어미로 가는 발생과정에서 공통점이 보이기 때문이다(나선 난할을 나타내는 것이나 담륜자 유생을 거치는 것). 환형동물은 팔찌 같은 고리가 연이어 연결되어 길쭉한 환충 모양(지렁이 모양)의 몸으로 되어 있기 때문에 이런 이름이 붙었다. 이 고리 한 개가 체절이며 모든 체절이 거의 같은 구조를 하고 있다. 체절 사이는 칸막이로 구분되어 있고 각 체절에 배설기관, 신경절, 다리가 갖춰져 있다는 사실에서도 알 수 있듯이 체절은 매우 독립성이 높은 단위이다. 이것이 반복적으로 이어져 환형동물의 몸이 되었다.

연체동물 중에도 딱지조개나 단판류와 같이 몸에 반복 구조를 가진 것이 있으며, 이것도 연체동물이 환형동물과 가깝다고 판단하는 근거가 되어왔다(다만 최근에는 연체동물의 반복 구조는 환형동물의 체절과는 직접적인 관계가 없다는 의견이 강하다. 반복 구조가 연체동물의 오래된 형질임에는 틀림없는 것 같지만 말이다).

무판류

연체동물의 조상형은 껍데기를 갖지 않고 반복 구조를 갖는 지렁이 모양이었던 것 같다. 그런 몸을 가진 연체동물로는 족쇄지렁이*의 동류(무판류)가 있다. 몸길이는 수 밀리미터에서 수 센티미터이다. 이름과 같이 지렁이 모양을 하고 있다. 그러나 반복 구조는 아니다. 해저의 진흙 속에 기어들어가 있거나, 먹이인 산호 위에 있다. 이런 모양을 하고 있으면 마치 연체동물의 조상이 살아남은 것 같지만, 딱지조개의 동류와 공통점이 보이기 때문에 딱지조개같이 껍데기를 가졌던 동물이 진화 과정에서 껍데기를 잃었다는 견해도 있어서 조상이 살아남은 것인지의 여부는 알 수 없다. 딱지조개나 족쇄지렁이도 다른 연체동물(패각류)과는 매우 달라서 보다 원시적인 종이라는 의견이 강하다. 다만 원시적이라고 해서 지금 있는 족쇄지렁이나 딱지조개에서 나머지 연체동물이 진화했다는 말은 아니다.

단판류

이것은 일반적인 연체동물에 가까운 것으로 간주된다. 이전부터 '필리나*Pilina*'라는 화석이 알려져 있었다. 이것은 캄브리아기의 단판류로 껍데기는 한 장이다. 그리고 두드러지는 부분은 다리와 껍데기의 부착점(위험할 때 껍데기를 끌어내려 몸을 지키기 위한 다리 견인근의 껍데기 부분 부착점으로, 껍데기에 그 흔적이 있기 때문에 화석을 봐도 알 수 있다)이 좌우 짝이 되어서 앞뒤로 반복해서 늘어선 것이다. 이것은 몸에 반복 구조가 있었다고 추측하게 하므로, 단판류는 환형동물과 연체동물을 연결하는 형질을 지닌 연체동물의 조상형에 가깝다고 여겨져 왔다.

그 단판류의 '살아 있는 화석'이 1952년 코스타리카 난바다의 심해에서 발견되었다. 이 조개를 네오필리나*Neopilina*('새로운 필리나'라는 뜻)라고 명명했다. 크기는 3밀리미터에서 3센티미터, 키가 작은 원추형 껍데기를 가지고 있고, 다리 견인근은 8쌍이, 아가미는 몸의 양측에 3~6쌍이 모두 앞뒤로 늘어서 있으며, 신관(배설기관)도 3~7쌍이 있다. 쌍의 수는 개체에 따라 다르지만 확실히 몸에 반복 구조가 보인다.

네오필리나는 환형동물과 연체동물을 잇는 형질을 나타내는, 그야말로 살아 있는 화석이다. 다만 주의해야 하는 것은 네오필리나가 반복 구조라는 오래된 형질을 유지하고 있어도, 자세히 살펴보면 상당히 분화된 종류이며 연체동물의 조상형 그 자체는 아니라는 점이다.

껍데기가 없는 조상 연체동물은 한편으로는 딱지조개(다판류)와 같이 복수로 나뉜 껍데기를 진화시키고, 다른 한편으로는 하나의 껍데기를 진화시켜 전자로부터는 다판류와 무판류가, 후자로부터는 패각류가 진화하고, 패각류는 크게 번성한 종을 포함해 다양하게 진화했던 것은 아닐까 추측된다.

껍데기를 입체적으로 쌓아 올린다

한 장의 껍데기를 가진 일반적인 연체동물에서 진화한 종은 껍데기를 2차원의 평면이 아니라 3차원의 입체적인 모양으로 만들었다. 얇은 접시 모양 껍데기를, 우산처럼 옆으로 펼치는 것이 아니라 키를 높게 해서 고깔모자처럼 하였다. 이렇게 하면 몸을 크게 만들더라도 다리가 바위에 붙는 면적은 증가하지 않아도 되기 때문에 사는 장소가 부족해지는 문제를 피할 수 있다.

또한 껍데기를 입체적으로 만들면 껍데기 내부에 여유가 생겨서 크게 펼쳐지는 연체부를 가질 수 있다. 평소에는 연체부를 바위 위에 크게 펼쳐서 활동하고 위험할 때만 껍데기의 수납공간으로 움츠러들면 활동범위가 보다 넓어질 것이다.

이와 같이 키가 커지는 데에는 이점이 있지만, 그렇다고 계속해서 껍데기의 키를 높인다고 좋은 것은 아니다. 키가 크면 안정성이 나쁘다. 키가 크면 껍데기가 아주 조금만 기울어져도 무게중심이 바닥에서 벗어나버리기 때문에 쉽게 뒤집힌다. 또한 뾰족한 앞쪽 끝에 힘이 가해진다고 했을 때, 키가 클수록 (지렛대의 원리가 작용해서) 뿌리에 큰 힘이 걸려 바위에서 떨어지기 쉽다. 더욱이 파도와 수류의 힘은 바위 표면에서 멀어질수록 커지기 때문에 키가 커질수록 껍데기에 점점 더 큰 힘이 가해져 껍데기가 바위에서 떨어지기 쉬워진다. 이것은 매우 위험하다.

그래서 키를 키우는 대신 껍데기의 끝

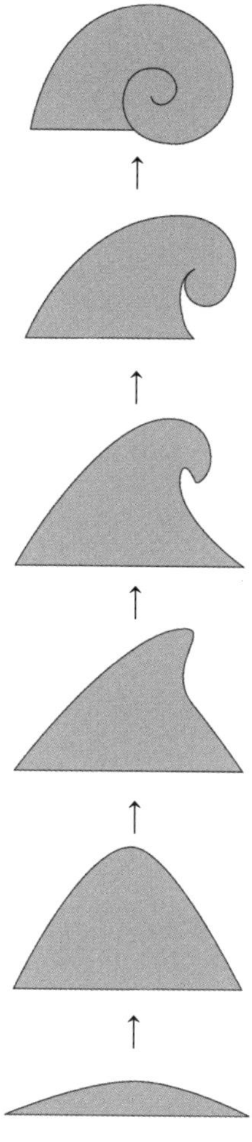

그림 3-4 나선 모양의 껍데기의 진화 얕은 산 모양의 껍데기에서 산이 높아지고, 나선으로 감긴 모양이 된다 (Ruppert 외, 2004에 의거).

부분을 앞쪽으로 굽혀서 감는 것처럼 만든다(그림 3-4). 이렇게 하면 키를 높이지 않고도 체적을 확보할 수 있다. 껍데기는 점점 나선 모양으로 말려서 지금의 고둥이 되었다.

소라 껍데기는 로그나선

소라가 껍데기를 감는 방법에는 특징이 있다. 껍데기는 나선으로 감겨 있다. '나선螺旋'에서 '나螺'는 원래 고둥을 말한다. 고둥 껍데기처럼 빙빙 도는 것이 나선이다. 나선은 나사처럼 돌면서 치솟아가며 3차원으로 감아가는 곡선 모양을 가리킨다.

위로 치솟지 않고 모기향처럼 평면에서 맴돌면서 2차원으로 넓어지는 모양도 나선이라고 한다(이것은 소용돌이라고도 부른다). 고둥 껍데기는 입체적인 나선이지만, 같은 연체동물 중에도 두족류(오징어·낙지가 포함된 강)인 암모나이트나 앵무조개의 껍데기는 평면적인 나선이다. 입체적이든 평면적이든 연체동물의 나선은 감으면서 감는 간격이 점점 넓어진다. 넓어지는 방식이 있는데, 한 번 감길 때 간격의 증가분은 이전에 감은 증가분에 정수를 곱한 만큼이다. 즉, 감은 간격이 일정한 비율로 증가하며 이러한 나선을 로그나선이라고 한다(로그나선은 데카르트에 의해 발견된 것으로 '데카르트의 나선'이라고도 불린다. 덧붙여서 모기향처럼 감는 간격이 증가하지 않고 일정한 나선은 '아르키메데스의 나선'이라고 한다). 감는다는 건 똑같은데 왜 소라는 로그나선일까?

이것은 성장의 문제와 관계가 있다. 소라의 몸은 바깥이 외골격 껍데기로 푹 덮여 있는데 이 점은 곤충과 같다. 2장에서 언급했지만, 외골격 안의 본체가 크려고 해도 외부에서 단단한 껍데기로 꼼짝 못하게 누르고 있기 때문에 성장할 수 없다. 그래서 곤충의 경우에는 껍데기를 일단 벗어버리고 한층 큰 껍데기를 새로 만들어 탈피를 반복하면서 성장해간다. 곤충은 이런 번거로운 일을 하고 있다.

그런데 소라는 탈피하지 않는다. 소라가 곤충과 다른 점은 몸이 외골격으로 완전히 덮인 것이 아니라 껍데기 아래쪽이 열려 있다는 점이다. 소라는 열려 있는 그 입구 가장자리에 석회를 덧붙여서 껍데기를 성장시킬 수 있다.

그러나 마구 덧붙인다고 좋은 것은 아니다. 예를 들어 껍데기가 원통형인데 원통의 한쪽 바닥만 열려 있고, 여기에 껍데기를 덧붙여간다고 해보자. 통의 가장자리를 단순히 늘리면 통의 두께는 변하지 않고 원통은 점점 길쭉해진다. 즉, 껍데기의 모양이 상대적으로 날씬해져 길쭉한 모양으로 변해가지 않을 수 없다. 이렇게 되면 개개의 기관을 한층 더 크게 만들어야 하며, 기관 그 자체의 비율을 바꾸든가 기관의 배치를 바꿔야 한다. 이것은 참으로 성가시다. 지금은 원통형 껍데기를 가정했지만, 사각기둥 모양이든지 육각기둥 모양이든지 가장자리를 그대로 늘려 가면 똑같은 문제가 생긴다.

왜 로그나선인가

이 문제를 해결하는 방법은 두 가지밖에 없다.

하나는 전립 모양에서 시작해서 우산의 각도를 바꾸지 않고 우산의 가장자리를 늘려가는 방법이다. 이렇게 하면 우산이 커져도 우산의 모양은 변하지 않는다. 일반적인 연체동물이 우산 모양의 껍데기를 가졌다고 생각한 것은 이 점을 고려했기 때문이며, 실제로 조상형에 가깝다고 생각되는 단판류는 우산 모양 껍데기를 가졌다. 또한 원시적인 고둥의 동류인 삿갓조개는 그 이름처럼 껍데기가 우산 모양이다. 그리고 단판류와 삿갓조개는 모두 소형 연체동물이다.

우산 모양에도 문제가 있다. 껍데기를 더욱 크게 하려고 우산을 옆으로 넓히면 살 장소가 부족해지고, 키가 높은 고깔모자 모양의 우산을 하면 뒤집히기 쉽다.

그런데 비율을 변화시키지 않고 껍데기를 키우는 또 하나의 방법이 있다. 그것은 통의 입구를 넓혀가면서 석회를 덧붙이되 통의 직경을 크게 만들면서 통을 굽혀 로그나선으로 감는 방식이다. 로그나선이라면 감기 시작한 부분부터 어느 지점을 잘라도 비율이 변하지 않는 닮은꼴이다(그림 3-5). 그리고 감으면서 치솟는 입체적인 로그나선이 되도록 껍데기를 감으면, 크기는 아담하지만 내부에 넓은 공간을 확보할 수 있어 키가 너무 커지거나 바닥이 너무 넓어지는 등의, 우산 모양이 갖는 문제점을 해결할 수 있다.

로그나선 껍데기는 고둥의 동류(복족류)에서 매우 발달했다. 고둥 껍데기가 실제로는 다양한 모양을 하고 있지만, 단면이 둥근 통이 빙글빙글 나선으로 감긴다는 점에서는 모두 똑같다. 나선을 한 번 감을 때마다 나선의 지름이 몇 배가 되는지, 한 번 감는 것으로 껍데기의 높이와 통의 직경이 몇 배나 늘어나는지에 따라 숫자를 바꾸어 모든 껍데기를 하나의 나선식으로 써서 나타낼 수 있다.

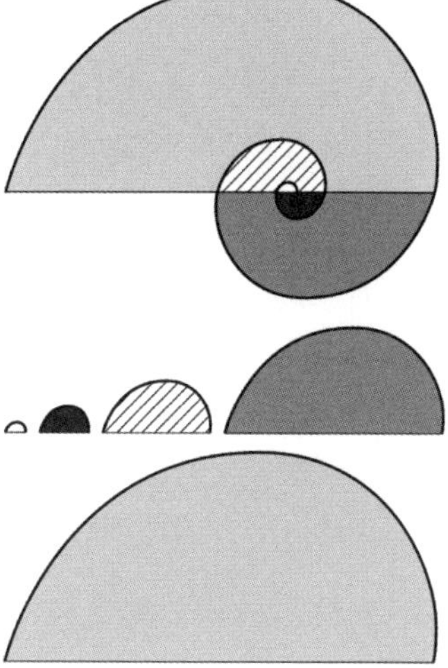

그림 3-5 나선의 껍데기는 모양이 변하지 않는다 껍데기의 어느 부분을 잘라도 닮은꼴이다.

이것은 다른 패각류에서도 마찬가지다. 바지락이나 대합 같은 이매패류의 껍데기에서는 나선이 넓은 간격으로 느슨하게 감기고 선과 선의 간격이 급속히 넓어져서 언뜻 보기에는 나선으로 보이지 않지만 로그나선이다. 상아와 같은 모양인 굴족류 껍데기도 느슨하게 감은 나선이다. 사실 단판류나 삿갓조개가 가진 우산 모양 껍데기도 약간 나선 모양으로 구부러져 있는데(이런 특징은 키가 큰 껍데기일수록 두드러진다), 이는 이매패와 마찬가지로 급속히 넓어진 나선으로 간주할 수 있다. 두족류에도 앵무조개처럼 껍데기를 가진 부류가 있다. 그들은 평면으로 감는 로그나선이다.

완족류도 로그나선

연체동물 외에도 로그나선 껍데기를 가진 것이 있다. 개맛이나 꽈리조개 등인데, 이들은 완족동물문에 속한다. 이들은 조개라고 이름이 붙는 다른 동물처럼 두 장의 껍데기를 가지고 있어 얼핏 이매패를 꼭 닮은 것 같지만, 껍데기 속을 보면 조개와 조금도 닮지 않았다. 문門, phylum이라는 높은 수준에서 연체동물과는 서로 다른 계통이다.

그러면서도 조개껍데기를 쏙 빼닮은 껍데기를 갖는다. 다만 이매패의 껍데기는 몸의 좌우에 있지만, 완족류는 껍데기가 등쪽과 배쪽에 있고 껍데기의 재질도 다르다. 조개껍데기는 탄산칼슘제이지만, 완족류의 껍데기는 인산칼슘제이다. 이러한 차이는 있어도 모두 로그나선이다. '껍데기에 둘러 싸여 있으면서도 성장할 때는 비율이 변하지 않는다'는 조건을 만족시키기 위해서 전혀 다른 계통의 동물이 로그나선이라는 동일한 결론에 다다른 것이다.(이런 과정을 수렴진화라 한다. — 옮긴이)

껍데기의 구조

조개껍데기의 두께 부분은 대부분이 석회화층石灰化層이다. 석회, 즉 탄산칼슘 결정이 이 부분의 주요 성분이다. 석회화층은 보통 두 개의 층으로 나뉘어 있으며 외부가 능주층稜柱層, 내부가 진주층眞珠層이다.

능주층에는 껍데기에 벌집과 같은 육각형 기둥구조가 수직으로 줄지어 있다. 하나의 기둥은 다수의 탄산칼슘의 미세한 결정이, 단백질(콘키올린 등)과 당으로 이루어지는 유기질 벽으로 싸여 있다. 탄산칼슘의 대표적인 결정형에는 아라고나이트와 방해석이 있는데 능주층에는 하나의 결정형만 있는 경우도 있고, 두 가지의 결정형이 혼재하는 경우도 있다. 방해석 쪽이 아라고나이트보다 잘 녹지 않는다는 차이가 있다. 진주층은 아라고나이트의 결정이 얇은 유기질 막으로 싸인 평평한 알약(태블릿) 모양이다(태블릿의 두께는 1,000분의 1밀리미터 정도, 유기질 막의 두께는 그 10분의 1). 이 태블릿 모양 결정이 수평 방향으로 정렬하고, 이러한 시트 모양의 층이 몇 층이나 껍데기의 두께 방향으로 겹쳐져 있다. 한 층이 가시광선의 파장 정도의 두께인데, 이것이 깨끗하게 평행으로 쌓여 있기 때문에 진주층의 안쪽은 진주 광택을 보인다(다만 진주층이 없는 껍데기도 많다).

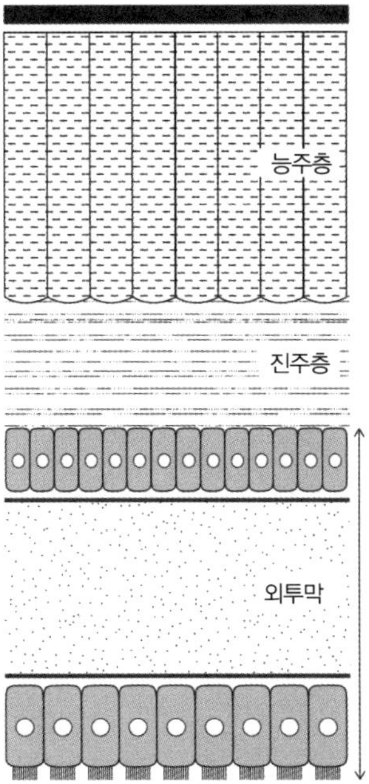

그림 3-6 껍데기의 단면
맨 위는 각질층이다.

진주층에서 결정은 껍데기에 평행하게 늘어서고, 능주층에서는 껍데기에 수직으로 늘어서 있다. 두 층에서 결정이 늘어선 방향은 서로 수직을 이룬다. 한 방향으로만 모인 구조는 모인 방향과 직각을 이루는 방향의 힘에 약하다. 서로 다른 방향의 층을 붙여 합치면 더욱 강해진다는 사실은 베니어 구조를 갖는 곤충의 각피 부분에서 이미 설명했다.

껍데기를 강하게 하는 또 다른 방법은 단단한 결정을 작게 나누어 유연한 단백질 막으로 감싸는 것이다. 이렇게 하면 균열이 전해지지 않는다. 결정을 감싸는 콘키올린 등의 단백질은 균열 방지 작용을 한다.

유기물의 역할

석회화층은 맨 위쪽 면이 각질층(각피)으로 덮여 있다. 이것은 석회화층의 표면을 코팅해서 보호하는 극히 얇은 층으로 콘키올린으로 총칭되는 단백질로 되어 있다(콘키konchē는 그리스어로 조개껍데기라는 뜻이다). 바지락이나 대합의 표면을 손톱으로 훑으면 다갈색의 막 같은 것이 떨어지는데 이것이 각질층이다. 콘키올린이 퀴논경화했기 때문에 다갈색이다.

껍데기의 형성은 먼저 각질층이 생성되는 데에서 시작하며, 그것을 발판으로 석회화층이 형성된다. 각질층은 아래의 석회화층이 손상되지 않도록 물리적인 장벽으로 작용함과 동시에 산성이나 연수 환경에 노출되었을 때 석회화층에서 칼슘이 녹아 나오지 않게 하는 화학적 장벽으로도 작용한다. 또한 이매패의 경우에는 껍데기를 닫을 때 틈새가 없도록 봉인하는 역할도 하는 것 같다.

각질로 덮인 석회화층은 석회질, 즉 탄산칼슘으로 되어 있다. 껍데기는 외투막(등쪽 표피)이 만드는 것이지만, 탄산칼슘 결정이 외투막 안에서 만들어지고 나서 껍데기에 부착되는 것이 아니다. 외투막이 껍데기 사이에 액체를 분비하고, 이 액체가 화학반응을 일으켜 탄산칼슘 결정이 되면서 껍데기가 만들어진다. 이때 콘키올린을 비롯한 유기질은 탄산칼슘이 침착하는 석회화의 핵으로서 중요한 역할을 한다.

소라 껍데기는 조상 연체동물에서 등쪽의 두꺼운 각피(키틴과 단백질로 되어 있다)에 탄산칼슘이 침착해서 만들어졌을 것이라고 추측된다. 무판류는 등쪽의 두꺼운 외투막 속에 아라고나이트로 된 골편(수 밀리미터 이하의 작은 뼈)이 박혀 있는데, 이것이 일찍이 껍데기였던 것의 흔적인 듯하다. 반대로 이런 골편이 더욱 발달해서 껍데기가 되는 일이 조상 연체동물에게 일어났을 것이다. 각피에 석회가 침착하는 것은 절지동물 중 갑각류(새우·게와 같은 종)에서도 볼 수 있다.

껍데기를 벗은 연체동물

로그나선 껍데기는 굉장한 발명이었다. 그러나 그 모양밖에 취할 수 없다는 것이 소라에게는 큰 제약이다. 그게 싫어서 껍데기를 벗는 동물이 연체동물의 다양한 계통에서 나타났다.

민달팽이는 달팽이가 껍데기를 잃은 것이다. 껍데기는 적의 공격을 막을 뿐 아니라 육상에서는 건조로부터 몸을 보호하는 역할도 한다. 그런데 민달팽이의 경우 낮에는 땅속에 들어가 흙으로 몸을 보호하면서 습기 있는 환경에 몸을 숨기고, 밤이 되면 습기가 많은 지표 가까이에서 활동하기 때문에 껍데기가 없어도 문제가 없다. 다양한 계통의 달팽이에서 껍데기가 없는 민달팽이나 껍데기가 작아져 몸속에 묻힌 노랑뾰족민달팽이의 동류가 진화했다. 육상이나 담수 환경에서는 바다와 달리 칼슘을 얻기 어려운 장소도 많기 때문에 그런 환경에 적응하기 위해 껍데기가 퇴화했다고 추측된다.

바다에도 껍데기를 벗어던진 달팽이가 있다. 영어로 '바다의 민달팽이sea slug'라고 하면 갯민숭달팽이를 말한다. 이것도 껍데기를 잃은 고둥의 동류로 최근 다이버들에게 인기가 높다. 파랑갯민숭달팽이(짙은 청색에 하얀 선), 흰갯민숭달팽이(흰색 바탕에 검은 점), 삼엽갯민숭달팽이(오렌지색에 노란색 선), 용궁갯민숭달팽이*(흰색 바탕에 자흑색 선, 더듬이와 아가미는 심홍색, 머리는 노란색), 신데렐라갯민숭달팽이*(그림 3-7, 보라색으로 가장자리는 흰색, 더듬이와 아가미는 황금색) 등이 있으며, 참 컬러풀하다. 영어로 '스페인 무희'라고 불리는 황제갯민숭달팽이*는 진홍색과 흰색 옷자락을 팔랑이면서 수영한다.

눈에 띄는 이 색은 경계색이다. 갯민숭달팽이는 몸에 독, 혹은

맛이 없다고 느끼게 만드는 물질을 갖고 있다. 그래서 껍데기로 자신을 보호하는 대신 화려한 색으로 몸을 장식해 '먹으면 곤란한 일이 일어날 거야' 하고 경고한다. 먹히지 않게 하는 물질은 스스로 합성하는 종도 있지만, 먹잇감

그림 3-7 신데렐라갯민숭달팽이*

으로부터 얻는 경우도 많다. 갯민숭달팽이의 먹이인 해조나 해면은 바위에 고착되어 있어 도망갈 수 없기 때문에 포식자에게 먹을 생각을 사라지게 하는 화학물질을 체내에 축적해서 몸을 보호한다. 갯민숭달팽이는 자신을 방어하기 위해 그것을 빌려 쓴다.

정말로 독특한 방법으로 먹이의 '독'을 이용하는 동물로는 도롱이벌레가 있다. 등에 술이 많이 나 있는 모습이 도롱이를 등에 짊어진 것같이 보이기 때문에 이런 이름이 붙었다. 이 술 속에 수많은 독침이 숨겨져 있다. 독침의 출처는 먹이인 히드라와 말미잘, 즉 자포동물이다. 자포동물을 먹이로 할 수 있는 동물은 많지 않은데(이것은 자포 때문이다), 그 몇 안 되는 것 중 하나가 도롱이벌레이다. 그들은 자포동물이 자포를 발사하지 않게 하는 방법을 잘 알고 있다. 그들은 자포동물을 자포째 먹어버린다. 자포는 도롱이벌레의 소화관 내에서도 발사되지 않고, 등쪽 술로 옮겨져 그곳에 모인다. 적이 도롱이벌레의 등에 찰싹 달라붙으면

그때 자포가 발사되어 적을 격퇴하는 데 사용한다.

진화한 두족류, 오징어와 문어

껍데기가 퇴화된 연체동물 중에서 우리에게 친숙한 것은 오징어와 문어이다. 이것은 두족류이다. 두족류에는 앵무조개나 멸종된 암모나이트처럼 훌륭한 껍데기를 가진 것도 있다. 두족류의 껍데기가 어떻게 변화했는지 그 흔적을 더듬어보자.

두족류의 조상도 일반적인 연체동물같이 얇은 우산 모양 껍데기 한 장을 등에 짊어지고 있었다. 이 우산의 키가 점점 높아져 고깔모자 모양으로 되고, 더욱 키가 높아져 상아 모양의 길쭉한 원추형이 되었다. 연체부는 이에 따라 배복背腹 방향으로 길게 늘어짐과 동시에 앞뒤로 압축되었다. 그때까지는 머리가 앞에 있고 그 뒤에 내장괴가 있으며 넓적한 다리가 뻗어져 있었는데 내장괴는 머리 위로, 다리는 머리 바로 아래로 이동했다(그림 3-8). 이렇게 해서 '머리에 다리가 있는 종=두족류頭足類'라고 불리게 되었다(참고로 고둥류의 다리는 배 아래에 있기 때문에 이 종의 정식 호칭은 복족류腹足類이다).

다리는 머리 아래로 이동했을 뿐 아니라 그때까지는 앞뒤로 뻗어 한 장의 넓적한 모양이었던 것이 갈라져 머리에서 아래로 뻗은 복수의 팔(촉수)이 되고, 입 주위를 촉수가 둘러싼 모양이 되었다. 촉수는 오징어와 같이 다섯 쌍(10개)이 기본인데 문어는 한 쌍을 잃었고, 앵무조개는 팔이 늘어 48~60개가 되었다(암수에 따라 그 수가 다르다). 이렇게 해서 원래는 전후로 길쭉했던 몸이 배복 방향으로 길쭉하게 변화하였으며 이와 더불어 몸의 진행 방향도 앞쪽이 아닌 등쪽, 즉 껍데기의 뾰족한 쪽으로 90도 전환했다.

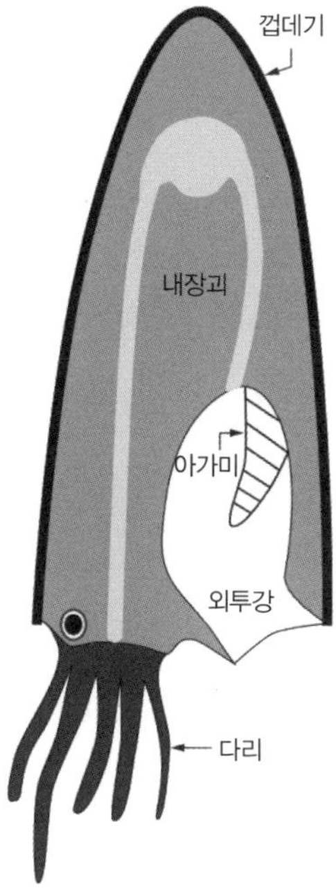

그림 3-8 초기의 두족류
Ruppert 외, 2004에 의거.

앞에서 몸이 커질 때 껍데기의 키가 높아 고깔모자 모양이 되면 바위에서 쉽게 떨어져서 불편하다고 했는데, 두족류에게는 그런 불편함이 없다. 이 두족류는 바위에서 벗어나 수중을 수영하는 생활로 진출했기 때문이다. 길쭉한 로켓 같은 껍데기 모양은 오히려 수영할 때 저항이 적어서 좋다.

다만 껍데기는 무겁기 때문에 몸이 점점 가라앉는다. 대양 한가운데 물속에 계속 머무르려면 수영을 그만둘 수가 없다. 이는 상당히 피곤한 일이다. 쉬고 있어도 같은 깊이에 머물기 위해서는 중성부력(떠오르지도 가라앉지도 않는 부력) 상태가 되어야 하는데, 그러려면 몸을 바닷물과 동일한 비중으로 만들어야 한다. 그래서 두족류는 껍데기를 부력을 얻기 위한 부낭으로 사용하였다. 길쭉한 껍데기에 칸막이를 많이 만들어 다수의 작은 방을 준비하고, 그 안에 가스를 모아 부낭으로 이용함으로써 껍데기의 무게를 없앴다. 이 부력조절 기구는 현존하는 갑오징어나 앵무조개를 이용해 자세히 조사되었는데, 멸종한 두족류의 껍데기도 작은 방으로 많이 나뉘어져 있는 것으로 보아 유사한 기능을 수행했던 것으로 보인다.

작은 방으로 나뉜 길쭉한 상아 모양의 껍데기를 가진 것에서 껍데기가 평면적인 나선으로 감긴 앵무조개나 암모나이트가 진화했다. 이들은 몸이 훌륭한 껍데기로 덮여 있는 것들이다. 한편, 껍데기가 작아지고 외투막에 싸여 몸속에 숨는 방향으로 진화한 계통도 등장했는데 이것이 갑오징어, 오징어, 문어와 같은 종이다. 갑오징어는 서핑보드처럼 평평한 껍데기를 가지고 있다. 껍데기는 부력 조절 작용을 하고 있으며, 몸을 보호하는 역할은 하지 않는다. 오징어의 껍데기는 더욱 퇴화되어 키틴질의 연한 껍데기가 되었다. 오징어를 먹을 때, 새의 날개 모양을 한 투명한 플라스틱 같은 것이 연한 껍데기이다. 문어의 경우에는 껍데기가 완전히 소실되었다.

고속으로 질주하는 오징어

오징어는 뛰어난 수영 능력을 갖춤으로써 몸을 감싸는 껍데기가 필요 없어졌다. 방어지향형 동물에서 운동지향형 동물로 전환한 것이다(238쪽 〈극피동물은 조금만 움직인다〉 참고). 오징어는 큰 외투강도 가지고 있다. 연체동물은 외투강에 신선한 바닷물을 받아들여 호흡하는데, 오징어는 이 큰 외투강을 운동에도 사용한다. 몸을 가두던 껍데기를 없앴기 때문에 외투강을 크게 부풀려 대량의 바닷물을 흡입할 수 있다. 물을 천천히 흡입한 후 외투강을 단번에 수축시켜 바닷물을 힘차게 분출시킨다. 즉, 제트 추진으로 나아가는 것이다.

수영하는 동물이나 나는 동물은 대부분 손발이나 지느러미, 날개 등 몸에서 돌출된 것을 움직이거나 (물고기처럼) 몸통을 굼틀거리는 등 신체의 일부를 움직여 주위의 물이나 공기를 밀어서 그것의 반동으로 전진한다. 이들과는 달리 제트나 로켓은 기체나 액체를 분출시키는 힘의 반동으로 전진하는데, 오징어의 모양이 로켓을 빼닮은 것은 같은 원리를 이용하기 때문이다. 오징어는 무려 시속 40킬로미터 정도의 속도를 낸다고 하는데, 이는 물고기가 전력 질주하는 속도에 필적한다(물고기가 수영하는 일반적인 순항속도는 시속 수 킬로미터이다). 오징어는 습격당하면 공중으로 튀어 오르고, 날아올라 활강하는 오징어도 있다고 알려져 있는데, 결국 공중으로 날아오를 정도로 큰 가속 성능을 가졌다는 뜻이다.

한편, 껍데기를 완전히 잃어버린 문어는 오징어와 같이 제트 추진하지만, 오징어만큼 빠르지는 않다. 문어는 항아리를 좋아한다는 사실에서도 알 수 있듯이 몸을 숨겨서 공격하는 사냥꾼이며 높은 지능을 지녔고, 주변 환경에 따라 색과 모양을 바꾸는 위장 능력이 탁월하기 때문에 껍데기 없이도 생존한다.

문어나 오징어나 몸을 보호하는 수단으로 먹물을 가지고 있다. 문어는 먹물로 연막을 치고, 오징어는 먹물 덩어리를 내뿜고 살짝 도망쳐서 몸체를 투명하게 만든다. 포식자들이 속임수인 먹물에 정신이 팔린 동안 유유히 도망치는 것이다.

이매패류의 진화

오징어는 사는 장소를 바위에서 대양 한가운데로 바꾸었지만, 바위에서 모래나 진흙이라는 단단하지 않은 저질底質 속으로 잠입한 것들도 있다. 바로 이매패二枚貝이다. 바위 위라면 등쪽에만 껍데기를 짊어지고 있어도 만일의 위험한 상황에선 바위에 찰싹 달라붙을 수 있어 안전했지만, 부드러운 모래진흙은 캐내면 만사가 끝난다. 그래서 이매패류는 그때까지 등에 업고 있던 껍데기를 한가운데 선에서 좌우로 구부려 두 장으로 만든 다음 몸을 푹 감쌌다.

문각류吻殼類* 또는 가짜 이매패류라고 부르는 동물의 화석도 발견되고 있다. 이는 단판류와 동류로, 얼핏 이매패처럼 보이지만 사실 하나의 껍데기가 C자형으로 구부러져 몸을 좌우측에서 덮고 있다[마치 가시와모찌(팥소를 넣은 찰떡을 떡갈나무 잎에 싼 떡 — 옮긴이)처럼]. 이런 껍데기가 진화하는 과정에서 구부러진 모퉁이 부분의 석회층이 사라지고 단백질 층만으로 이어진 두 장의 껍데기가 되어 이매패로 진화하지 않았을까 추측된다.

이매패에게 있는 두 장의 껍데기는 등쪽이 경첩으로 되어 있어(그림 3-9) 여닫을 수 있다. 껍데기 두 장으로 좌우에서 몸을 덮게 되면서 몸이 옆쪽으로 압축되어 얇아졌다. 두족류는 앞뒤로 압축되었는데, 이매패류는 이것과 직각 방향으로 압축되어서 몸의 폭이 줄어들었다. 압축에 따라 다리 모양도 바뀌었다. 조상에서는 전후로 뻗고 좌우로도 퍼져 있던 넓고 두꺼운 다리가 얇은 도끼 날처럼 변했다(따라서 이매패류는 일찍이 부족류斧足類로도 불렸었다). 이 얇은 몸과 도끼 같은 다리는 파고들어 숨는 데 적합한 모양이다.

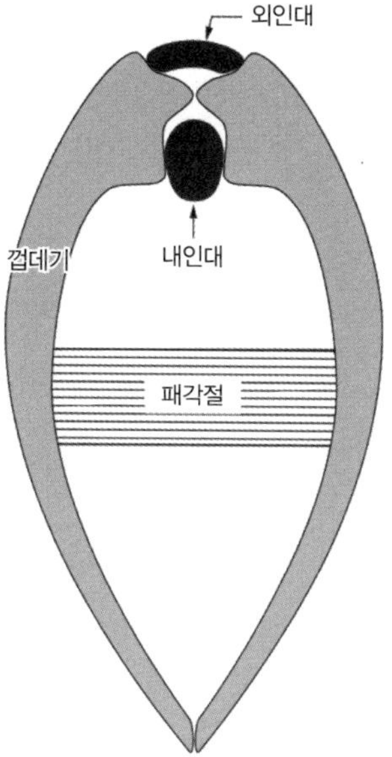

그림 3-9 껍데기의 경첩과 패각절
(횡단면) 경첩부 인대는 외측과 내측에 있으며, 껍데기가 닫혀 있을 때는 외인대가 늘어나고 내인대는 압축된다.

현존하는 이매패류에서 가장 원시적인 것은 원새류(작은비단조개와 애호두조개 등)이다. 이 원새류는 개펄 바닥에 숨어들어가 있으며 해저에 쌓인 유기물을 먹는다. 모래땅이나 개펄은 모래나 진흙처럼 작은 입자가 퇴적할 정도로 파도나 수류가 약한 환경이다. 바닷속에는 생물의 유해가 분해된 미세한 유기물 입자가 떠돌고 있는데, 모래땅이나 개펄에서는 이것들이 퇴적되기 쉽다. 원새류는 이런 퇴적된 유기물의 작은 덩어리를 골라서 먹는 선택성 퇴적물 섭식자이다(이외에도 퇴적물을 먹는 동물로 유기물 입자를 모래나 진흙째 몽땅 집어삼켜버리는 비선택성 퇴적물 섭식자도 있으며, 그 예가 제5장에서 다루는 해삼이다).

원새류는 주둥이를 사용하여 먹이를 집어먹는다. 주둥이는 순판이 변형된 것이다. 순판은 입에 있는 얇은 조직으로 레스토랑 메뉴판처럼 접이식으로 되어 있으며, 메뉴가 적혀 있는 안쪽 면에는 다수의 주름이 있고 주름 일면에 섬모가 나 있다. 이것은 먹이입자 선별 장치이다. 원새류 외의 이매패류에서는 뒤쪽 아가미에서 수집된 입자가 순판으로 보내지며 순판에서 주름으로 모래알과 먹을 수 있는 입자를 선별하여 먹이만 입으로 운반한다. 원새류의 경우는 보통의 순판 말고도 조금 더 길게 입술 모양으로 뻗은 순판이 있는데 이것이 주둥이다.

원새류는 저질의 유기물에 주둥이를 뻗어 주둥이 표면에 있는 점액으로 유기물을 들러붙게 해서 잡은 다음, 주둥이 표면에 나 있는 섬모를 이용해서 순판으로 보낸다. 아마 원시적인 이매패도 이러한 방식으로 먹었을 것으로 추측된다. 그 후, 이매패류는 아가미를 이용하여 유기물 입자를 걸러서 먹는 여과섭식을 하도록 진화했다.

먹이 수집 장치로서의 아가미

이매패류는 저질 속에 숨어드는 생활을 하도록 진화했는데, 이때 문제가 되는 것은 호흡이다. 바로 주변에 있는 진흙 속의 바닷물은 고여 있기 때문에, 해저 표면에서 신선한 바닷물을 받아들여야 한다. 그래서 외투막 후단의 가장자리를 뻗어 8자 모양으로 유합시켜 두 개로 늘어선 긴 관을 만든 다음, 해저 표면까지 닿게 했다. 이것이 수관水管, siphon으로 두 개 중 하나가 입수관이며 나머지는 출수관이다. 원래 연체동물의 아가미 표면에는 섬모가 나 있었고, 이것으로 호흡을 위한 수류를 일으키고 있었기 때문에 이 수류를 유도하여 입수관에서 바닷물이 들어와 아가미의 표면을 흘러 출수관을 통해 밖으로 나가도록 하면 된다.

이매패는 저질 표면에서 바닷물을 받아들이는 강력한 수류펌프를 갖춘 호흡장치를 개발했다. 또한 모은 입자에서 먹이가 되는 입자를 선별하는 순판도 진화했다. 이 두 가지가 갖춰지면 호흡용 수류를 타고 들어온 입자를 아가미로 붙잡아 그것을 순판에 보내 유기물만 선별하여 먹는 섭식생활로 전환하는 일은 극히 자연스러운 과정일 것이다. 의도적으로 입자를 잡으려고 하지 않더라도 물속에는 보통 부유입자가 들어 있고, 부유입자 따위가 펌프를 '막는' 일도 아주 흔히 일어날 것이다. 막힌 것을 제거할 수 없는 경우 펌프 시스템을 유지하기가 어렵다. 그리고 막힌 것을 제거하는 장치는 제거한 것을 그대로 먹는 섭식 도구로 전환할 수 있다. 그렇게 한 결과 이매패류는 아가미에 의한 여과섭식법을 손에 넣고 크게 번성하였다.

개펄 조개잡이로 여과섭식의 성공을 실감하다

파도가 조용한 곳 외에 모래가 퇴적하는 장소로는 모래사장이 있다. 이곳은 파도가 밀려오는 곳으로 파도가 너무 강하면 모래가 퇴적되지 않지만, 적당한 힘이라면 파도가 해안에 부딪쳐서 기세가 약화되어 모래가 퇴적된다. 그와 동시에 유기물도 퇴적된다. 모래사장에는 난바다에서 밀려오는 파도를 타고 유기물이 점점 실려 오는데, 물이 모래 사이를 지나 바다로 돌아갈 때 유기물은 모래 사이에 남는다. 그래서 모래사장 전체가 거대한 먹이를 모으는 필터 역할을 하는 셈이다. 여기에서 기다리고 있으면 먹이를 구하는 데에 별다른 어려움이 없다. 개펄에서 조개잡이를 해보면 바지락이 끝없이 나오는데, 이를 통해 모래땅의 조간대가 조개에게 얼마나 살기 좋은 장소인지 알 수 있다.

살아 있는 바지락을 소금물에 넣고 관찰하면 껍데기 뒤쪽에 두 개의 관이 튀어나와 있는데, 한쪽으로는 물이 들어가고, 다른 한쪽으로는 물이 나가는 것을 알 수 있다(붉은색의 작은 식용물감 알맹이를 관 옆에 떨어뜨리면 잘 알 수 있다). 입수관은 진공청소기 호스와 같은 것으로 이것을 이용하여 해저 표면의 유기물 입자를 흡입한다. 깊이 숨어드는 조개일수록 긴 수관을 갖고 있으며 숨어든 상태로 식사나 호흡도 할 수 있다. 이매패는 껍데기의 길이

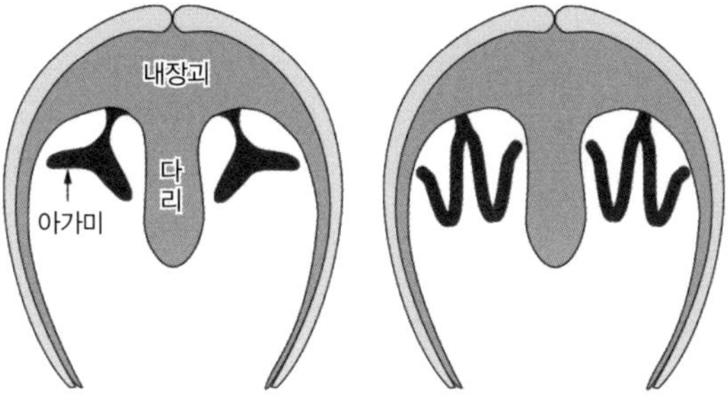

그림 3-10 아가미의 진화 조개를 횡단면으로 하면 아가미는 Y자를 거꾸로 한 모양에서 W자 모양으로 점차 변했다(Ruppert 외, 2004에 의거).

(껍데기의 전후 길이)에 수관의 길이를 더한 것과 거의 동일한 깊이로 숨어든다고 알려져 있다. 대합은 깊이 숨어드는 종으로 30센티미터 정도를 파야 나오는데, 껍데기의 길이는 8센티미터이며 수관의 길이는 껍데기의 3~4배나 된다. 대합이나 코끼리조개의 수관은 지나치게 길고 커서 껍데기 속에 넣을 수 없다. 이들의 수관을 데쳐서 말린 것이 식용으로 판매되고 있다.

아가미의 구조

연체동물의 아가미는 Y자를 거꾸로 한 모양의 판(다만 Y자 모양은 짧고, 펼친 양팔은 꽤 굵지만 판처럼 전체적으로 납작하고 얇다)이 넓은 면을 평행하게 해서 거의 빈틈없이 일렬로 줄지어 있는 것 같은 구조이다. 이 얇은 판에 해당하는 것이 새엽이다. 그리고 다수의 새엽이 외투강 안에 튀어나와 있는 것이 아가미이다(그림 3-10에서 왼쪽).

체외에서 외투강으로 들어온 물은 역 Y자 팔의 아래로 향하고 있는 가장자리(이쪽 편을 전면이라고 부른다)에서 위의 가장자리(후면)로 이동한다. 즉, 팔의 측면을 횡단하면서 새엽과 새엽의 좁은 틈새를 빠져나간다. 새엽 내부에는 피가 흐르고 있으며 넓은 측면을 통해서 수류 속의 산소를 혈액으로 받아들인다. 그리고 이 수류와의 넓은 접촉면을 섭식에도 이용하여 유기물 입자를 포획한다.

호흡을 위한 수류를 일으키는 것이 측부섬모이다. 측부섬모는 팔의 측면을 따라 길게 줄지어 나 있으며, 이것이 강력한 수류를 일으킨다.

여과섭식을 하게 된 이매패의 아가미는 Y자의 팔이 길어지고 폭도 좁아졌으며 중간이 구부러져 W자 모양으로 변화했다(그림 3-10에서 오른쪽). 이 변화는 의미가 있다. 호흡할 때 물은 팔의 폭을 가로질러 흘러가며, 그 사이에 산소를 받아들이기 때문에 팔은 폭이 넓을수록 좋다. 그런데 유기물 입자를 수류에서 여과해서 섭취하는 경우에는 물이 들어오는 곳에 그물망을 설치하면 되므로 팔의 폭은 문제가 되지 않는다. 오히려 팔의 길이가 문제가 되는데, 넓은 범위에 걸쳐서 그물을 설치하려면 팔을 길게 하는 것이 좋다. 그래서 여과섭식자는 폭넓은 잎 모양의 새엽을 가늘고 긴 실 모양으로 바꾸었는데, 이것이 아가미실이다(아가미 그 자체가 커졌기 때문에 호흡 면적은 감소하지 않는다).

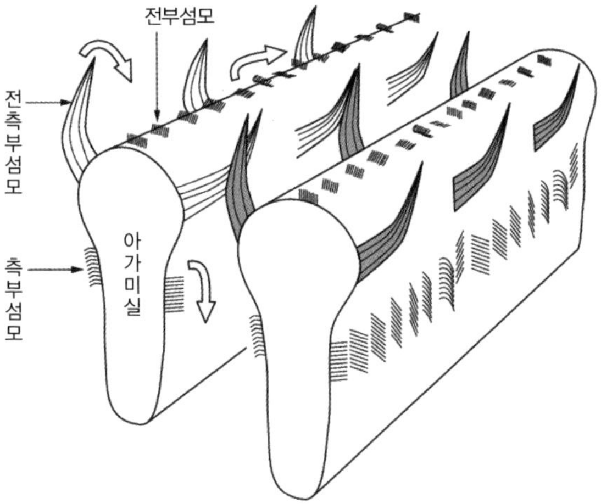

그림 3-11 아가미실의 섬모 굽은 화살표는 섬모가 물이나 입자를 미는 방향을 나타낸다.

그런데 여과섭식자가 되기 위해서는 두 가지 장치가 필요하다. 그것은 수류를 일으키는 펌프와 먹이입자를 여과하는 필터이다. 이매패의 경우 두 기능 모두 섬모가 담당한다. 펌프 역할을 하는 것은 측부섬모인데, 이것은 호흡에 쓰이는 섬모가 달리 사용되는 것이다(그림 3-11).

필터는 전측부섬모이다. 이것은 아가미실 전면과 측면의 중간 위치에 일렬로 나 있는 것으로, 매우 특징적인 섬모이다. 하나의 세포에 여러 개 나 있는 섬모가 유합하여 넓은 부채 모양이 되었다. 다만 앞쪽 끝부분은 붙지 않아 앞쪽만 종이가 찢어진 부스스한 부채를 상상하면 된다. 이것이 옆의 아가미실 쪽으로 뻗어 있다. 옆의 아가미실에도 전측부섬모가 뻗어나와 있으며 이 두 섬모가 아가미실 사이를 흐르는 물을 막는 형태가 되어서 입자는 부채의 면에 잡힌다. 전측부섬모는 수류를 앞쪽으로 치고 돌아가기를 반복하며 앞쪽으로 칠 때, 섬모에 걸린 입자를 앞쪽 가장자리로 보낸다. 아가미실의 전면(물이 흘러가는 방향을 향한 면)에는 전부섬모가 죽 나 있으며 이것은 입자를 운반하는 벨트 컨베이어이다. 섬모의 앞쪽 열이 입자를 W자 아래의 뾰족한 부분에 있는 먹이홈food groove으로 운반해간다. 먹이홈 내에도 역시 섬모가 나 있으며 이것이 입자를 순판으로 보낸다. 순판에서는 입자의 크기에 따라 입으로 보낼 것과 버릴 것을 선별한다.

이매패가 껍데기를 열고 닫는 방법

보통 이매패는 껍데기를 약간 열고 그 틈새로 수관을 뻗는다. 적에게 공격당하면 껍데기를 재빨리 닫는다. 껍데기를 닫는 근육이 폐각근이다. 이 근육은 껍데기 앞뒤에 하나씩 있는데 앞쪽 폐각근이 작아지거나(홍합, 그림 3-13) 완전히 퇴화된(예를 들면 굴이나 가리비) 경우가 있다.

껍데기를 여는 역할을 하는 것은 근육이 아니라 인대(결합조직)이다. 껍데기는 등쪽이 경첩으로 되어 있는데, 거기에 있는 인대가 두 껍데기를 연결하고, 또 이것이 용수철처럼 작용해서 껍데기를 연다. 인대에는 앱덕틴abductin(밖으로 연다는 뜻의 라틴어에서 유래된 말)이라는 탄성 단백질이 있으며 이것은 곤충의 외골격에 함유된 레실린과 마찬가지로 거의 완전한 탄성체이다. 그래서 몇 시간이나 며칠 동안 계속 껍데기를 닫고 있어도 '인대라는 고무'가 늘어져버리는 일은 결코 없으며 폐각근이 느슨해지면 즉시 껍데기가 열린다.

폐각근은 성질이 서로 다른 두 종류의 근육으로 되어 있다. 하나는 민첩하게 수축하는 근육이다. 이매패는 이것을 이용하여 껍데기를 잽싸게 닫는다. 다른 하나는 수축하는 속도는 느리지만 장시간에 걸쳐서 지치지 않고 껍데기를 닫아두는 근육이다. 이것은 제동근制動筋, catch muscle이라는 특별한 근육이다.

용수철처럼 작용하는 인대에 의해 껍데기에는 항상 여는 힘이 가해지기 때문에 껍데기를 닫고 있다는 것은 폐각근閉殼筋, adductor muscle을 계속 수축하고 있다는 뜻이다. 간조로 바싹 말랐을 때나 불가사리에게 습격당했을 때는 껍데기를 몇 시간 동안 계속 닫고 있어야 한다. 계속 수축하면 근육은 피로해져 더 이상 일할 수 없는 것이 보통이다. 또한 껍데기를 닫는 동안은 수관을 뻗을 수 없어 호흡할 수 없기 때문에 폐각근으로 산소를 공급하지 못해, 수축하려고 해도 에너지 부족에 빠져버린다. 그래서 장시간 껍데기를 계속 닫은 상태를 유지하기 위해서는 지치지 않는 성질뿐만 아니라, 에너지 공급이 제한된 상태에서 계속 수축하는 성질도 갖고 있어야 한다. 제동근은 바로 이런 성질을 지닌 근육이다.

제동근 수축의 비밀

제동근이 어떤 수축 방법을 사용하는지는 다음과 같은 간단한 실험으로 알 수 있다. 살아 있는 바지락을 사와서 소금물에 담가 둔다. 잠시 후 바지락은 입을 약간 열어 수관을 뺄 것이다. 그러면 열려 있는 입에 쐐기를 물린다. 바지락은 깜짝 놀라 껍데기를 닫고, 쐐기를 꽉 문 상태가 된다. 그때 쐐기를 쑥 뺀다. 즉시 껍데기가 닫힐 거라고 생각하겠지만 열린 채로 있다. 닫으려고 하지 않는다. 다만 껍데기를 더욱 억지로 열려고 하면 강하게 저항한다. 반대로 닫는 방향으로 껍데기를 밀면 쉽게 밀 수 있다.

뭔가 이상한 일이 벌어진 것 같은데 무슨 일이 일어나고 있는지는 실험을 통해서 조금 더 자세히 살펴보자. 니퍼로 껍데기를 잘라 폐각근을 양쪽에 껍데기 조각이 붙은 상태로 꺼낸다. 껍데기의 한쪽 끝을 클램프에 끼워서 근육을 매달고, 껍데기의 다른 한쪽 끝에 추를 건다. 그렇게 해두고 폐각근에 전기 자극을 준다. 짧게 교류의 전기 자극을 주면 근육은 수축하고 곧바로 이완해서 원래의 길이로 되돌아간다. 그래서 이번에는 짧은 펄스 형태의 직류 자극을 주었다. 근육은 역시 수축하지만 이때는 자극이 끝나도 계속 수축해 있으며 추는 올라간 채로 있다. 그리고 수축한 상태가 몇 시간 동안이나 유지된다.

이 상태는 폐각근이 더욱 짧아지려고 수축력을 계속 내는 것이 아니다. 그것은 추를 조금 들어 올려 근육에 걸리는 부하를 줄여보면 알 수 있다. 더욱 짧아지려고 노력하고 있었다면 부하가 줄어들 때 근육이 더욱 짧아지겠지만 그렇게 되지 않는다. 그러나 반대로 더 큰 추를 걸어서 근육을 더욱 늘리려고 하면 강하게 저항한다. 직류 자극에 반응하여 계속 힘을 내는 상태는 현재의 길이보다 더 길게 늘어지지 않도록 계속 힘을 내는 상태라는 사실을 이 실험에서 명확하게 알 수 있다.

즉, 이 근육은 두 종류의 수축이 가능하다. 자극이 없어지면 곧 느슨해지는 수축과, 수축된 상태 이상의 길이로 잡아 늘리는 것에 강하게 저항하는 수축(외부에서 껍데기를 열지 못하도록 저항을 계속하는 수축)이다. 후자의 수축 상태를 캐치 상태라고 부르며 이 상태를 일으키는 근육을 제동근이라고 한다. 캐치 상태에서는 근육이 수축하고 있는데도 불구하고 에너지 소비가 매우 적다. 휴지시의 1.5배 정도밖에 에너지를 사용하지 않는다(보통의 근육은 수축하는 동안 휴지시의 10배에 가까운 에너지를 사용한다). 극히 적은 에너지로 껍데기를 열려고 하는 힘에 대항할 수 있는 근육이 제동근이다. 게다가 그 힘은 어마어마하다. 일반적인 근육의 25배나 되는 큰 힘으로 저항할 수 있다. 제동근은 동물의 근육 중에서 가장 강하다. 이런 근육이 있기 때문에 바지락은 장시간에 걸쳐 껍데기를 단단히 닫아둘 수 있다.

캐치의 분자 메커니즘

여기서 캐치catch라는 말을 설명해두자. 이것은 '빗장'을 말한다.

일반적인 근육을 이용하여 껍데기가 열리지 않도록 버티는 상태는, 예를 든다면 강도가 문을 무리하게 열고 침입하려고 할 때 문을 열심히 밀어서 막는 것과 같다. 이것은 피곤한 일이며 언제까지 그것을 계속할 수 있을지 알 수 없다. 그러나 문에 빗장을 걸어서 잠가두면 문제는 해결된다. 그렇게 잠금장치를 갖춘 근육이 제동근이다.

캐치의 메커니즘은 간단한 잠금장치가 아니라 래칫ratchet에 비유된다. 래칫이란 한쪽 방향으로만 회전하는 톱니바퀴를 말한다. 톱니바퀴가 반대 방향으로 회전하지 않도록, 뾰족한 톱니가 회전하는 반대 방향으로 올라가며 완만하게 경사져 있고, 또 톱니에 맞물리도록 톱니바퀴의 외부에 한 개의 빗장(제동장치)이 있다. 이 빗장을 제거하면 어느 쪽으로든 회전하지만 빗장을 걸면 한쪽 방향으로만 회전한다. 제동근도 껍데기를 닫는 방향으로는 움직일 수 있지만, 열리는 방향으로는 움직이지 못하게 한다. 그래서 래칫으로 간주된다.

조개의 근육은 어떻게 래칫과 같은 효과를 발휘하는 것일까? 래칫의 빗장(즉, 고리에 해당하는 것)에 해당하는 것이 트윗친twitchin이라는 단백질이다. 근육의 수축은 근세포 내에 있는 미오신섬유와 액틴섬유가 서로 미끄러짐으로써 일어나는데, 트윗친은 미오신섬유에 딸려 있으며 이것이 래칫의 빗장으로 작용한다. 빗장을 걸거나 벗기는 일은 트윗친의 인산화가 담당하고 있다. 인산이 결합하지 않으면 빗장이 걸리며, 미오신섬유와 액틴섬유가

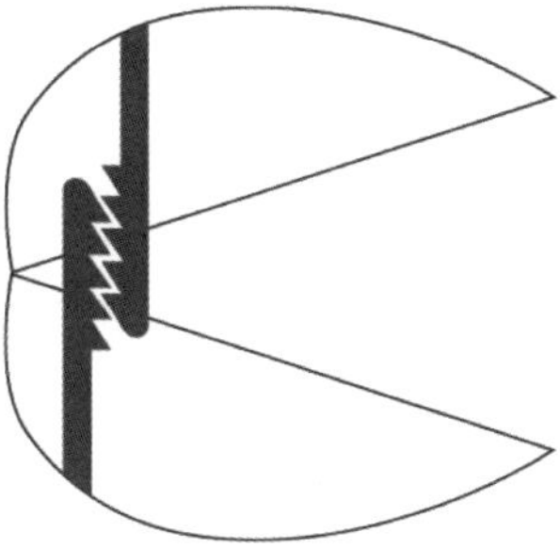

그림 3-12 래칫 메커니즘의 이미지 그림 실톱의 갈아 끼우는 날 같은 것이 위아래에서 나와 있는 것처럼 그려져 있다. 캐치 상태는 위의 날과 아래의 날이 밀착해서 들쭉날쭉한 톱니가 맞물린 상태를 말한다. 이 상태에서는 껍데기를 여는 방향으로 움직이면 톱니끼리 걸리지만, 닫는 방향이라면 톱니끼리 미끄러져 껍데기를 닫을 수 있다. 빗장을 해제하기 위해서는 날 사이의 거리를 떨어뜨리면 된다.

단단하게 결합한 상태로 고정된 캐치 상태가 된다. 트윗친이 인산화되면 캐치 상태가 해제된다.

모래개펄에서 탈출한 이매패류

이매패류는 모래개펄에 숨어들었지만 다시 표면으로 나와 바위 위에서 고착생활을 하는 것이 등장했다. 모래개펄에 숨어들어 생활하면 분해된 생물의 시체가 퇴적되어 오기를 기다려야 한다. 그것은 '기다림에 지치는' 수동적인 생활이다. 하지만, 수류나 파도가 센 장소로 나가면 유기물 조각뿐 아니라 살아 있는 플랑크톤도 다수 실려 온다. 이렇게 많은 먹이가 현탁된 바닷물이 흘러드는 장소에 자리를 잡고 적극적으로 펌프를 이용해 수류를 체내로 끌어들여 먹이를 여과해서 먹는, 즉 현탁물 섭식으로 식성을 바꾼 이매패가 나타났다. 밖으로 치고 나가는 적극적인 자세로 돌아섰다고 할 수 있다.

그러나 이렇게 하려면 수류에 쓸려가지 않도록 몸을 고정시킬 필요가 있다. 예를 들면 조간대는 난바다에서 파도가 항상 몰려와 부유물이 모여드는 장소이기 때문에 먹이는 풍부하지만, 거기에 살기 위해서는 연체동물의 조상이 넓은 다리로 바위에 단단히 고착했던 것처럼 몸을 고정하는 수단이 필요하다. 그런데 이매패의 다리는 도끼 날 모양이 되어버렸기 때문에 더 이상 고착에는 사용할 수 없다.

그래서 굴처럼 껍데기를 바위에 석회로 붙여버리는 것이 출현했다. 자신이 바위의 일부가 되는 것이므로 고착 방법으로는 매우 안전하다. 그러나 일단 고착되면 이동은 불가능하다. 계절에 따라 해수면의 높이가 바뀌지 않으면 좋겠지만, 일본의 연안은 여름에는 해수면이 높고 겨울철에는 낮다. 계절에 따라 해수면이 얼마나 변할지는 장소에 따라 달라서 계절에 따라 몇 미터나 바뀌는 장소도 있다. 물이 깊으면 파도가 약하기 때문에 흘러오는 먹이가 부족하고, 또한 불가사리 등 깊은 곳에서 공격해 올라오는 포식자에게 공격당할 확률도 높아진다. 한편, 물이 얕으면 간조 때 말라붙는 시간이 길어 큰 스트레스가 되며, 그동안 껍데기를 닫아야 하기 때문에 섭식시간이 줄어든다. 또한 육지에서 포식자가 올 우려가 있다. 조간대에서는 얕은 곳과 깊은 곳에 사는 동물종이 달라 동물 분포가 띠 모양이 되는데, 이것은 동물종에 따라 사는 깊이가 정해져 있기 때문이다. 그래서 최적의 깊이를 차지하기 위해서는 계절별로 이동이 가능한 바위에 고착하는 방법이 필요하다.

족사와 족사견인근

그 필요를 채워주는 것이 족사足絲이다. 홍합 등은 다리가 실을 분비하여 실 끝을 바위에 부착한다. 조개는 이러한 실(족사)을 몇 개나 뻗고 실의 몸 쪽 끝을 족사견인근足絲牽引筋이 '묶어 쥐고' 당긴다. 그러면 몸이 바위에 단단히 고정되어, 조개는 이 자세로 몇 개월이나 같은 장소에 머문다. 그동안 족사견인근은 계속해서 실을 당기고 있으며 이동할 필요가 있을 때 비로소 놓는다. 그리고 자유로워진 조개는 다리를 사용하여 걸어가 새로운 장소

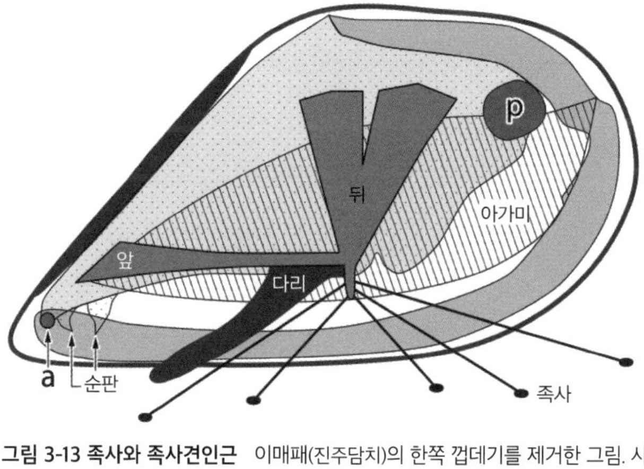

그림 3-13 족사와 족사견인근 이매패(진주담치)의 한쪽 껍데기를 제거한 그림. 사선 부분이 거대한 (여과섭식용의) 아가미. 그 아래에 앞뒤로 족사견인근이 있다(흰색의 전후). 폐각근도 앞뒤에 있으며 뒤에 있는 것(p)이 앞의 것(a)보다 크다.

에서 족사를 다시 부착한다.

이 실을 쥐는 족사견인근이 제동근이다. 족사견인근은 몇 개월이나 쉬지 않고 실을 계속 당긴다. 그래도 지치지 않는다. 또한 진흙에 숨어드는 조개 중에도 족사를 사용하여 진흙 속에 있는 잔돌에 붙어서 몸을 안정시키는 것이 있다.

족사는 태닝을 한 특수한 콜라겐으로 되어 있기 때문에 다갈색이다. 홍합의 다리는 길쭉한 원주형이며 발목 가까이에 족사선이라는 분비선이 있는데, 이곳에서부터 발끝까지 홈이 나 있다. 콜라겐 용액이 족사선에서 분비되면 홈을 타고 발끝까지 흘러간다. 용액은 바닷물에 닿아 굳어져 다리 길이의 실이 된다. 실은 강하고 단단하다. 또 용수철과 같은 탄성도 갖고 있어 파도에 부딪혀도 끊어지지 않을 뿐만 아니라 파도의 충격을 완화하는 완충장치로도 작용한다.

조개는 족사의 앞쪽 끝을 접착제로 바위에 붙인다. 이 접착제도 특별한 단백질로 L-도파라는 아미노산을 포함하고 있다. 접착 능력이 대단히 뛰어나서 바위뿐만 아니라 유리·금속·목재·플라스틱, 심지어는 (많은 인공 접착제가 잘 붙이지 못하는) 테플론이나 폴리프로필렌 등에도 수중에서 2~3분 만에 접착한다. 인체에 무해하기 때문에 수술용 접착제로 사용할 수 있으리라는 기대를 받고 있다.

족사는 이매패 특유의 것이며 유생 시대에 해저 기반에 몸을 고착시키기 위한 수단으로 진화했을 것이라고 추측된다. 가리비처럼 성체가 고착하지 않고 족사가 없는 것도 유생 시기에는 족사가 보이기 때문이다.

연체동물의 경우 천천히 움직이는 조상으로부터 고착해서 여과섭식을 하는 이매패류가 진화했다. 다음 장에서는 반대의 경우, 즉 고착해서 여과섭식을 하던 조상에서 조금 움직이는 생활로 옮겨간 극피동물에 대해 설명하겠다. 극피동물도 눈에 띄는 껍데기를 가진 종이다.

달팽이는 감고 감고

작사 · 작곡 모토카와 다쓰오

4

불가사리는 왜 별 모양일까?

극피동물문 1

극피동물문(약 7,000종)

1. 바다나리강(바다나리 · 갯고사리)
2. 불가사리강(아무르불가사리 · 푸른불가사리)
3. 거미불가사리강(거미불가사리 · 삼천발이)
4. 성게강(보라성게 · 연잎성게 · 염통성게)
5. 해삼강(해삼 · 금해서)

바다가 그려진 풍경화에는 반드시 성게와 불가사리가 등장하는 것 같다. 성게와 불가사리는 바다를 나타내는 알기 쉬운 기호로 화가에게 애용되는 것은 아닐까? 이 종은 바다에만 존재한다. 몸은 상당히 커서 손바닥 크기만 하며 대부분이 해저에서 노출된 채로 어슬렁거리며 돌아다닌다. 가시나 별 모양이 눈에 띄기 때문에 쉽게 찾을 수 있다. 다른 동물문과 쉽게 분간되며 특히 별 모양의 몸은 매우 독특하고 아름답다.

불가사리는 극피동물문에 속하는 동물이다. 극피동물은 영어로 '에키노데르마타Echinodermata'이다. '에키노echino'는 가시, 데르마derma'는 껍데기(둘 다 그리스어)를 의미한다. '극피棘皮'는 이를 직역한 것이다. 성게도 같은 종이며, 많은 사람들이 '가시 껍데기를 지닌 동물'이라고 하면 가장 먼저 성게를 떠올린다.

극피동물에는 다섯 가지 종류가 있다(괄호 안은 영어 이름과 그 이름을 직역한 것). 바다나리(sea lily, 바다 백합), 불가사리(sea star, 바다

별), 성게(sea urchin, 바다 고슴도치), 해삼(sea cucumber, 바다 오이), 거미불가사리(brittle star, 부서지기 쉬운 별)의 다섯 가지다. 영어 이름에서는 하나를 제외하고 모두 '바다'가 붙어 있다. 이것은 극피동물이 모두 바다에 산다는 사실을 반영한다. 유일하게 이름 앞에 바다가 붙지 않는 거미불가사리는 불가사리의 팔이 아주 가늘어 거미 다리 같아서 한국어와 일본어로는 거미불가사리クモヒトデ이다. 거미불가사리의 팔에 손을 대면 쉽게 자르고 달아나기 때문에 영어로 '부서지기 쉬운 별'이라고 한다.

별 모양(펜타그램)을 하는 것도 극피동물의 두드러진 특징이다. 바다나리(갯나리)의 동류는 크게 바다나리와 갯고사리로 나뉘는데, 갯고사리는 영어로 '털이 난 별feather star'이다. 불가사리의 일본 이름은 '히토데人手(사람 손)'로, 다섯 개의 뻗어 나온 팔을 가졌다는 특징에서 따왔다.

극피동물의 모양

이 종의 눈에 띄는 특징을 불가사리와 성게를 예로 들어 간단히 설명하겠다.

별 모양

뭐니 뭐니 해도 가장 눈에 띄는 특징은 별 모양을 한 몸이다. 중앙에 입이 있으며 거기에서 방사상으로 다섯 개의 방향으로 몸

그림 4-1 불가사리 위의 사진은 단풍불가사리의 건조 표본을 입 쪽에서 본 것이다. 중앙이 입이다. 다섯 개의 팔의 한가운데를 관통하는 홈이 보대구이다. 아래는 살아 있는 귀신불가사리의 팔이다. 보대구가 열려 관족이 뻗어나온 모습이다. 관족의 끝이 빨판으로 된 것을 볼 수 있다(화살표).

과 기관이 뻗어 나온 모양을 하고 있다. 그 전형이 불가사리로, 원반(혹은 접시) 모양의 본체에서 방사상으로 다섯 개의 팔이 뻗어 있다. 동물이라고 하는 것들은 보통 좌우대칭의 길쭉한 몸을 가지고 있다. 입이 앞, 항문이 뒤라는 식으로 명확하게 전후 축이 있으며 입을 앞쪽으로 해서 그 축에 따라 나아간다. 배는 아래(바닥 쪽), 등은 위에 있다. 그런데 불가사리의 입은 지면을 향하고 있으며 입이 열리는 쪽의 직각 방향으로 걸어간다. 불가사리에서는 동물에서 앞·뒤나 등·배를 구분하는 일반적인 방식이 통용되지 않는다. 그래서 극피동물의 경우, 입과 관족이 있는 면(해저 기반을 향해 있는 면)을 구면口面, oral side, 그 반대 측을 대구면對口面, aboral side으로 하고, 몸을 설명할 때 이 두 개의 면을 기본으로 한다. 항문은 대구면 중앙에 있다.

관족

불가사리를 들어 올려 뒤집어서 구면을 살펴보자. 입에서 팔 끝부분까지 팔의 중앙을 관통한 홈이 있다(그림 4-1). 이것이 보대구步帶溝, ambulacral groove이다. 잠깐 동안 계속 불가사리를 들고 있으면 홈이 열리고 속에서 작고 투명한 관이 많이 뻗어 나와 꿈실거리기 시작할 것이다. 이것이 관족이다. 불가사리의 다리이며 불가사리는 이것으로 걷는다.

극피동물의 두드러진 특징으로 무수히 많은 관족을 들 수 있다. 불가사리 팔의 옆 단면을 보면 보대구는 알파벳 A 모양을 하고 있으며, A 내부의 경사면에서 관족이 여러 개 나와 있다. 이런 관족의 열이 팔의 뿌리부터 끝까지 죽 늘어서 있으며, 팔마다 100개 가까운 관족이 나 있다.

껍데기

껍데기도 눈에 띄는 특징이다. 바닷가 레스토랑 장식으로 자주 볼 수 있는 것들로 성게 껍데기, 건조한 불가사리가 있다(조개껍데기, 어망, 부표, 유목도 있다). 조개껍데기는 모래사장을 걷다보면 쉽게 찾을 수 있다. 성게 껍데기도(조개껍데기만큼 흔하지는 않지만)

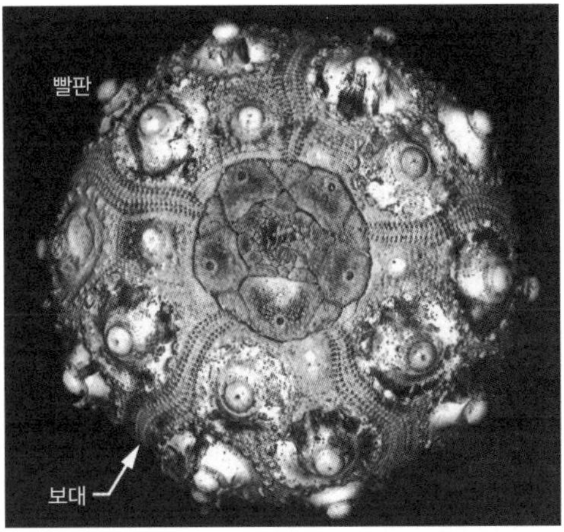

그림 4-2 성게 껍데기 폭탄성게*를 위(대구면)에서 본 것. 중앙이 항문. 그 주변을 다섯 장의 오각형 판이 둘러싸고 있다. 그곳에 열려 있는 구멍이 생식 구멍으로, 여기에서 정자나 알이 방출된다. 중앙에서 방사상으로 다섯 개, 구불구불한 띠 모양으로 자라난 것이 보이는데, 이것이 보대이다. 보대 양쪽에 구멍이 두 개씩 늘어서 있고, 이것은 관족이 지나는 구멍이다. 살아 있을 때는 빨판 위에 가시가 나 있다.

눈에 띌 것이다. 성게는 조개와 마찬가지로 죽은 후에도 잘 부서지지 않는 껍데기를 가지고 있다. 성게 껍데기를 안쪽에서 주의 깊게 살펴보면, 1밀리미터 정도의 작은 타일 모양 뼈로 공 모양의 껍데기를 만드는 것을 알 수 있다. 이 작은 타일을 골편骨片이라고 부른다. 골편은 조개껍데기와 마찬가지로 탄산칼슘(석회)으로 되어 있다. 성게의 경우, 옆에 있는 골편끼리는 단단히 맞물려 있기 때문에 죽은 후에도 흩어지지 않는다. 그래서 껍데기를 장식으로 사용하기에 좋다.

성게 껍데기 표면에는 작은 돌기(빨판)가 방사상으로 늘어서 있다(그림 4-2). 살아 있을 때에는 이 빨판 위에 가시가 나 있는데, 이렇게 가시를 제거한 껍데기를 보면 공 모양으로 보이는 성게도 5방사형인 것을 잘 알 수 있다. 성게의 관족은 껍데기 내부에서 껍데기를 뚫고 뻗어 나와 있다. 그래서 작은 구멍이 뚫린 골편이 줄지어 방사상으로 늘어서 있는데, 이 열 부분이 보대步帶, ambulacrum이다. 보대 옆은 구멍이 없는 골편으로 이루어진 열로, 이곳은 간보대間步帶, interambulacrum라고 한다. 위(대구면)에서 보면 보대와 간보대의 쌍이 5방사상으로 항문 주위를 둘러싸고 배치된 것을 볼 수 있다.

몸이 작은 골편으로 덮여 있는 것은 불가사리도 마찬가지다. 그러나 성게와 같이 골편끼리 맞물려 있지는 않으며(그림 5-6) 또한 골편이 빈틈없이 줄지어 있지 않은 경우도 많다(그림 5-7). 골편이 빈틈없이 늘어선 타입의 껍데기는 건조시켜도 골편이 흩어지지 않아서 아름다운 별 모양이 유지된다. 산호초에서 흔히 보이는 푸른불가사리나 큰혹불가사리가 그런 특징 때문에 장식으로 애용되어 기념품으로(대부분 조개껍데기를 취급하는 가게에서) 판매되고 있다.

극피동물의 진화

극피동물의 진화에 대해서 잠깐 살펴보기로 하자. 지금 살아 있는 극피동물은 다섯 강뿐이지만, 옛날에는 매우 번성하여 화석으로만 알려진 강이 다수 있었다.

바다나리

바다나리(갯나리)는 그런 옛 종 중 유일한 생존자이다. 이 동물은 불가사리가 뒤집혀서 입을 위로 향하고, 대구면 중앙에서 줄기를 뻗어 지면에 '나 있는' 것이라고 생각하면 된다. 팔을 뻗은 모습이 백합꽃처럼 보이기 때문에 해백합海百合, sea lily이라고 불리기도 한다. 주로 수류가 있는 곳에서 자라며 흘러오는 플랑크톤이나 유기물 입자를 잡아먹는다. 그러한 섭식 방법을 현탁물 섭식이라고 한다. 바다나리의 경우, 팔에 죽 줄지어 나 있는 관족으로 입자를 포획한다. 옛날에 극피동물은 모두 이러했다. 관족은 원래 음식을 포획하는 손, 이른바 관수管手였다. 고생대 초기의 해저에는 이렇게 꽃과 비슷한 모습의 것들이 쑥쑥 자라, 마치 '화원'과 같은 경관을 펼쳐보이고 있었다.

수류는 주변에 방해되는 것 없이 탁 트인, 눈에 띄는 장소에서 생긴다. 극피동물이 이런 장소에 잠시 가만히 멈춰서도 괜찮았던 이유는 당시에 강력한 포식자가 적었기 때문이다. 물론 포식자가 없다고 해서 몸을 보호할 필요가 없다는 말은 아니다. 수류 속에 잠시 멈춰 서 있으면 모래알 따위가 부딪쳐올 것이다. 이럴 때 다치지 않도록 몸 표면을 덮을 필요가 있다. 또한 물 속에 팔을 뻗은 섭식 자세를 유지해야 하기 때문에 수류에 쓰러지지 않을 만큼 단단히 몸을 지지하는 튼튼한 골격계도 필요하다. 그래서 몸 표면에 골편을 빽빽하게 덮어, 그 표면에 있는 골격계(즉, 껍데기)로 방어와 자세 유지를 겸했다.

고생대 데본기(약 4억 2,000만 년~3억 6,000만 년 전) 때 턱이 있는 물고기(악구류)가 포식자로 번성하기 시작하면서 이런 고착생활을 할 수 없게 되었다. 그래서 일부는 포식자가 적은 심해로 이주했다. 그 자손이 바다나리로 지금도 심해에서 번창하고 있다. 심해는 얕은 바다에 사는 생물의 분해된 유해나 배설물이 유기물 입자가 되어, 해설海雪, marine snow로 쏟아져 내려오는 장소이다. 수류가 있는 장소에 있으면 유기물 입자는 계속 흘러오기 때문에 심해는 현탁물 섭식자에게는 최적의 환경이다.

스루가 만은 심해생물을 잡을 수 있는 장소로 유명하여, 필자도 누마즈에서 출항하여 스루가 만에서 바다나리류에 속하는 바다술(그림 4-3)을 채집하여 이것으로 실험을 하고는 했다. 누마즈에는 심해생물 수족관이 있으며, 바다술이 전시된 경우도 있다.

고착생활에서 자유생활로

심해로 도망가지 않고 다른 길을 택한 극피동물도 있다. 고착해 있어서 도망쳐 숨을 수 없기 때문에 먹혀버린다면, 자유롭게 돌아다니거나 숨을 수 있도록 하면 된다. 그래서 본체를 줄기에서 분리해서 자유롭게 만든 다음, 지면에 착지하는 것이 나타났다. 바다나리와 마찬가지로 입을 위로 한 채 착지해서 자유생활에

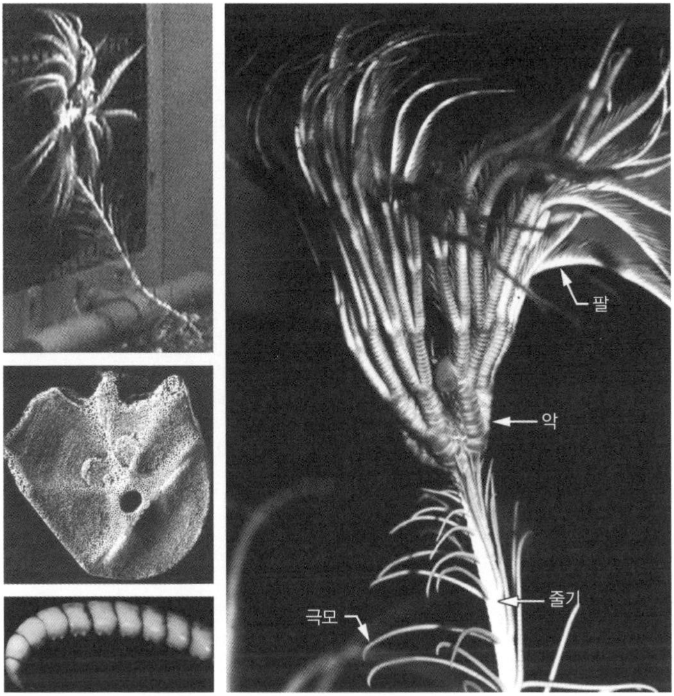

그림 4-3 바다나리(바다술) 오른쪽은 상부의 확대 사진. 한 개의 줄기 위에 악과 그곳에서 뻗은 복수의 팔로 이루어진 본체가 놓여 있다. 왼쪽 위는 수조의 철망을 기어오르는 바다나리(줄기의 길이는 약 50센티미터). 줄기의 골편은 오각형의 동전 모양(이런 동전이 피지나 버뮤다에서 나온 적이 있다고 한다). 이것이 쌓여서 긴 줄기가 형성되었다. 동전 11개나 12개마다 동전의 각 가장자리에서 극모가 한 개(즉, 동전마다 5방사상으로 합계 다섯 개) 뻗어 있다. 왼쪽 아래는 극모를 확대한 것이다. 원반 모양의 골편이 겹쳐져 있다. 팔도 역시 동전이 연결된 구조를 하고 있다. 왼쪽 가운데는 골편의 주사전자현미경 사진이다(동전의 앞면).

들어간 것이 갯고사리이다. 바다나리강에 속하는 갯고사리는 유체幼體 시기에 바다나리를 쏙 빼닮은 모습으로 줄기를 가지고 해저에 고착해 있지만, 성체가 되면 본체를 줄기에서 분리하여 길쭉한 팔을 지면에 뻗어서 그것을 구불거리면서 걷는다. 짧은 거리라면 팔을 위아래로 흔들어 서투른 수영도 할 수 있다.

지금부터는 바다나리의 동류 외에 현존하는 극피동물의 진화에 대해 이야기하려고 한다. 그런데 지금 있는 것들의 몸이 어떤 식으로 디자인되어왔는지를 이해하기 쉽도록, 그 과정을 마치 본 것처럼 '이야기'를 하려고 한다. 이렇게 해야만 하는 이유는 실제로 진화가 어떻게 진행되었는지를 화석은 거의 말해주지 않기 때문이다(다만 아래의 이야기에서 가정한 진화의 순서는 유전자의 염기서열을 바탕으로 한 추측과 모순되지 않게 하였다).

불가사리

갯고사리는 입을 위로 해서 착지했지만, 그것과는 반대로 입을 아래로 뒤집어서 착지한 것이 불가사리이다. 불가사리는 관족이 있는 면으로 착지하여, 지금까지 먹이 입자를 수집하는 데 사용하던 관족을 다리로 사용함으로써 돌아다닐 수 있게 되었다(다만 지금의 불가사리가 줄기를 가진 유체를 거치는 것은 아니다).

거미불가사리

불가사리의 팔은 굵고, 그 안에 소화선과 생식기관이 들어 있다. 거미불가사리는 이것들을 중앙의 본체 안에 넣어 팔이 가늘어졌고, 이 가는 팔을 뱀처럼 구불거리며 걷는다. 거미불가사리강의 학명은 '오피우로이드Ophiuroidea('오피스ophis'는 뱀, '오우라oura'는

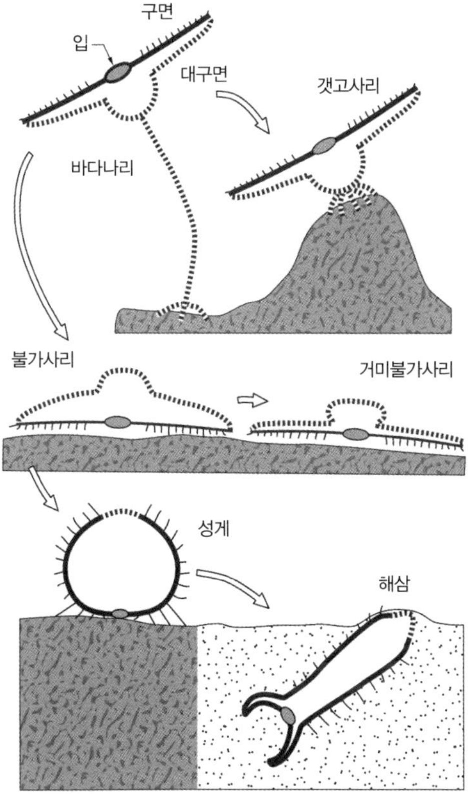

그림 4-4 극피동물의 진화(개념도)

꼬리, '에이도스eidos'는 모양이라는 뜻. 모두 그리스어)'로, 사미류蛇尾類 라고도 번역한다. 거미불가사리의 동류로는 팔이 매우 가늘고 길어 덩굴 모양으로 된 삼천발이도 있는데, 삼천발이의 팔은 복잡하게 갈라져 나와서 얼핏 덩굴로 짠 바구니처럼 보이기 때문에 영어로는 '바구니 별basket star'이라고 한다. 이 바구니로 먹이

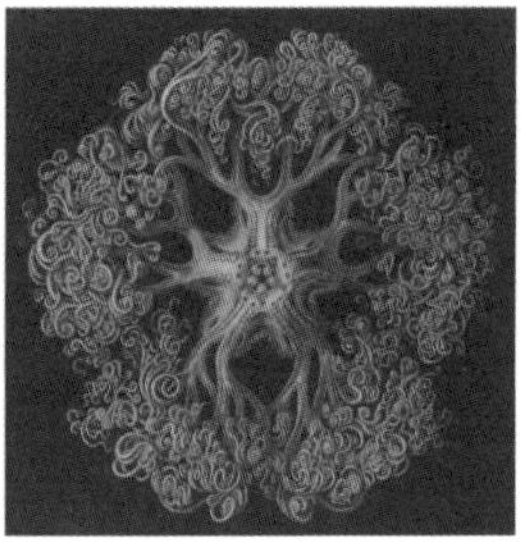

그림 4-5 거미불가사리(위)와 삼천발이(아래) 양쪽 모두 헤켈(21쪽 〈헤켈의 뛰어난 의견〉 참고)의 그림.

를 걸러서 잡는다.

삼천발이는 현탁물 섭식자다. 현탁물 섭식은 극피동물의 전통적인 식사 방법이다. 거미불가사리 중에도 수류 속에 팔을 높이 들어서 먹이를 걸러 잡는 것이 있으며, 불가사리 중에도 이렇게 하는 것이 있다(다만 불가사리 중에는 포식자가 많다). 해삼 중에서는 금해서의 동류(수수목樹手目)가 수류 속에 촉수를 뻗어 현탁물을 잡아먹는다(다만 해삼은, 진흙과 모래를 촉수로 떠먹는 것이 주류이다). 성게는 모두 조류를 갉아먹지만, 예외적으로 흘러와 가시에 걸린 조류를 모아 먹는 흰꼭지성게와 같은 것도 있다.

성게

이런 상상을 해보자. 불가사리에 물을 주입하여 풍선처럼 부풀린다. 그리고 구면 쪽은 상당히 늘어나기 쉽고, 대구면 쪽은 잘 늘어나지 않는다고 해보자. 물을 주입함에 따라 몸은 부풀어 올라 둥글게 되지만, 구면이 훨씬 많이 뻗어 몸의 옆면과 윗면의 대부분을 덮게 되며 대구면은 항문의 아주 가까이에만 국한된다. 이렇게 된 것이 성게라고 할 수 있다. 관족은 구면에 있기 때문에 구면이 넓어지는 것과 동시에 신체의 거의 전면에 관족이 분포하게 되었다. 성게는 관족을 뻗어서 걷는다. 그리고 이제는 몸의 옆면이나 윗면에도 분포하여 외부의 바닷물에 접하게 된 관족은 호흡에도 사용하게 되었다. 관족은 부드러워 공격받기 쉬운 조직이기 때문에 이것을 보호하는 긴 가시를 갖췄다. 물론 가시는 관족뿐만 아니라 몸 전체를 포식자로부터 지킨다. 구면에 난 가시를 사용하여 걷는 성게도 나타났다.

갯고사리·불가사리·거미불가사리는 모두 본체 그 자체는 그다지 크지 않아서 펼친 팔을 접으면 바위 그늘에 숨는 데 불편함이 없다. 그들은(특히 갯고사리와 거미불가사리) 먹이를 찾을 때만 밖으로 나온다. 성게는 크게 부풀린 껍데기를 가졌는데, 이것은 숨기에는 적합하지 않은 체형이다. 그래서 큰 껍데기에 가시를 길러 방비를 견고히 한다. 가시는 몸을 보호하고 몸을 더욱 커 보이게 한다. 크면 적에게 잡아먹히지 않는다. 큰 몸으로 당당히 해저에 몸을 드러내고, 도망쳐 숨지 않는 강인한 자세를 취하고 있는 것이 성게이다.

이렇게 강인한 자세를 가진 성게 중에도 모래 속에 숨어 사는 것들이 나타났다. 연잎성게나 염통성게와 같은 부류이다. 연잎성게는 원반 모양을 하고 있어서, 영어로는 '1달러 모래 동전sand dollar'이라고 한다. 다만 중앙이 약간 부풀어 올라 있어, 보다 정확하게는 아마쇼쿠甘食(단빵과 식빵의 중간 맛인 원추형 빵—옮긴이)

와 비슷하다. 그래서 일본에서는 연잎성게를 부를 때 단 빵이라는 뜻의 "카시빵かしパン"으로 부른다. 염통성게heart urchin는 달걀 모양 껍데기의 뾰족하지 않은 쪽의 끝이 약간 들어가서 하트 모양처럼 보이기 때문에 그런 이름이 붙었다. 염통성게의 일본 이름은 '분부쿠ブンブク'인데, 이는 뒤로 나 있는 다수의 가는 가시가 차솥이 털북숭이 너구리로 둔갑한 옛날 이야기(분부쿠차가마分福茶釜)를 연상시키기 때문이다. 이들 성게는 가시로 모래를 파며 나아간다. 이때 공 모양 몸에는 저항이 커지기 때문에 납작한 모양이나 달걀 모양이 되었다. 또한 배설물이 물에 실려가지 않는 모래 속이라는 환경에 적응하기 위해서 항문을 껍데기 뒤쪽 끝부분으로 이동시켜 배설물을 내버려 두고 나아갈 수 있도록 진화했다. 그래서 체형이 '보통'인 성게가 취하는 단정한 5방사 대칭 모양에서 약간 어긋나 있다. '보통' 성게를 일반적으로 정형류라고 부르며, 연잎성게나 염통성게와 같은 부류는 부정형류라고 한다.

해삼

성게를 위아래로 길쭉하게 잡아 늘여서 옆으로 벌렁 누인 것이 해삼이다. 원래 극피동물은 해저 표면에서 생활했는데, 해삼의 조상은 일단 모래 속에 파고드는 생활로 이행했다. 모래에 파고들면 포식자 걱정은 없어서, 몸을 보호하는 가시나 몸 표면을 덮고 있던 뼈도 필요 없다. 골편은 육안으로 보이지 않을 만큼 아주 작아져 체내에 흩어져 있다. 해삼은 입을 앞으로 해서 모래 속을 나아간다. 그때 몸이 성게같이 공 모양이면 모래의 저항이 커서 불편하다. 앞서 보았던 부정형류와 마찬가지이다. 해삼은 이에 대응하기 위해 몸을 길쭉하게 원주형으로 늘여, 입이 앞에 있고 항문이 뒤에 있는, 극히 일반적인 좌우대칭 동물에 가까운 체형이 되었다.

그러다가 다시 모래 위에 기어나온 것이 지금의 해삼이다(지금도 모래 속에서 사는 해삼도 있다). 해삼은 얼핏 보기에는 좌우대칭이 되었지만, 원래의 5방사 대칭을 버린 것은 아니다. 입 쪽에서 보면 그것을 잘 알 수 있다. 입을 둘러싸고 나 있는 촉수의 수는 다섯, 혹은 5의 배수이다. 이것으로 모래를 집어 입안으로 밀어넣어 먹는다. 보대(관족이 줄지어 나 있는 띠 모양 부위)도 입에서 항문으로 다섯 줄이 뻗어 있다. 다섯 줄의 보대 가운데 셋째 줄은 지면으로 향한 쪽(배쪽)에, 두 번째 줄은 등쪽에 있으며, 배쪽 관족이 보행에 사용된다. 등쪽 관족은 호흡에 사용되지만, 해삼에게는 호흡수呼吸樹, respiratory tree라는 전문 호흡기관이 있으며 등쪽에 관족이 없는 해삼도 많다.

불가사리와 해삼의 호흡

관족은 바다나리나 성게에게는 주요한 호흡기관인데, 다른 강에서도 많든 적든 간에 산소를 받아들이는 입구가 되고 있다. 관족 외의 호흡기관은 강에 따라 차이를 보인다.

불가사리와 거미불가사리는 구면이 해저 기반에 접하고 있어서, 관족은 흐르는 바닷물에 닿아 있지 않다. 그래서 불가사리의 경우, 흐르는 바닷물에 접하는 대구면에 다수의 미세한 돌기(피새皮鰓)를 기르며, 이것으로 호흡한다. 투명한 주머니 모양으로, 손가락으로 만지면 주변의 피새도 일제히 들어가는 것은 관족과 마찬가지다. 피새는 겉보기에 아주 작은 관족처럼 보이지만, 체강(몸 중심부의 강소腔所로 이 안에 체강액이 가득 차 있으며 여기에 장기가 떠 있다)이 관 모양으로 체표까지 뻗어 나온 것이다. 피새에서 내부의 체강액으로 받아들인 산소는 체강액의 흐름을 타고 체내로 실려 간다. 흐름은 피새를 비롯하여 체강 내표면에 나 있는 섬모의 운동에 의해 만들어진다.

거미불가사리는 입을 둘러싸듯이 5방사로 10개, 본체의 안쪽으로 함입한 주머니(생식둥지)가 있으며 이것에 해수를 출입시켜 산소를 받아들인다. 생식둥지라고 불리는 이유는 속에 유생을 넣어서 보육하는 주머니로서의 역할도 하기 때문이다(캥거루의 주머니처럼).

해삼에게는 호흡을 전문으로 하는 특별한 기관(호흡수)이 있다. 이것은 소화관 뒤쪽 끝에서 체강 내로 뻗은 관 모양으로, 끝이 나무처럼 많은 가지로 갈라져 있다. 이것이 체강액에 떠 있다. 해삼은 항문에서 바닷물을 끌어들여 호흡수 안으로 보낸 다음, 갈라진 호흡수의 넓은 면적을 통해 체강액으로 산소를 공급한다. 어째서 엉덩이냐고 이상하게 여길지도 모른다. 일반적으로 호흡기관은 소화관의 일부가 부풀어서 생긴 것이다. 우리 인간의 경우, 입 근처가 부풀어서 폐가 되었다. 해삼이 엉덩이 근처가 부풀어서 호흡수가 되었던 이유는 몸은 모래 속에 들어가 있고, 엉덩이를 모래 표면에 내밀어 산소를 받아들였기 때문이다.

불가사리는 인간의 친척

밤송이를 쏙 빼닮았거나, 식물 같은 이름으로 바위에서 자라거나, 해저에 떨어진 별처럼 우두커니 멈춰 있는 등 동물이라고는 하지만 우리 인간과는 전혀 닮지 않은 것이 극피동물이다. 그런데 놀랍게도 극피동물에게는 척추동물과의 공통점이 있을 뿐만 아니라, 그들은 우리 인간의 친척뻘에 해당한다.

동물이 알에서 발생해갈 때, 먼저 공 모양의 배가 되고 거기에 원장原腸이 생긴다(동물 난자의 발생을 보여주는 그림 1-3을 참고하라). 원장의 입구가 원구原口이다. 원구가 그대로 성체의 입이 되는 것이 선구先口동물로 지금까지 다룬 자포동물·절지동물·연체동물은 모두 이 부류이다. 대부분의 동물은 여기에 속한다. 그것과는 달리 성체의 입이 원구와는 다른 위치에 새로 만들어지는 부류가 있다. 이것이 신구新口동물로 극피동물·반삭동물·척삭동물(인간은 여기에 포함된다)의 세 가지가 이에 해당하며 이것들은 친척관계에 있다고 생각된다. 이 장부터 극피동물과 척삭동물을 다루는데, 이 동물들은 모두 우리 인간과 같은 부류이다.

극피동물의 특징 1: 별 모양

극피동물은 여러 가지 독특한 특징을 가지고 있다. 그중 대표적인 특징을 아래와 같이 표로 정리하였다. 이러한 독특한 특징이

다른 동물들과 전혀 다른 그들만의 독자적인 세계를 만들어내는 데 기여한다. 그것을 이 장과 다음 장에서 살펴보도록 하겠다. 극피동물에 2개의 장을 할애한 이유는 필자가 40년 이상이나 그들을 연구해왔기 때문이다. 약간의 편애는 눈감아주기 바란다.

극피동물의 독특한 특징

1. 별 모양(5방사 대칭 모양)
2. 관족
3. 피부 내 골편(외골격적 내골격)
4. 캐치결합조직
5. 저에너지 소비

앞서 말했듯이 극피동물이라고 단박에 알아차릴 만한 독특한 특징은 별 모양을 하고 있다는 점이다. 동물이라고 하면 대부분이 좌우대칭의 길쭉한 몸을 가지고 있다. 동물이란 원래 빠르게 움직이는 생물이며 좌우대칭의 길쭉한 몸은 민첩한 운동에 적합한 모양이기 때문이다(다음 쪽 칼럼 참고). 그러면 왜 극피동물은 좌우대칭이 아니라 별 모양일까? 지금부터 생각해보자.

왜 좌우대칭으로 길쭉한 동물이 많을까?

좌우대칭의 길쭉한 몸은 이동하는 데 적합하다.

길쭉한 모양

이것은 물이나 공기의 저항이 작은 모양이다. 동물은 먼저 바다에서 진화했다. 수영해서 먹이를 사로잡는다. 해삼이 모래 속에서 길쭉하게 된 것은 모래를 헤치고 나아가는 데 저항을 줄이는 의미가 있었을 것이라고 말했지만, 물속에서도 마찬가지다. 물에 부딪치는 면이 작을수록 저항이 줄어, 빠르고 편하게 수영할 수 있다(이를 직접 느껴보고 싶으면 목욕탕에 들어갔을 때 목욕물 통을 가라앉혀, 측면을 앞으로 해서 미는 것과 넓은 바닥면을 앞으로 하는 것을 비교해보면 된다). 진행하는 면을 작게(즉, 몸을 가늘게) 하면 좋지만, 가늘게 하면 그만큼 몸은 길어질 수밖에 없다. 장기를 넣을 체적을 확보해야 하기 때문이다. 수중에서 수영하는 생물의 대부분은 몸을 구불거리면서, 즉 몸 측면의 물을 밀어서 앞으로 나아가므로 몸이 길어져 몸 측면의 면적이 커지면 수영하는 데에도 유리하다.

좌우대칭

똑바로 나아가려는데 좌우대칭이 아니면 곤란하다. 보트의 좌우에 있는 노의 수가 다르면 보트가 돌기만 할 뿐 똑바로 나아가지 않는다. 설령 노의 수가 같더라도 보트 자체가 구부러져 있으면, 계속 키를 돌리는 것과 같아서 역시 똑바로 나아가지 않는다.

입 · 눈 · 뇌는 앞쪽 끝, 항문은 뒤쪽

동물들은 주로 먹이를 구할 때 수영을 하며 먹이에게 도망갈 시간을 주지 않고 덤벼들려면 입이 앞쪽 끝에 있는 것이 가장 낫다(먹이가 도망가지 않는 경우에도 경쟁자에게 새치기 당하지 않도록 재빠르게 물어야 한다). 나아가는 방향에 먹이가 있는지, 적은 없는지를 재빨리 파악하기 위해서는 앞쪽 끝에 눈이나 코가 있는 것이 좋고, 입에 넣기 전에 그것이 먹어도 안전한지를 확인할 필요가 있기 때문에 입 근처에 냄새와 맛의 수용기가 배치되었다.

그리고 그 센서로부터 정보를 신속하게 판단하는 뇌는 감각기관 가까이에 두어야 한다. 멀면 시간이 걸릴 뿐만 아니라 감각기관의 정보는 전기신호 형태로 전송되기 때문에 거리가 길면 외부로부터 잡음이 섞여 실수가 발생하기 쉽기 때문이다. 그래서 입, 감각기관, 뇌가 앞쪽 끝에 모여 머리가 된다. 항문의 위치는 후방이다. 배설물을 앞에서 배출하면 그것을 헤치며 나아가야 하기 때문에 좋지 않다. 이렇게 해서 머리가 앞, 항문이 뒤라는 전후 구분이 생겼다.

이런 이유로 수영하기 위해서는 길쭉하게 좌우대칭인 몸에 앞에는 입, 뒤에는 항문이 달린 형태가 좋다. 여기서는 수영하는 경우를 예로 들었지만, 육상이나 땅속에서도 마찬가지다. 동물動物은 그 이름처럼 움직이는 것이 많기 때문에 이와 같이 운동에 적합한 형태를 갖춘 것들이 많이 보인다.

움직이지 않는 생물은 방사대칭

잘 움직이는 동물에게는 길쭉한 좌우대칭 모양이 적합하다. 그러면 고착생활을 하며 이동운동을 하지 않는 생물에게는 어떤 모양이 적당할까? 식물은 바로 위에서 보면 줄기의 단면이 둥글고, 거기에서 사방팔방으로 방사상의 가지를 뻗고 있다. 말미잘과 산호의 폴립도 마찬가지로 몸통의 단면은 둥글고 입 주위에서 촉수를 방사상으로 뻗고 있다.

이와 같은 방사상의 모양은 어느 방향에서 봐도 똑같이 마주

볼 수 있는 모양이다. 식물의 경우 햇빛이 어느 방향에서나 비치는 환경이라면, 잎이 햇빛을 골고루 받을 수 있도록 방사상으로 가지를 뻗는 것이 좋다. 말미잘의 경우에, 먹이인 플랑크톤이 여러 방향에서 헤엄쳐오기 때문에 그것을 잡는 촉수는 모든 방향을 향해 균등하게 뻗어 있는 것이 좋다.

잘 움직이는 동물이 가진 길쭉한 몸은 동물이 한 방향으로 움직인다는 점을 특별히 고려한 모양이다. 반면 방사상의 모양은 환경에 균등하게 접하도록 적응한 것이다.

다만 나무와 폴립은 길쭉한 원주형이다. 단면이 둥근 이유는 주변 환경을 균등하게 접하기 위한 것이고, 길이가 긴 것은 신장이 생존하는 데 중요하기 때문이다. 키가 크면 다른 개체의 그늘에 가려지지 않으며 햇빛을 받거나 수류를 타고 오는 플랑크톤을 잡기 쉽고, 가지를 보다 많이 뻗을 수 있다.

왜 5방사인가

극피동물도 움직이지 않는 생물과 마찬가지로 방사상을 하고 있다. 다만 이것은 부모가 되고 나서의 일이다. 플랑크톤으로 수영하며 떠도는 유생기에는 좌우대칭 모양을 하고 있다. 부모의 방사대칭 모양은 조상의 성체가 했던 고착생활을 반영한 것으로 보인다.

극피동물의 경우 그냥 방사상이 아니라 5방사 대칭이다. 다섯 번 회전대칭이 가능한 모양이므로 중심축 주위로 72도씩 (360°÷5=72°) 회전시킬 때마다 같은 모양이 된다. 왜 하필이면 5일까? 이에 대해 몇 가지 가설이 제기되어왔다.

가설 1: 활주로 가설

극피동물의 조상은 줄기 위에 본체가 있었으며 거기에서 몇 개의 팔을 위로 뻗어 수류를 타고 오는 먹이 입자를 포획하며 살았다. 이런 환경에, 단면이 정다각형인 본체를 갖고 있으며 모퉁이마다 팔이 수직으로 서 있는 동물이 있다고 해보자. 정다각형 중 몇 각형이 가장 효율적으로 먹이를 잡을 수 있을까?

다음 쪽 그림은 바로 위에서 이 동물을 본 모습이다. 각 꼭짓점에 있는 동그라미는 수직으로 선 팔의 단면이다. 수류는 그림의 바로 위쪽에서 온다고 하자(화살표). 흘러오는 물에 가까운 팔이 먼저 먹이를 잡는다. 그런 팔을 하얀 동그라미로 표시했다. 이어서 수류는 먼 쪽의 팔에 도달하는데, 네 개나 여섯 개인 경우면 팔은 가까운 팔의 바로 뒤에 위치하고, 거기에 흘러오는 물은 이미 가까운 팔에 의해 먹이를 빼앗겨버려서 잉여 상태가 된다. 팔이 있어도 물에 먹이가 없기 때문에 섭식에 기여할 수 없다(그렇게 그림자에 가려진 팔을 검은 동그라미로 표시했다). 결국 팔이 네 개가 있어도 먹이를 잡는 것은 세 개이다. 여섯 개라면 네 개이다. 짝수라면 일할 수 없는 팔이 나온다. 그런데 팔이 세 개나 다섯

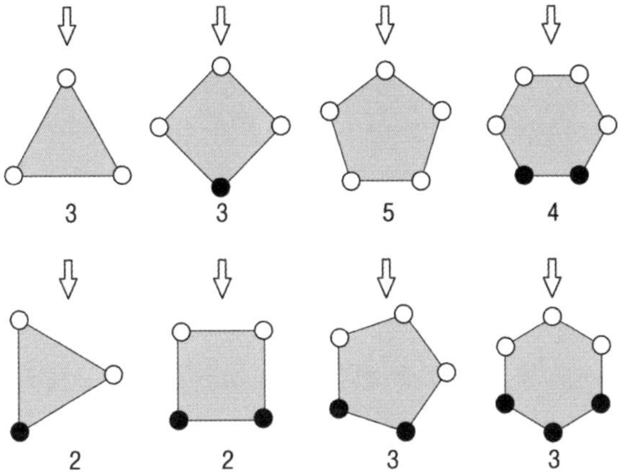

그림 4-6 활주로 가설 화살표가 수류의 방향. 상단은 작용하는 팔의 수가 최대가 되는 몸의 방향, 하단은 최소가 되는 방향. 숫자는 유효한 팔의 수.

개이면 먼 팔은 가까운 팔의 그늘에 가려지지 않기 때문에 모든 팔이 섭식 작용을 할 수 있다.

몸의 방향이 다르면 물론 일할 수 있는 수는 달라진다. 좀 전의 예에서는 유효한 팔의 수가 가장 많아지는 방향이었는데, 그림의 아래쪽에 나타낸 것은 가장 적어지는 방향이다. 이들의 경우에도 역시 팔이 홀수인 쪽이 낭비가 적다.

이상, 여섯 개까지의 예를 생각했는데, 그 이상 팔의 수가 늘어나면 당연히 팔의 간격이 좁아지기 때문에 수류가 오는 반대쪽 팔은 사실상 모두 그늘이 되어 낭비가 많을 것이다. 또한 위의 그림에 나타낸 상황에서 몸을 아주 조금 회전시키면, 네 개나 여섯 개라도 바로 뒤가 되는 팔을 없앨 수 있지만, 이 경우에도 팔의 간격이 매우 좁아져 있기 때문에 사실 뒤쪽 팔의 섭식효율은 상당히 떨어지지 않을까?

이렇게 생각해보면 일하는 팔의 수에 낭비가 적은 것이 홀수이다. 그리고 홀수 중에서도 세 개와 다섯 개를 비교했을 때 세 개는 너무 적다고 하면, 다섯 개가 가장 좋은 선택이 될 것이다. 이 가설은 D. G. 스티븐슨이 1976년에 제창한 것이다.

다섯을 기본으로 한 모양의 동물은 극피동물뿐이다. 기본적인 다섯 종에 더 추가한다면 별벌레(성구동물문)가 있다. 별벌레는 아래쪽이 불룩한 지렁이 모양으로 모래 속이나 바위구멍에 들어가 있으며, 구멍 입구로 촉수를 뻗고 있다. 몸은 길쭉하며 좌우대칭이다. 다만 입 주변에 있는 촉수가 종류에 따라서는 5방사상으로 뻗어 있기 때문에 별 같은 입을 가진 동물이라고 한다(별벌레는 촉수로 현탁물을 포획하거나 퇴적물을 잡아먹는다). 다섯은 그것뿐이다. 현탁물 섭식자인 동물의 촉수가 5개라는 점으로 보아 이는 지금까지 이야기한 활주로 가설에 유리한 예가 될 것이다.

꽃잎이 다섯 장인 꽃이 많다

동물에서 5는 매우 드물다. 그런데 식물로 눈을 돌리면 아주 쉽게 5를 만날 수 있다. "아침에 향기 나는 산벚나무"는 꽃잎이 다섯 장이고, "아름다운 꽃을 피우는 매화"도 마찬가지다. 벚꽃이 일본, 매화가 중국을 대표하는 꽃이라면 유럽은 장미일 것이다. 장미의 원종은 오판화五瓣花이다. 이상의 세 가지는 모두 장미과이다. 장미과는 과일도 맛있는데 복숭아, 배, 사과, 비파도 장미과로 오판화이다.

벚꽃이 진 5월에 피는 진달래과, 한여름의 아욱과·협죽도과, 그리고 가을에 물드는 단풍나무의 동류(예를 들어 무환자나무과)도 오판화이다. 가을의 대표적인 일곱 가지 화초(싸리, 억새, 칡, 등골나무, 도라지, 패랭이꽃, 마타리) 중 꽃잎을 세기 쉬운 것(도라지, 패랭이꽃, 마타리)은 모두 오판화이다. 겨울의 애기동백이나 동백나무(차나무과)도 오판화이다. 사계절마다 즐기는 꽃은 대부분 오판화이다.

과일이나 덩이줄기를 먹을 수 있는 것 중에도 오판화가 많다. 예로 가지과(가지, 감자, 토마토, 담배), 갈매나무과(갈매나무), 박과(수박, 호박, 멜론), 포도과, 감귤과, 키위가 속하는 다래나무과 등을 들 수 있다. 그 밖에 미나리아재비과, 꿩의비름과, 범의귀과, 괭이밥과로, 오판화의 동류를 계속 들 수 있다.

그러면 사판화에는 어떤 것이 있을까? 사판화의 대표는 십자화과이다. 꽃잎이 십자형으로 늘어서 있기 때문에 예전에는 십자화 식물이라고도 했다. 슈퍼에 진열된 야채 중에는 십자화과가 많다. 다만 그다지 종류가 많은 것은 아니다. 사실 십자화, 순무, 배추, 유채, 잎순무*, 청경채는 브라시카 라파*Brassica rapa*라는 같은 종 안의 변종이다. 같은 브라시카라도, 브라시카 올레라케아*Brassica oleracea*라는 별종에서는 양배추, 콜리플라워, 브로콜리라는 변종이 만들어졌다. 무는 앞의 종류와는 다른 십자화과이다. 사판화로는 그 밖에 양귀비과, 꼭두서닛과 등이 있다. 수국은 사판화로 보이지만 꽃잎처럼 보이는 것은 사실 꽃받침이다. 꽃받침은 꽃잎의 외부인 꽃의 뿌리에 있으며 꽃을 감싸는 것이다(꽃받침은 악萼이라고도 하는데, 그림 4-3에서 보았듯이 극피동물에서도 악이라는 단어를 사용한다. 바다나리의 본체 하단에 악이 있으며 여기에서 다섯 개의 팔이 뻗어 있다).

5와 4를 살펴봤는데, 그렇다면 육판화는 어떨까? 대표적인 육판화를 들자면 백합과(백합, 튤립)나 붓꽃과(붓꽃, 꽃창포, 글라디올러스)일 것이다. 그런데 사실 이들의 육판 가운데 꽃잎은 세 개뿐이다. 그 꽃잎에 세 장의 꽃받침이 꽃잎과 똑같이 붙어 있어서 육판화처럼 되었다. 똑같은 일이 수선화과(석산, 수선화)나 으름덩굴과에서도 일어나고 있다. 그렇다고 꽃잎이 정말로 여섯 장인 식물이 없는 것은 아니다. 목련과(백목련, 목련, 양옥란), 꼭두서닛과의 치자, 석류과 등이 있다.

꽃잎은 활주로?

왜 이 정도로 오판화가 많은 것일까? 그 이유를 설명하는 데 조금 전 가설을 사용할 수 있는 것은 아닐까 하는 생각이 스쳤다. 그 가설에서 팔을 꽃잎으로, 흘러오는 먹이를 날아오는 곤충으로 바꾸어보는 것이다.

피자식물은 원래 바람을 이용해서 꽃가루를 운반하여 수분하는 풍매화이며, 꽃은 작아서 눈에 잘 띄지 않았다. 그 후, 곤충을 수분에 이용하는 충매화가 등장하여 꽃잎이 커졌다. 이 눈에 띄는 꽃잎은 곤충의 시각에 호소하여 여기에 꿀이 있다고 보여줌으로써 유인하는 간판 역할을 한다.

꽃잎이 간판이라고 할 때 면적만 크면 어떤 모양이라도 좋을 것 같지만, 꽃은 조금 더 공을 들여서 특별한 장치를 마련한 것 같다. 꽃은 중심에서 타원형의 꽃잎이 방사상으로 뻗어 있고, 오판화라면 중심을 지나는 다섯 개의 축이 있다. 이것이 특별한 장치다. 꽃잎은 단지 보여주는 것만을 위한 간판이 아니라, 벌레를 꽃의 중앙으로 이끄는 역할도 하는 것이 아닐까?

필자는 꽃잎을 활주로라고 본다. 비행기가 착륙 태세에 들어가는 시점에서는 공항이 아직 저 멀리 있어서 활주로는 짧은 직선으로 보인다. 기체의 방향과 활주로의 방향이 어긋나 있으면 선은 대각선으로 보이고, 일치하면 수직으로 보인다. 비행기는 활주로가 수직으로 보이는 상태를 유지하면서 고도를 계속 낮춰 실수 없이 활주로에 도착할 수 있다. 즉, 활주로는 비행기에게 어디를 향해 가야 하는지 알려줄 뿐만 아니라, 목표를 향해 제대로 방향을 잡았는지를 가르쳐주는 가이드 역할을 한다.

하나의 활주로는 두 방향 중 어느 방향으로든 사용할 수 있다. 즉, 180도 반대의 두 방향에서 오는 비행기를 유도할 수 있다. 그래서 다섯 개의 활주로가 방사상으로 뻗어 있으면 유도할 수 있는 방향은 10방향이다. 세 개라면 6방향이다. 그런데 네 개의 활주로가 교차되면 유도할 수 있는 방향은 4방향뿐이다. 여섯 개의 활주로라면 6방향이다. 즉, 홀수라면 그 2배의 방향으로 유도할 수 있는 반면, 짝수라면 그 본디의 수만큼밖에 유도할 수 없다. 여기에서 활주로를 꽃잎으로, 비행기를 곤충으로 바꾸어 생각하면 홀수의 꽃잎 쪽이 꽃잎당 더 많은 방향으로 곤충을 유도할 수 있고, 그만큼 수분 확률이 높아져 효율이 좋아질 것이다.

짝수로 설계하면 낭비가 발생한다. 이것은 활주로나 꽃잎이나 극피동물의 팔이나 마찬가지다. 다만 홀수가 좋다고 해도 한 개나 세 개로는 유도 방향이 너무 적을 것이다(그래서 백합과 같은 삼판화는 악까지 동원하여 외관상 꽃잎의 수를 늘리는지도 모른다). 또한 활주로가 일곱 개 이상이 되면, 바로 옆의 활주로가 너무 가깝기 때문에 멀리서 보면 활주로가 수직선으로 보이는지 여부를 판단하기 어려워진다. 그래서 최적의 수로 판단되는 다섯에 정착한 것이 아닐까?

다만 꽃의 경우, 오판화 이외의 전략도 있다. 꽃잎은 폭이 넓기 때문에 대부분 꽃잎끼리 서로 겹쳐져서 선을 정위치시키는 것이 더욱 어려워진다. 그래서 폭의 넓이를 이용하여 단순히 꽃의 면적을 크게 함으로써 멀리서도 보기 쉽게 만든다. 면적으로 승부하는 이 방책을 취한 것이 합판화로, 꽃잎을 합착시켜 일련의 큰 꽃잎을 만들었다. 또 다른 방법으로 면적을 크게 한 것도 있다.

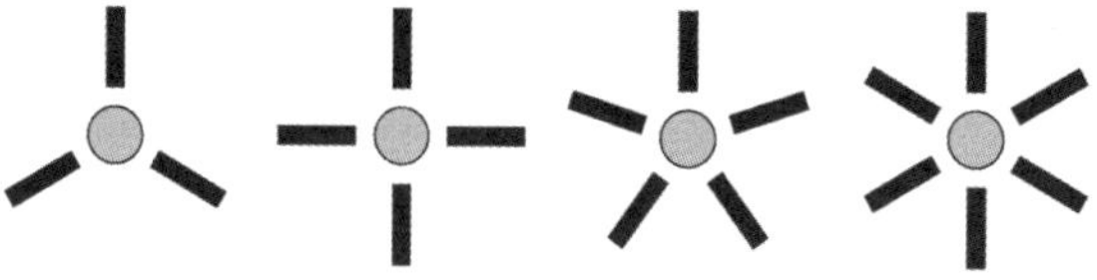

그림 4-7 활주로의 개수와 유도가능한 방향의 수 중앙의 (키가 낮아서 비행에 방해가 되지 않는) 터미널에서 방사상으로 활주로가 뻗어 있는 경우.

바로 국화과(국화, 민들레, 해바라기, 엉겅퀴 등)인데, 이들은 많은 꽃을 모아 하나의 큰 꽃과 같은 것(두상화서)을 만든다.

이렇게 '홀수가 좋다'거나 '홀수 중에서도 다섯이 좋다'는 가설은 극피동물에서 활주로, 그리고 꽃으로 보편화할 수 있으며 이것을 '활주로 가설'이라고 필자는 (마음대로) 부르고 있다.

더욱 일반화해서 말하면 자신이 움직이지 않고 상대(환경, 구체적으로는 물·비행기·곤충)가 접근해오는 생물은 홀수일 때 환경과 더 많이 만날 수 있어서 좋다. 반면에 스스로가 움직이는 경우에는 나아가는 방향이라는 특별한 축이 존재하고, 저항을 줄이기 위해서 몸은 그 방향으로 길어진다. 그리고 그 축 양쪽에 접한 환경을 균등하게 대하지 않으면 똑바로 나아갈 수 없기 때문에 좌우대칭이며, 다리(날개)의 수 등도 양측이 동일해져 전체적으로는 짝수가 된다.

가설 2: 축구공 가설

다른 가설도 있다. 극피동물은 몸의 표면에 뼈로 만든 타일을 빈틈없이 깔아서 몸을 보호한다. 단단히 덮기 위해서는 타일이 빈틈없이 늘어서지 않으면 안 되는데, 그러기 위해서는 정 몇 각형의 타일을 사용하는 것이 가장 좋은지를 생각해보자.

평면이라면 정삼각형, 정사각형(정방형), 정육각형 중 어느 것을 사용해도 빈틈없이 깔 수 있다. 그러나 정오각형이나 정칠각형은 틈새가 있다.

그러면 입체를 덮는 경우는 어떨까? 예전의 극피동물은 세로로 약간 긴 구형의 본체를 갖고 있었으며, 그 아래에서 줄기가 뻗어 해저에 고착되어 있었다. 그런 본체를 감싸려면 어떤 모양의 타일을 사용하면 좋을까? 다만 안타깝게도 공을 정다각형의 타일로 빈틈없이 덮을 수는 없다는 것을 알고 있다.

그렇다면 반대로 정다각형의 타일을 사용하여 될 수 있는 대로 구에 가까운 모양을 만든다고 생각해보자. 한 종류의 정다각형으로 된 다면체는 플라톤 입체라고 하며, 다섯 가지밖에 존재하지 않는다. 정사면체(정삼각형을 4장 붙여 맞춘 것), 정육면체(정사각형 6장, 주사위 모양), 정팔면체(정삼각형 8장, 피라미드를 2개 맞붙인 모양), 정십이면체(정오각형 12장), 정이십면체(정삼각형 20장)이다. 이들 다섯 가지 플라톤 입체 가운데 정육면체만이 정 짝수각형의 타일(정사각형)로 이루어져 있으며, 나머지는 모두 정 홀수각형의 타일(정삼각형과 정오각형)로 만든 것이다.

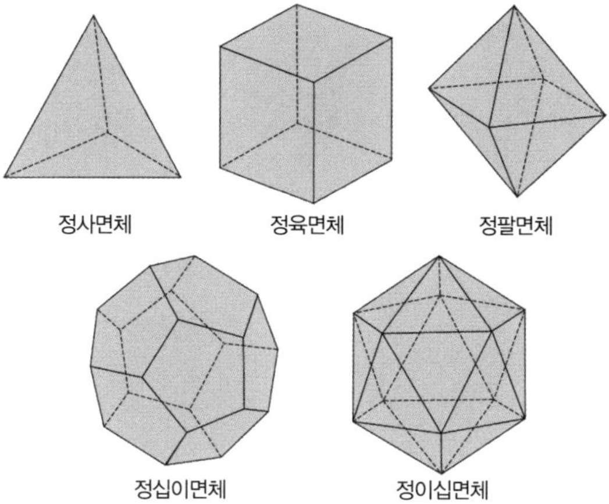

그림 4-8 플라톤 입체

다섯 가지 플라톤 입체 가운데 그런대로 구에 가까운 것은 정십이면체와 정이십면체이다. 어느 쪽이 더 구에 가까운 모양을 한 것일까? 이 두 다면체에 내접하는 구와 외접하는 구의 부피의 차이가 적은 것이 더 구에 가깝다고 생각하고 계산한 결과, 두 가지에서 차이가 없는 것으로 나타났다. 모두 같은 정도로 구를 닮았다. 즉, 정삼각형이나 정오각형을 이용하면 나름대로 구에 가까운 모양을 만들 수 있고, 그리고 반대로 이러한 정삼각형이나 정오각형으로 구를 덮으면, 틈새는 있지만 적게 할 수 있다. 덧붙여서 정십이면체는 정오각형으로 이루어져 있기 때문에 물론 5가 관계하지만, 정이십면체도 정점에서 바라보면 중심에서 5방사로 뻗은 모양으로 보이기 때문에 5가 관계한다고 말할 수

그림 4-9 축구공

없는 것은 아니다(매우 억지이지만).

좀 더 구에 가까운 모양으로 하기 위해서는 어떻게 하면 좋을까? 그 궁리 끝에 나온 것이 축구공이다. 검은 정오각형 가죽 12장과 흰색 정육각형의 가죽 20장을 이어 붙여서 만들었다. 정육각형은 정삼각형을 6장 늘어놓은 것이므로 정오각형 12장, 정삼각형 120장을 사용하여도 이 모양을 만들 수 있다. 이 모양은 준정삼십이면체라는 것이지만, 정이십면체의 각 꼭짓점을 잘라내서도 만들 수 있기 때문에 '깎은 정이십면체'라고도 한다. 이것은 정십이면체나 정이십면체보다 더 구형에 가깝다.

이런 식으로 이래저래 생각해보면 아무래도 5(혹은 5나 3이라는 홀수)를 주체로 하면 구에 가까운 입체를 빈틈없이 덮을 수 있을 것 같다. '정오각형의 골편을 먼저 만들고, 그 다섯의 측면에 정오각형에 가까운 골편을 덧붙여 몸을 덮기 때문에 극피동물이 5방사가 되는 것이 아닐까' 하고 추측하는 것이 축구공 가설이다.

가설 3: 홀수의 길 가설

예전의 극피동물에는 5가 아니라 3을 기본으로 한 종이 존재했다. 그 3의 종에서 현재와 같은 5의 종이 진화해온, 즉 3에서 5로 홀수의 길을 걸어온 것이 극피동물이라는 설이다.

아주 초기의 극피동물로 나판류螺板類*가 있다. 캄브리아기 전기의 동물로 몸이 럭비공 모양이었으며, 뾰족한 한쪽 끝을 해저 기반에 묻고 서 있었다. 팔은 없다. 다른 극피동물과 마찬가지로 몸이 판 모양의 골편으로 덮여 있고, 판이 나선을 그리듯이 줄지어 있어서 나판이라는 이름이 붙었다. 현탁물 섭식자이며 섭식할 때에는 몸을 비튼다. 그러면 겹쳐진 골편이 어긋나 몸이 길쭉하게 밀려나(마치 망원경이나 카메라의 렌즈를 비틀어 밀어내는 것처럼) 키가 커지면서 섭식에 유리한 자세가 되며, 럭비공의 표면을 관통하는 보대에서 관족을 뻗어 현탁물을 잡아먹었다. 이 동물에는 보대가 세 개밖에 없는 것처럼 보인다. 나판류는 3을 기본으로 한 몸을 가지고 있었던 것 같다.

나판류에게 있었던 세 개의 보대 중 두 개가 각각 두 쌍으로 나뉘어 네 개가 되고, 나뉘지 않은 나머지 한 개와 합쳐 다섯 개의 보대를 갖는 현재의 극피동물로 진화했다는 설이 있으며, 그것이 옳다면 극피동물은 3에서 5로 홀수의 길을 걸어온 것이 된다.

고착생활을 하지 않는 극피동물

이상의 내용을 참고할 때, 고착생활을 하는 것들에게는 5가 좋다고 결론내릴 수 있다. 그런데 현존하는 많은 극피동물은 여기저기 돌아다니는 것들이다. 그들이 조상과 마찬가지로 5방사의 몸을 유지하는 이유는 무엇일까?

이것은 불가사리나 성게도 천천히밖에 움직이지 않기 때문이라고 생각된다. 먼저 성게를 보자. 말똥성게가 걷는 속도는 시속 2미터 정도이다. 성게 가운데 가장 빠른 부류에 속하는 흰줄긴극성게도 시속 27미터이다. 실은 이 두 종은 걷는 기관이 다르다. 말똥성게는 관족을 사용하여 걷고, 흰줄긴극성게는 가시를 사용하여 걷는다. 긴 가시를 사용하여 걷는 것일수록 빠르지만 그래봤자 겨우 시속 27미터이다.

불가사리는 관족으로 걷는다. 별불가사리의 평소 보행 속도는 시속 1미터 정도이다. 포식자인 햇님불가사리의 냄새를 감지하면 속도를 올려 도망가는데, 그때에도 시속 5미터 정도이다(키리하라桐原, 1992).

이 정도로 걸음이 느리면 운동에서 생기는 물의 저항은 아주 작을 수밖에 없다. 저항은 속도의 제곱에 비례하기 때문에 느린 것일수록 저항이 급격히 작아진다. 시속 수 미터 정도라면 저항은 무시할 수 있으며, 굳이 길쭉한 몸을 하지 않아도 문제가 되지 않는다. 오히려 방사대칭 모양을 유지하는 편이 좋다. 왜 그런지 살펴보자.

① 방어

방사대칭이면 어느 방향의 환경에도 똑같이 대응할 수 있다. 이것은 방어할 때도 마찬가지이다. 천천히 움직일 수 밖에 없는 동물에게 포식자에 대한 방비는 사활이 걸린 문제이다. 포식자는 어떤 방향에서든 덮쳐올 가능성이 있기 때문에 그들 모두에게 똑같이 대처할 수 있는 방사대칭 모양이 좋다. 하코다테에 있는 고료카쿠五稜郭(에도막부에서 지은 별 모양 요새 — 옮긴이)도 그것을 생각하고 만들었을 것이다.

길쭉한 좌우대칭 모양의 동물은 몸 옆면으로 물을 밀어 수영한다. 보다 효율적으로 수영하기 위하여 길쭉해지면 그만큼 큰 옆면을 갖게 된다. 즉, 길쭉하면 외부에 접하는 면적이 커져서 그만큼 적에게 공격당할 수 있는 면적도 커진다. 반면 성게처럼 둥근 것은 부피당 표면적이 가장 작은 모양이기 때문에 공격에 노출되는 면이 애초부터 적다.

또한 길쭉한 동물에게는 앞뒤가 있으며 반드시 머리를 앞으로 해서 나아간다. 그래서 적이 앞에서 오면 몸을 반전해서 도망가지 않으면 안 된다. 그런데 불가사리나 성게는 방향전환이 필요 없다. 앞으로 하는 부분이 정해져 있지 않으며, 신체의 어떤 부분이라도 앞에 두고 나아갈 수 있기 때문이다.

② 먹이의 획득

방사대칭 모양으로 모든 방향의 환경을 똑같이 마주할 수 있으면 먹이를 모으는 데에도 유리하다. 극피동물의 경우, 관족을 통해 냄새로 먹이가 있다는 정보를 감지한다. 관족은 몸의 모든 방향에 갖춰져 있다. 그리고 먹이의 존재를 느끼고 그쪽으로 가려는 생각을 하면 몸을 회전시키지 않고 그 방향으로 나아갈 수 있다. 아니, '생각'할 필요도 없을지 모른다. 냄새를 느끼는 관족 그 자체가 걷기 위한 기관이기도 해서 그것이 그 방향으로 '반사적으로' 움직이면, 나머지 관족도 그것에 이끌려 자동적으로 같은 방향으로 움직여 몸을 앞으로 나아가게 한다.

성게는 해저에 나 있는 조류를 먹는다. 불가사리는 해저에 있는 조개를 비집어 열어서 먹는다. 불가사리 중에는 다른 불가사리나 산호를 포식하거나, 해저의 표면을 덮는 바이오필름을 핥아 먹는 것도 있다. 어떤 먹이든 모두 이들의 서식지 부근 일대에 있어서 도망가지 않거나, 도망쳐도 아주 천천히 간다. 이렇게 전속력으로 먹이를 쫓을 필요가 없기 때문에 넓은 범위의 먹이를 천천히 '베어 먹는' 방식을 취한다.

여기서 지금 유행하는 로봇청소기를 떠올려보자. 대다수의 로봇청소기는 원반형(즉, 방사대칭)이다. 미리 방향을 정하지 않고 넓은 면적을 골고루 커버하기에는 어느 방향으로나 똑같이 갈 수 있는 방사대칭 모양이 좋기 때문이다. 이 점에서 성게와 로봇청소기는 같다고 해도 좋다. 넓은 방을 청소하는 업무용 진공청소기도 드럼통 모양으로 역시 방사대칭인 데에는 이와 같은 이유가 있다. 이와 달리 가정에서 쓰는 일반적인 진공청소기는 길쭉해서 방향성이 있는데, 이는 인간이 방향을 정해 당겨야 하며, 가구 사이의 좁은 틈새를 빠져나가야 하기 때문이다.

위와 같은 이유로 자유로이 돌아다니는 생활을 하는 극피동물 또한 방사대칭 모양이어도 상관없을 것 같다. 물론 방사대칭이라면 다른 모양도 상관없겠지만, 굳이 조상으로부터 전래된 몸을 바꿀 이유도 없기 때문에 성게나 불가사리도 지금까지 5방사 대칭 모양을 유지하고 있을 것이다.

둥근 모양의 성게는 어디를 앞으로 해서 걸을까?

성게(정형류)는 위에서 보면 거의 원형이며 원 중심에 항문이 있다. 중심에서 5방사로 보대가 뻗어 있어, 어느 방향에서 봐도 완전히 똑같은 몸처럼 보인다. 그런데 실은 항문 옆에 한 곳, 수관계에 물이 드나드는 구멍이 있으며 이것 때문에 완전한 5방사 대칭 모양은 아니다. 그래서 이 구멍을 기준으로 다섯 개의 보대에 번호를 매겨 구별할 수 있다. 보대를 구별하고 나면 성게가 어느 특정한 보대를 앞으로 해서 걷는지(즉, 몸에 방향성이 있는지) 아니면 어느 보대나 똑같은 확률로 앞이 되어, 방향성이 전혀 없는지를 조사할 수 있다.

정형류 성게에게는 방향성이 없어 모든 방향으로 똑같이 걸어간다. 반면 부정형류 성게에는 몸에 전후 축이 있으며 항문이 후단에 위치하는데, 진행 방향은 반드시 항문과 반대 방향이다. 이와 같은 내용은 옛날부터 알려져 있었다.

정형류 성게 중에도 위에서 봤을 때 원형이 아니라 몸이 약간 길게 뻗은 타원형으로 된 성게가 소수 있다(항문 위치가 껍데기 꼭대기의 중앙인 것은 일반적인 정형류와 다르지 않다). 그런 성게로는 보라성게붙이와 파이프성게*가 있다. 이런 성게의 방향성은 어떨까? 좌우대칭으로 길쭉한 일반적인 동물들과 마찬가지로 장축 방향으로 나아가는 것일까?

보라성게붙이를 살펴보았다. 넓은 장소에서 자유롭게 걷게 하면 모든 방향으로 똑같이 걸으며, 길쭉한 한쪽 끝을 반드시 앞으로 하는 것은 아니다. 그런데 수조 벽을 따라서 걸을 때는 타원의 장축을 벽에 평행하게 해서 걷는다. 또한 벽 가장자리에서 쉬고 있을 때도 길쭉한 면을 벽에 붙이고 있다. 장축을 벽에 붙이면 벽에 의해 보호되는 몸의 면적이 보다 넓어지기 때문에 장축을 벽에 붙이는 행동은 안전을 확보하기 위한 것이라고 해석할 수 있다.

보통의 길쭉한 동물이 장축 방향으로 나아가는 이유는 나아갈 때 받는 물의 저항이 줄어서 쉽게 빨리 나아갈 수 있기 때문인데, 아주 천천히 나아가는 성게에게는 물의 저항이 문제되지 않는다. 그래서 벽이 없는 넓은 장소에서 걸을 때 장축과 상관없이 아무 방향으로나 똑같이 나아가는 것일 테다.

아주 동그란 정형류에서도 방향성이 나타나는 경우가 있다. 이것에도 벽이 관련되어 있다. 말똥성게는 수조 벽에서 쉬는 경우가 많다. 말똥성게를 잡아서 수조 중앙에 갖다 놓으면 벽에 접하고 있던 부분을 앞으로 해서 걷는다. 접하고 있던 부분이 어딘가를 '기억'해서 그 방향으로 나아간다. 30분이 지나면 잊어버리지만 보다 단시간이라면 '기억'은 유지된다.

이 행동에도 의미가 있을 것이다. 암벽에서 떨어져 먹이를 먹으러 돌아다니고 나서 다시 돌아올 때 바위에 접하고 있던 부분을 앞으로 해서 걸어가면, 원래 쉬고 있던 벽에 도착할 것이다. 정확히 똑바로 나아가서 또한 똑바로 돌아오지 않아도 껍데기를 회전만 시키지 않으면, 어느 정도는 좌우로 헤매도 괜찮다. 바위는 그만한 넓이가 있기 때문에 원래 있던 바위에 간신히 도착한다고 해도 그 후에는 암벽을 따라가 이전의 은신처까지 돌아갈 수 있을 것이다. 이 행동에는 성게의 '기억'이 관련되는데, 극피동물과 같이 뚜렷한 뇌를 갖지 않는 동물이 신체의 어느 부분으로 기억하는지는 정말이지 수수께끼이다.

불가사리의 진행 방향

불가사리도 수관계의 개구부를 기준으로 해서 팔에 번호를 매길 수 있다. 불가사리는 걸을 때 팔 하나를 선두로 해서 걷는 경우도 있고, 팔 하나를 똑바로 뒤로 하고 걷는(즉, 두 개의 팔이 앞이 되고 그 둘의 중앙선 방향으로 나아간다) 경우도 있다. 앞이 되는 팔을 선도 팔, 뒤가 되는 팔을 추수 팔이라고 한다. 다양한 불가사리를 사용하여 실험해왔지만 특정한 팔이 선도 팔과 추수 팔이 되기 쉽다는 보고는 별로 없다. 선도 팔이 정해져 있지 않다고 한다면 우연히 어느 팔이 선도 팔이 되면 나머지 팔은 추수 팔로 행동하는 식으로 팔끼리 서로 연락이 되어야 한다. 선도 팔에서 관족은 팔의 뿌리 방향으로 바닥을 차고, 추수 팔에서는 앞쪽 끝 방향으로 차기 때문에 관족이 움직이는 방향이 반대가 될 필요가 있다.

전체 관족의 움직임을 통합시키는 무언가가 있다고 한다면 가장 유력한 후보는 신경계일 것이다. 극피동물은 모두 입을 고리 모양으로 둘러싸는 환상신경(신경환)을 가지고 있으며, 그곳에서 팔마다 방사신경이 뻗어 있다. 환상신경은 가장 눈에 띄는 신경으로 과거에는 이것이 극피동물의 중추신경계가 아닐까 하는 추측도 있었다. 특히 환상신경은 방사신경을 서로 연결하기 때문에 정보를 통합하는 뇌에 대응하는 것일지도 모른다고 생각했던 것이다.

이와 관련하여 불가사리의 일종인 단풍불가사리로 했던 실험은 흥미로운 결과를 남겼다. 실험에선 먼저 이 불가사리의 팔 하나를 뿌리에서 떼어낸다. 이때 방사신경과 환상신경과의 접합부를 포함하여 팔을 잘라내고, 잘라낸 팔을 걷게 하면 팔의 끝을 앞으로 해서 걷는다. 즉, 잘라낸 팔은 선도 팔이 된다. 그런데 접합부를 포함하지 않으면 추수 팔이 된다. 이 결과는 환상신경이라는 '뇌'의 부분이 팔의 방향을 결정한다고 판단하게 만들었다.

그런데 후속 연구에서 같은 결과가 나오지 않는 경우가 생겼다. 또한 환상신경은 형태학적으로 봤을 때, 뇌와 같은 통합작용을 한다고 생각할 수 없다는 사실도 알게 되었다. 지금으로서는 단풍불가사리의 흥미로운 실험 결과를 어떻게 해석해야 할지 알 수 없는 상태이다.

최근 우세한 설은 관족 사이의 단순한 역학적 연계로 협조가 일어나고 있다는 설이다. 극피동물의 보행에는 관족 다수의 협조적인 움직임이 필요한데, 그것은 반드시 신경을 거치지 않아도 된다. 즉, 어느 관족이 일정한 방향으로 걷기 시작하면 몸이 그 방향으로 이끌리기 때문에 다른 관족도 '강제로' 그쪽으로 이끌려 다리가 움직이는 방향이 갖추어지고 그 방향으로 모든 관족이 움직이기 시작할 것이다. 이렇게 생각하면 특별한 장치 없이도 협력할 수 있다.

이 장에서는 왜 극피동물이 5인지 생각해보았다. 어떤 가설에서도 3이나 5라는 홀수가 짝수보다 좋다는 결론이 나온다.

다만 극피동물 중에도 예외적이지만 짝수인 것이 있다. 팔손이불가사리는 팔이 여덟 개다. 비단꼭지거미불가사리의 팔은 여섯 개이다. 이들은 무성생식을 할 때, 몸을 딱 두 동강으로 나누어 두 마리가 된다. 자르고 싶을 때에는 극피동물이라고 해도 짝수가 되는 셈이다.

기수奇數(홀수)란 기묘한 숫자라는 의미이다. 영어 단어 'odd number'도 같은 의미를 담고 있다. 이것은 우리들이 짝수를 기준이라고 생각한다는 사실을 반영하고 있다. 극피동물이 명명했다면 이런 무례한 이름을 짓지는 않았을 것이다. 우리들은 수의 호칭이라는, 가치 판단과 무관하게 보이는 것에도 의미가 있다는 사실을 깨닫지 못하고 가치 판단을 해왔다. 가치관도 자신의 몸 디자인과 무관하지 않다.

극피의 Take Five

작사 · 작곡 모토카와 다쓰오

1. 이 렬 수 가 - 이 렬 수 가 -
2. 이 렬 수 가 - 이 렬 수 가 -
3. 왜 - 5 일 까 왜 - 5 일 까
4. 입 - 주 위 를 둘 - 러 싼 -
5. 바 다 나 리 와 성 게 불 가 사리

이 렬 수 가 - 이 렬 수 가 -
이 렬 수 가 - 이 렬 수 가 -
왜 하 필 이 면 5 의 배수 일 까
중 - 앙 의 - 고 리 에 서 -
거 미 불 가 사리 해 - 삼 들 -

왜 - 5 일 까 왜 - 5 일 까
왜 - 5 일 까 왜 - 5 일 까
나 무 손 가 락 날 개 와 방 패
5 - 방 사 로 뻗 어 있 다 네
극 피 동 물 은 살 아 있 다 네

팔 이 다 섯 개 푸 른 불가 사 리
이 빨 다 섯 개 성 게 의 입 은
해 - 삼 들 이 가 진 촉 수 는
수 관 도 뻗 고 신 경 도 뻗 고
강 의 개 수 는 다 섯 가 지 래

5

해삼 천국

극피동물문 2

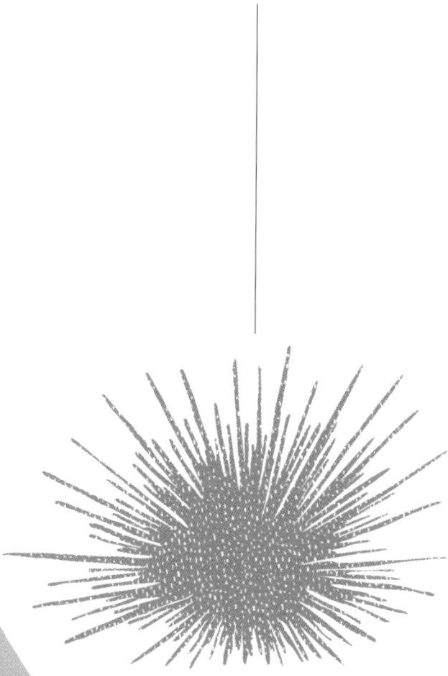

앞 장에서는 극피동물의 독특한 특징 중 5방사 대칭 모양에 대해 생각해보았다. 이 장에서는 170쪽 표에서 언급했던 극피동물의 특징 중 나머지 네 가지, 즉 ② 관족, ③ 피부 내 골편, ④ 캐치 결합조직, ⑤ 저에너지 소비에 대해서 차례로 살펴보겠다.

극피동물의 특징 2: 관족

극피동물의 몸 구조와 행동을 독특하게 만드는 커다란 원인은 몸의 표면에 넓게 분포하는 관족이다.

관족은 체표에서 돌출된 얇고 투명한 여러 개의 관으로 안에 물이 가득 차있다. 굵기는 0.1～수 밀리미터 정도로 부드럽고 신축성이 있다. 유연하게 구부릴 수도 있으며 이를 사용하여 걷기도 하고 먹이도 잡는다.

관족의 뿌리 쪽 끝은 껍데기 안쪽으로 들어가 있으며 불룩한 항아리 모양이다. 이것이 물을 저장하는 자루이다. 관족은 껍데기의 골편에 있는 조그마한 구멍에서 체외로 뻗어 있다. 항아리가 수축하면 물이 관족의 끝으로 밀려, 수압에 의해 관족이 늘어난다. 관족 벽에는 결합조직이 고리 모양으로 배열되어 있는데, 그것이 마치 제등의 '테'와 같은 형태로 되어 있기 때문에 개켜져 있던 관족은 제등이 길어지는 것처럼 굵기가 변하지 않고 길어진다. 다 늘어나면 수 센티미터이다. 가장 길 때 20센티미터가 되는 관족도 있지만, 이렇게 길게 늘어나는 것도 수축하면 2밀리미터이다. 수축할 때는 관족 벽의 장축 방향으로 뻗은 근육을 사용한다. 수축하면 속의 물은 다시 항아리로 되돌아가서 항아리가 불룩해진다.

즉, 관족은 물이 가득 찬 고무풍선과 같다. 이것으로 바위 위를 걷고 수류 속에서 계속 몸을 뻗고 있기 때문에 상처가 나서 속의 물이 새는 경우도 있을 것이다. 또한 관족이 갑자기 강하게 수축했을 때에는 내부의 수압이 비정상적으로 높아져, 관족 벽을 통해 물이 스며 나오는 경우도 있다. 물이 줄면 관족은 오므라지기 때문에 기능할 수 없다. 그렇게 되지 않도록 물을 공급하는 시스템이 수관계이다. 이것은 체외의 바닷물과 관족 사이를 '석관-환상수관-방사수관'이라는 경로로 연결하는 급수 시스템이다(그림 5-1).

외부로부터의 물 흡입구는 항문 바로 옆, 대구면의 중앙 부근

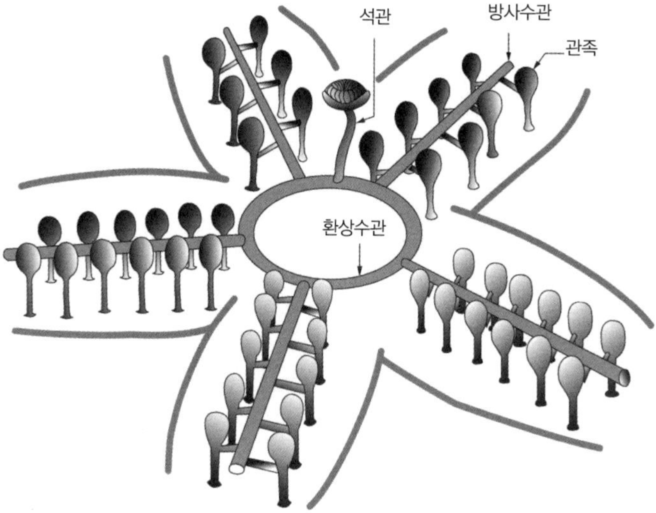

그림 5-1 불가사리의 수관계

에 있다. 흡입구에는 개폐식 문이 있으며 여기에서 석관(벽이 석회를 포함하는 관)이 입 쪽으로 뻗어, 환상수관(수관계)에 연결되어 있다. 환상수관은 입 주위를 빙 둘러싸는 고리 모양의 관으로, 이 고리에서 방사상으로 다섯 개의 수관이 각각의 팔 안으로 뻗는다. 이것이 방사수관으로 팔의 보대 부분을 따라 팔 끝까지 뻗어 있다. 방사수관에서는 짧은 가지 모양의 관이 좌우로 다수 갈라져 나와 있으며 갈라져 나온 가지 끝에 관족이 연결되어 있다. 연결 부위에는 밸브가 있으며 관족이나 항아리가 수축하더라도 속의 물이 방사수관으로 역류하지 않게 되어 있다. 이상은 불가사리를 예로 들어 설명한 것이며 분류군에 따라 항아리의 유무나 석관의 세부사항 등에 상당한 차이가 있다.

관족의 역할

관족은 섭식, 보행, 호흡, 배설, 감각 등 다양한 용도로 사용된다. 원래는 먹이를 잡는 손으로서의 역할을 했지만, 극피동물이 고착생활에서 자유생활로 이행하게 되면서 다리로도 사용하게 되었다. 수중동물의 다리는 보행뿐만 아니라 접착하는 기능도 겸비해야 한다. 관족의 끝은 빨판으로 된 것도 많은데, 이 유형의 관족을 가진 불가사리·성게·해삼은 해저 기반에 강하게 접착한다.

빨판이 얼마나 강하게 접착할 수 있는지는 성게와 불가사리를 바위에서 당겨서 떼어보면 알 수 있다. 잡아떼려고 해도 잘 안 된다. 만지면 더욱 단단히 기반에 달라붙어 억지로 잡아당기면 관족이 도중에 찢어져버린다. 관족의 강도보다 빨판의 접착력이 더 강한 것이다. 이런 동물을 바위에서 잡아떼려면 옆에서 살짝 접근하여 몸과 기반 사이에 얇은 주걱 같은 것을 단번에 넣으면 된다(위에서 다가가면 그림자가 지는데 동물이 이를 느껴 더욱 강하게 달라붙어버리기 때문에 안 된다).

빨판의 큰 접착력에는 흡착하는 힘(빨판 내부의 진공에 의한 물리적인 힘)에 더해, 풀도 기여한다. 불가사리의 빨판에는 두 종류의 분비세포가 있으며, 강하게 접착할 때에는 그중 하나에서 풀을 분비해 달라붙는다. 스스로 이동하고 싶을 때는 다른 하나의 세포에서 '풀을 벗기는 액'을 분비한다.

우리 인간의 손발에는 촉각이나 온도 감각 등의 감각 기능이 구비되어 있기 때문에 만져도 안전한지, 내딛어도 괜찮은지를 알 수 있다. 관족도 마찬가지로 촉각, 광감각, 미각(아미노산 등을 느낀다)이라는 감각이 있다. 특정한 감각 기능에 특화된 관족도 있는 것 같은데, 예를 들면 성게의 입 주위에 있는 관족은 끝에 많은 신경세포를 가지고 있어서 오로지 미각의 감각기로만 작용하며, 보행이나 접착에는 관여하지 않는 것 같다.

많은 관족이 몸 표면에서 밖으로 뻗어 나와 있어, 관족 전체로 보면 굉장히 넓은 면적으로 외부와 접촉한다. 관족은 그 넓은 면적에서 외부의 산소를 체내로 받아들이거나 배설물을 배출하는 역할도 할 수 있다. 관족 벽은 매우 얇아서 그 벽을 통해 가스를 교환하거나 배출하기도 한다. 호흡 전용 관족을 가진 극피동물도 있다.

극피동물의 특징 3: 피부 내 골편

뼈라고 하면 묵직한 덩어리가 떠오를 것이다. 산호의 골격이나 조개껍데기, 우리 인간의 뼈는 그렇다. 그런데 극피동물의 골격은 작고 얇은 골편이 다수 결합조직의 끈(인대)으로 얽어매어져 하나로 만들어진 것이다. 그래서 주방용 표백제를 사용하여 끈을 녹이면 작은 '파편'으로 뿔뿔이 흩어져버린다.

골편 하나는 거대한 단결정 탄산칼슘이다. 보통 결정이라고 하면 기하학적으로 규칙적인 배열을 띈 것을 나타내지만, 골편의 모양은 실로 다양하여 규칙적인 배열이 아닌 경우도 많다. 그리고 이상하게도 골편은 스펀지처럼 중심부까지 구멍투성이이다(그림 5-2). 구멍투성이의 구조를 경조직硬組織, stereome 구조라고 한다. 구멍 속에는 골편을 만드는 세포 등이 들어 있다. 또한 골편끼리 얽어매는 끈의 끝도 구멍과 구멍 사이의 기둥에 감겨 고정되어 있다. 경조직 구조에서 구멍의 정렬 방식이나 밀도는 다양하다. 그곳에 어떤 힘이 가해지는가 하는 역학적 조건과 어느 정도 관계가 있는 것 같다. 이렇게 이상한 구멍투성이 뼈는 다른 동물에서 찾아보기 어렵다.

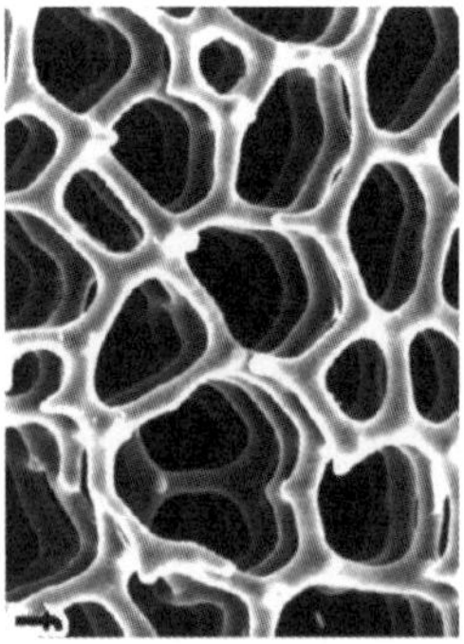

그림 5-2 경조직 바다나리(바다술)의 팔 골편. 구멍의 크기는 약 20마이크로미터.

작은 구멍투성이라는 골편의 특징이나 이들 골편을 끈으로 얽어맸다는 골격계의 특징은 모두 껍데기를 깨지지 않게 하는 데 도움이 된다. 극피동물의 골격계는 부서지지 않기 위한 다양한 궁리 끝에 탄생했는데, 그것을 앞으로 하나씩 살펴보도록 하자.

① 구멍을 포함한 골편은 깨지지 않는다

구멍을 포함한 골편이 깨지지 않는다고 말하면 좀 이상하게 생각할지도 모른다. 달고나나 거품을 내서 굳힌 사탕은 깨물면 바삭바삭한 것에서 알 수 있듯이 쉽게 부술 수 있다. 그러나 그것은 구멍과 구멍 사이의 기둥이 너무 얇기 때문이다. 적당한 수의 구멍은 뼈를 부서지지 않게 하는 데 나쁘지 않다.

이유는 구멍에 의해 균열이 전파되지 않기 때문이다. 뼈처럼 매우 단단한 재료는 일단 상처가 나면 깨지기 쉽다. 특히 잡아당기는 힘에 약하다. 단단한 재료에 상처(균열)가 있는 경우, 잡아당기면 균열 끝 부분에 힘이 집중되어 상처 자리를 더욱 커지게 한다. 그러면 균열이 점점 끝으로 전파되어 전체가 두 개로 깨지기 쉽다. 그런데 중간에 구멍이 있으면 균열은 구멍에서 멈춰, 그 이상은 전해지지 않는다. 균열의 끝이 구멍과 일체화하면 힘의 집중이 일어나지 않고, 균열이 더이상 진행되지 않기 때문이다.

구멍에는 또 다른 역할도 있다. 구멍 안에는 뼈를 만드는 세포가 들어 있다. 이 세포는 뼈에 생긴 상처도 치유할 수 있기 때문에 상처가 나더라도 바로 회복시켜서 파괴의 원인이 되는 균열 그 자체를 없앨 수 있다. 이와 같이 부서지지 않게 하는 방법과 부서지더라도 고치는 메커니즘을 겸비한 것이 경조직 구조이다.

② 작은 골편으로 된 골격계는 부서지지 않는다

이상과 같이 경조직 구조에 의해 하나하나의 골편은 잘 부서지지 않는다. 그런데 골편이 모여서 된 골격계 전체에도 부서지지 않게 하는 방법이 있다.

골편은 작다. 그 때문에 골편 하나에 상처가 나서 그것이 부서지더라도 피해는 그뿐이다. 개개의 골편이 독립해 있기 때문에 균열이 다른 곳으로 전해지지 않는다. 뼈와 같이 단단해서 균열이 전파되기 쉬운 것은 미리 작은 요소로 나누어놓으면 잘 부서지지 않는다.

③ 뼈를 끈으로 얽어맨 구조는 부서지지 않는다

물론 작게 나눈 상태로는 흩어져버린다. 으깨는 힘(압축력)이 가해지는 경우에는 뼈들이 밀려 서로 밀착하기 때문에 흩어지지는 않지만, 당기면 뿔뿔이 흩어져버리고 만다. 그래서 풀이나 퍼티로 맞붙이거나(벽돌을 모르타르로 붙여 쌓아가는 것처럼), 전체를 부드러운 겔이나 플라스틱으로 메우거나, 극피동물의 골격계처럼 끈으로 묶어 얽어매거나 한다. 그냥 붙이거나 부드러운 재료로 메우는 방식은 강하게 당기면 접착면에서 벗겨져 떨어지거나, 메우는 데 사용했던 부드러운 재료가 갈가리 찢어지기 때문에 잡아당기는 힘에 대해서는 그다지 강하지 않다. 그런데 끈으로 엮은 경우에는 팽팽하게 잡아당기는 힘에 저항한다. 또한 단단한 뼈 부분에 있는 짧은 균열이, 잡아당기는 힘에 의해 주위에

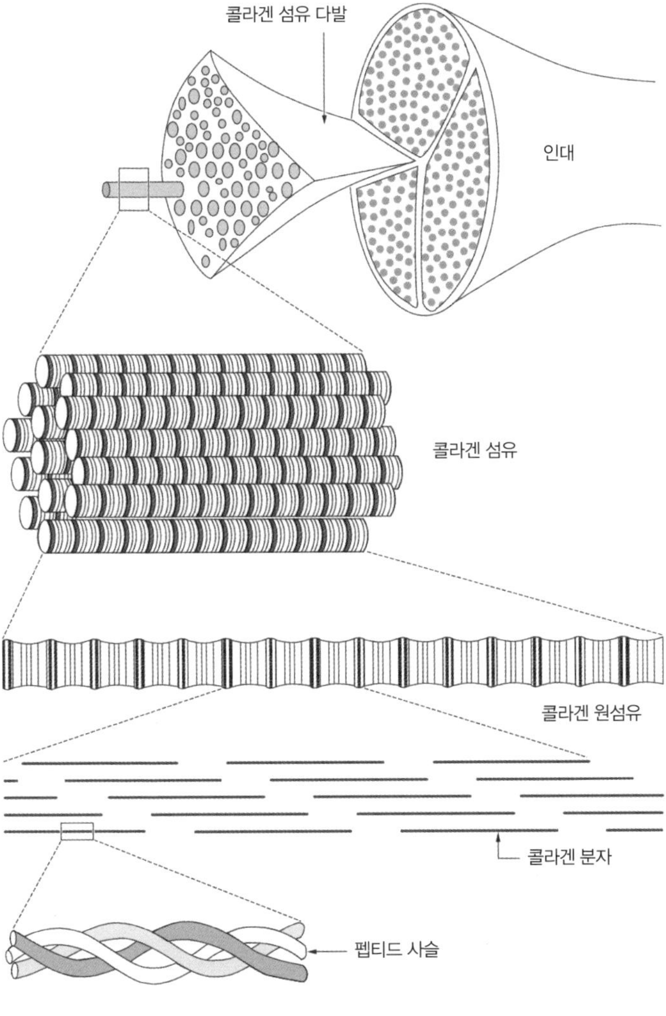

그림 5-3 콜라겐 섬유의 계층구조

전해지더라도 부드러운 끈이 있는 곳에서 균열의 전파가 멈춰 전체가 파괴되지는 않는다. 그래서 극피동물의 골격계와 같이 뼈라는 단단한 요소를 끈으로 얽어매는 구조는 인장이나 압축에도 강한 구조이다.

④ 끈에 숨겨진 의미

끈 자체에도 ②에서 언급했던 '요소를 작게 나누면 잘 부서지지 않는다'는 원리가 이용된다. 끈은 굵은 실 한 가닥이 아니라 가는 실 여러 가닥이 다발로 된 것이다. 실은 콜라겐이라는 단백질로 되어 있다. 콜라겐 분자는 펩티드 사슬 세 가닥을 꼬아 합쳐서 된 실이며, 이 실이 평행하게 늘어서면 콜라겐 원섬유가 된다. 콜라겐 원섬유가 평행하게 늘어서면 콜라겐 섬유가 되며, 콜라겐 섬유가 모여 다발이 되고, 그 다발이 모여 골편끼리 연결하는 끈이 된다(그림 5-3). 끈 안에 끈 다발이 있고, 그 안에 또 끈 다발이 있는 구조로 몇 단계에 걸쳐 가늘어지는 끈의 중첩 상태인 것이다. 이런 중첩 구조를 하면 잘 끊어지지 않는다. 굵고 상처가 없는 끈은 잡아당기는 힘에는 강하지만 상처가 있는 경우, 큰 힘으로 잡아당겨지면 균열이 전해져 끊어져버린다. 그런데 같은 굵기라도 가는 끈을 모아서 굵게 만들면 가는 끈에 상처가 생기더라도 그것 하나만 끊어질 뿐, 주위로 균열이 전해지지 않아 굵은 끈까지 완전히 끊어지는 일은 없다. '작게 나누면 균열이 전해지지 않고 나뉘어진 조각들은 전체가 부서지는 것을 막기 때문에 강하다'는 원리를 여기에서도 볼 수 있다.

콜라겐 섬유는 글리코사미노글리칸(무코 다당류)으로 된 보다 부드러운 겔 속에 박혀 있다. 이렇게 하면 끈 다발은 뿔뿔이 흩어지지 않고, 겔로 인해 어느 정도의 압축력을 견딜 수 있다. 끈 사이에 부드러운 겔이 존재하기 때문에 균열이 전파되는 것을 방지할 수도 있다.

극피동물은 이런 부서지지 않기 위한 전략에 더해, 끈이 특별한 성질을 가지고 있다. 경도가 순간적으로 바뀌는 것이다. 외부에서 가해진 힘에 끈 자신이 적극적으로 반응하여 단단해져서 부서지지 않는다. 이렇게 자유자재로 대응할 수 있는 것이 극피동물의 골격계이다.

외골격적 내골격

이 책에서는 표피세포의 외부에 있는 골격을 외골격, 표피세포 내부에 있는 골격을 내골격이라고 불러왔다. 이는 극피동물 연구자가 채택하는 정의이다. 그런데 척추동물 연구자는 골격을 피부골격과 내골격으로 나누어 몸의 중심부에 있는 골격을 내골격, 피부가 만드는 골격을 피부골격이라고 부른다. 그리고 피부는 몸의 가장 바깥 부분에 있기 때문에 피부골격을 외골격이라고 부르는 경우도 있다.

여기서 혼란이 온다. 어떤 정의에 따라서는 외골격이었다가 다른 정의에 따라서는 내골격이 되는 예가 나온다. 극피동물의 골격이 바로 그에 해당된다.

척추동물은 피부(표피)의 세포가 만들어내는 골격(즉, 피부골격)에 비늘,

등딱지, 두개골이 있으며 연체동물의 조개껍데기나 절지동물의 골격, 그리고 극피동물의 골격도 여기에 들어간다. 피부골격=외골격이라는 정의에 따르면 이것들은 모두 외골격이지만 내골격은 '표피세포보다 안쪽에 있는 골격'이라는 정의에 따르면 극피동물의 골격은 내골격이 된다.

표피세포보다도 몸의 안쪽에 있는지 바깥쪽에 있는지와, 피부가 만드는 골격인지 아닌지는 관점이 다르기 때문에 '피부골격 = 외골격'으로 조심스럽게 불러야 혼란이 일어나지 않는다. 그래서 이 책에서는 표피세포의 위치를 기준으로 하고, 그것보다 몸의 안쪽에 있는지, 바깥쪽에 있는지에 따른 공간적 위치로 내골격과 외골격을 구별하는 정의를 채택했다.

극피동물의 골격계는 표피세포보다 안쪽에 있기 때문에 내골격이다. 다만 그것은 피부를 구성하는 진피 속에 있다. 피부는 몸 표면을 덮고 있으므로 골격계도 몸 표면을 덮고 있다고도 할 수 있어 그 점에서는 외골격에 가깝다. 그래서 극피동물의 골격계를 '외골격적 내골격'이라고 필자는 부르고 있다.

껍데기와 성장의 문제

극피동물은 견고한 껍데기로 몸을 감싸고 있는 데다가, 껍데기 위에 가시까지 자라있다. 성게의 가시만큼 눈에 띄지는 않지만, 짧은 가시라면 해삼을 제외한 극피동물 모두가 가지고 있다. 그래서 매우 안전하다. 그러나 여기에서 상기해야 할 사실은 단단한 껍데기로 몸을 푹 덮은 조개나 곤충은 성장에 어려움을 겪는다는 것이다. 극피동물의 경우는 어떨까?

극피동물이 곤충이나 조개와 다른 점은 골격계가 내골격이라는 점이다. 골격이 살아 있는 세포군으로 에워싸여 있고, 경조직 구조 덕분에 뼛속까지 세포가 들어 있다. 그래서 이들 세포의 작용에 의해 뼈를 자유롭게 크게도 할 수 있고 부수어서 작게도 할 수 있다. 그리고 골편을 연결하는 끈의 경도를 바꿀 수 있어서 부드럽게 당겨 늘리거나 자르는 일을 자유롭게 할 수 있다. 이렇게 성장하는 몸에 맞춰 껍데기도 성장시키므로 곤충이나 조개가 갖는 문제는 전혀 없다.

그럼 이제부터는 경도를 자유롭게 바꿀 수 있는 끈(캐치결합조직)에 대해 살펴보기로 하자. 이것은 극피동물에만 존재하는 매우 독특한 결합조직이다(결합조직에 관해서는 다음 쪽 칼럼 참고).

극피동물의 특징 4: 캐치결합조직

캐치결합조직의 역할을 이해하기 위해 먼저 손을 높이 들어보자. 인간은 팔과 어깨의 근육을 수축시켜서 손을 든다. 그대로 계속 손을 들고 있으면 피로가 와서 너무 오래 들고 있을 수는 없을 것이다. 손을 움직이지 않아도 자세를 유지하는 동안 근육은 계속 수축한 상태이며, 오랫동안 수축하고 있으면 근육에 젖산이 쌓여 피로해지기 때문이다. 그런데 만약 팔을 들었을 때 팔과 가슴의 피부가 단단해진다면 어떨까? 피부가 단단해지면 팔은 든 자세로 고정되기 때문에 근육을 풀어도 팔은 들린 채로 있을 것이다. 이 사고실험에서 피부의 경도를 바꾸면 팔의 자세가 유지된다는 사실을 알 수 있다. 팔을 내리고 싶으면 피부를 부드럽게 하면 된다.

이 방식을 취하는 것이 극피동물이다. 피부와 인대(즉, 결합조직)의 경도가 신속하게 변해 자세를 유지한다. 극피동물이 가진 이 독특한 결합조직을 필자는 '캐치결합조직catch connective tissue'이라고 부른다. 캐치라는 단어가 낯설지는 않을 것이다. 그렇다. 조개의 제동근에 대해 설명할 때 나왔다(142쪽 〈제동근 수축의 비밀〉 참고). 조개껍데기가 피로하지 않게 닫힌 자세를 유지하도록 하는 특별한 근육이었다. 극피동물의 피부나 인대도 이와 비슷한 기능을 하지만, 근육이 아니라 결합조직이기 때문에 캐치결합조직인 것이다.

결합조직

결합조직이라는 말을 설명하겠다. 몸은 수많은 세포로 이루어져 있다. 세포들은 분업을 하며 유사한 기능을 하는 세포는 한데 모여 조직을 형성한다. 동물의 조직에는 크게 네 종류, 즉 상피조직, 결합조직, 근육조직, 신경조직이 있다. 상피조직은 상피세포가 죽 늘어서 표면을 덮은 것이다. 상피조직은 몸의 표면뿐만 아니라 내부기관의 표면도 덮는다. 몸의 표면을 덮는 경우를 특별히 표피라고 부른다. 근육조직이나 신경조직은 근세포나 신경세포들의 모임이다.

그러면 결합조직은 '결합세포'의 모임이냐 하면 그런 세포는 없다. 결합조직은 다른 조직들 사이에서 조직끼리 결합시키는 역할을 하기 때문에 결합조직이라고 한다. 예를 들면 표피(체표의 상피조직)와 그 안쪽에 있는 근육조직을 결합하는 것이 진피라는 결합조직(피부는 표피와 진피를 합쳐서 부르는 이름)이다. 다른 예로는 힘줄(근육과 뼈를 연결하는 끈), 인대(뼈와 뼈를 연결하는 끈), 연골 등이 있다.

보통의 조직에는 세포가 가득 차있지만 결합조직 내부에는 세포와 세포 사이가 넓게 뚫려 있으며, 그 사이를 세포가 분비한 세포외기질이 채우고 있다. 세포외기질 사이에 세포가 드문드문 있는 것이 결합조직이다. 세포외기질의 주요 성분은 단백질과 글리코사미노글리칸이라는 고분자 다당류이다. 단백질은 콜라겐이나 엘라스틴 등으로, 섬유 모양이다. 글리코사미노글리칸으로는 히알루론산이나 콘드로이틴황산 등의 고분자를 들 수 있다. 이런 단어를 피부에 좋다는 화장품이나 관절에 효과가 있다는 약 광고에서 들어본 적이 있을 것이다. 피부나 관절연골의 주요 성분이 이 분자들이다.

글리코사미노글리칸 분자의 대부분은 마이너스 전하를 가지고 있으며, 그 전하의 주위에 물을 끌어당긴다. 물을 달라붙게 하려고 분자가 퍼져서 대량의 물을 포함하는 겔(하이드로젤) 상태가 된다. 이것은 물을 흡수한 종이기저귀와 똑같은 상태이다(종이기저귀의 고흡수성 폴리머 역시 마이너스 전하를 가진 고분자이다). 종이기저귀를 누르면 말랑말랑한 것처럼 결합조직의 겔도 탄력성이 있다. 연골은 이와 같은 겔이 대부분을 차지하는데, 이것이 뼈와 뼈를 미끄러지기 쉽게 하는 것과 더불어 쿠션 역할도 한다.

이상은 연골의 예이지만 같은 결합조직인 진피나 인대에서는, 이 겔 속에 상당한 양의 콜라겐 섬유가 더해진다(연골에도 콜라겐은 포함되어 있다). 콜라겐 섬유는 강인하기 때문에 진피에서는 이것이 3차원적으로 짜 맞춰져 두꺼운 시트가 되어 몸을 덮고, 인대나 힘줄에서는 한 방향으로 늘어서 끈이 되어 근육을 당기거나 다양한 하중에 저항해서 몸을 지탱한다.

진피나 인대는 글리코사미노글리칸의 겔이라는 부드러운 기질 속에 단단한 콜라겐 섬유가 채워져 있는데, 이것은 섬유강화복합재료로 간주할 수 있다. 흔히 볼 수 있는 섬유강화복합재료에는 FRP(섬유강화플라스틱)가 있다. 비교적 부드러운 플라스틱 기질 속에 유리섬유나 탄소섬유라는 단단한 극세섬유를 다수 채운 것으로 기질이 압축에, 섬유가 잡아당기는 힘에 저항한다. 가는 섬유와 섬유 사이에 부드러운 기질이 들어있어서 섬유에서 섬유로 균열이 전해지는 것을 방지하는 가볍고 강인한 재료이기 때문에 소형 보트 등에 많이 사용된다.

척추동물의 경우, 뼈에도 다량의 콜라겐 섬유가 포함되어 있어서 뼈도 섬유강화복합재료로 간주할 수 있다. 뼈는 말하자면 철근콘크리트로 철근에 해당하는 것이 콜라겐 섬유이고, 콘크리트가 인산칼슘이다.

콜라겐은 동물의 몸을 구성하는 단백질 중 가장 양이 많다. 인간의 경우 콜라겐은 전체 단백질의 3분의 1을 차지한다.

성게의 가시

캐치결합조직이 실제로 어떻게 사용되는지를 살펴보자.

먼저 성게는 일본에서 바다의 밤[海栗]이라고도 한다. 뾰족한 가시투성이 껍데기는 밤송이를 쏙 빼닮았다. 다만 성게의 가시와 밤송이의 가시는 조금 다르다. 밤송이 가시는 선 채로 있다. 그런데 성게는 가시와 껍데기 사이가 관절로 되어 있어서 움직인다. 성게 껍데기에는 작은 돌기 모양의 부푼 곳이 있으며, 가시는 이 위에 올라가 있다(그림 5-4). 가시의 뿌리와 돌기 사이가 관절로 되어 있고 관절부에는 근육이 있다. 근육의 상단은 가시의 뿌리에, 하단은 돌기 뿌리의 껍데기에 부착되어 있으며, 근육이 수축하면 가시는 그 방향으로 쓰러진다. 근육은 가시의 뿌리를

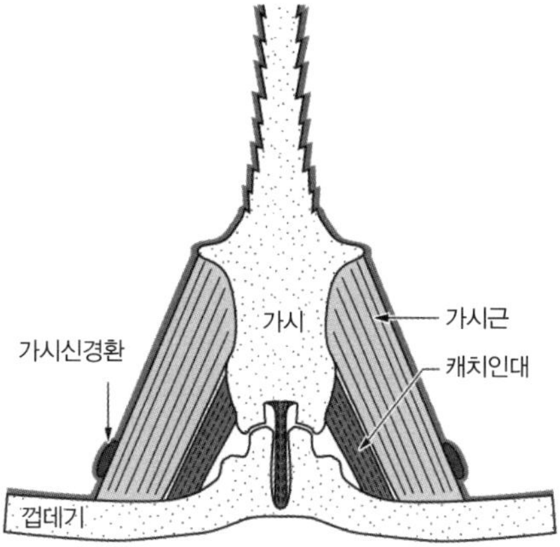

그림 5-4 성게 가시의 관절 흰줄긴극성게 관절부의 단면도. 신경환에서 가시근과 캐치인대로 신경이 들어가 있다.

빙 둘러싸고 배치되어 있기 때문에, 성게는 가시를 360도 어느 방향으로든 쓰러뜨릴 수 있다. 쓰러뜨리는 범위도 넓다. 수직으로 선 상태부터 완전히 쓰러져 껍데기에 붙는 상태까지 임의의 각도로 쓰러뜨릴 수 있다.

근육층은 가시의 뿌리를 원추형으로 둘러싸고 가시와 껍데기를 연결하는데, 사실은 관절층의 더욱 안쪽에 원추형으로 관절을 둘러싸고 가시와 껍데기를 연결하는 또 하나의 조직이 있다. 이것이 캐치인대이다. 이것은 캐치결합조직의 일종이며 이것을 단단하게 함으로써 가시가 어떤 각도로 기울어져 있어도 그 각도에서 가시가 움직이지 않도록 고정할 수 있다. 이렇게 되면 손가락으로 가시를 눌러도 꿈쩍도 하지 않는다. 힘을 더 줘서 움직이려고 하면 인대가 찢어진다.

성게는 낮에 바위굴에 들어가 숨어 있는 경우가 많은데 그때에는 구멍 입구를 향해 가시를 모아 빈틈없는 태세를 취하고, 나머지 가시를 암벽에 대고 버티는 것처럼 펼쳐서 몸을 고정한다. 이렇게 하면 구멍 밖에서 공격하기 어려우며, 만약 물고기가 가시를 물고 당기려고 해도 가시를 암벽에 대고 완강히 버틸 수 있다. 버티기 어렵더라도 가시를 펼치고 있는 한 좁은 구멍 입구에 걸려 통과할 수 없기 때문에 끌려 나갈 걱정은 없다. 이렇게 창을 빽빽이 겨누는 것이나 계속 버티기 자세를 유지하도록 하는 것이 캐치인대이다. 밤이 되어 성게가 식사하러 나갈 때는 캐치인대를 부드럽게 해서 버티는 상태를 해제한 다음, 좁은 구멍 입구를 빠져나간다.

근육과 캐치인대의 협동작업

가시 하나에 손을 대면 그 가시는 우뚝 서서 적의 습격에 대비한다. 가시의 캐치인대가 단단해져서 선 자세를 유지하는 것이다. 만져진 가시뿐만 아니라 주위의 가시도 반응한다. 주위의 가시는 만져진 가시 방향으로 쓰러져, 그 부근의 표면을 덮어서 보호한다. 이때 쓰러진 가시의 캐치인대는 일단 부드러워져, 근육이 가시를 쓰러뜨리는 운동에 방해가 되지 않도록 한다. 근육의 수축과 캐치인대의 경도 변화는 서로 협조하며, 그 협력은 신경에 의해 제어된다.

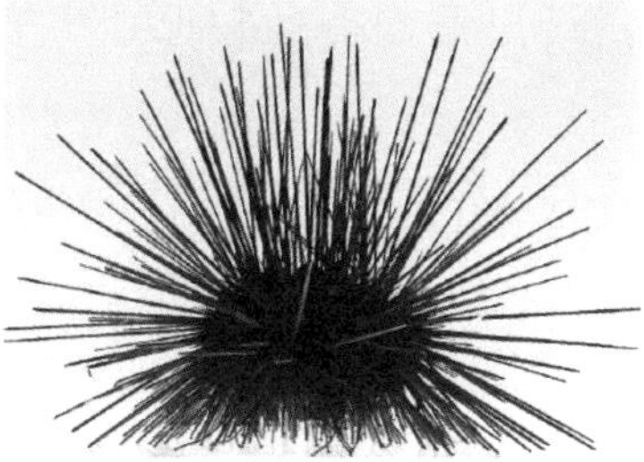

그림 5-5 흰줄긴극성게 옆에서 본 사진.

신경 제어를 매우 명확하게 알 수 있는 예가 있다. 흰줄긴극성게의 음영반응이다. 흰줄긴극성게는 산호초를 비롯해 따뜻한 바다에 많이 있는 시커먼 성게로, 가늘고 매우 긴 가시를 빽빽하게 세워서 몸을 보호하고 있어서 가시에 찔리면 매우 아프다.

흰줄긴극성게는 몸 위에 그림자가 지면 가시를 격렬하게 흔들어 움직인다. 이것은 포식자에 대한 반응이다. 흰줄긴극성게는 가시 덕분에 매우 안전하기는 하지만 역시 적은 있다. 흰줄긴극성게의 약점은 입 쪽의 면이다. 이곳은 길고 뾰족한 가시로 덮여 있지 않다. 배주름쥐치 등 대형 물고기는 흰줄긴극성게의 가시 끝을 물고 위쪽으로 헤엄쳐 올라간 다음에 그것을 놓는다. 흰줄긴극성게는 떨어져서 착지하는데, 불행하게도 입 쪽이 위가 되면 물고기가 재빨리 입 주위에 달려들어 문 다음, 껍데기를 벌려서 알맹이를 꺼내 먹는다. 그것을 방지하기 위해 흰줄긴극성게는 가시를 빠르게 흔들어 움직인다. 이렇게 하면 잘 물리지 않는다. 위에서 물고기가 덮칠 때는 그림자가 먼저 껍데기 위에 지기 때문에 그것을 느끼면 가시를 흔들어 움직인다. 이것은 음영반응으로, 방사신경을 통한 반사이다.

음영반응 시에는 캐치인대가 부드러워진다. 실험에서 방사신경에 전기 자극을 주면 음영반응 때와 같이 가시를 흔드는 운동이 일어나고 캐치인대도 부드러워진다. 신경의 지배를 받아서 적절하게 경도를 변화시키는 것이 캐치결합조직의 큰 특징이다.

성게 껍데기

성게 껍데기는 우리 인간의 두개골과 똑같이 만들어져 있다. 비슷한 점은 ① 얇은 뼈로 된 '타일'을 나란히 깔아 공 모양의 알맹이를 덮어서 보호한다는 점, ② 인접한 타일의 접합면은 들쭉날쭉한 봉합선을 이루고 있어 손가락이 맞물리는 것처럼 단단히 짜여 있다는 점, ③ 봉합선 부분에서 결합조직의 '끈'에 의해 타일이 서로 결합하여 연결되었다는 점이다.

성게가 두개골과 다른 점은 결합시키는 이 끈이 캐치결합조직이라서 경도가 변화한다는 것이다. 평소에는 끈이 단단하고 골편끼리 서로 튼튼하게 결합되어서 미동도 하지 않지만, 껍데기가 성장할 때는 끈이 부드럽고 늘어나기 쉬운 상태가 되어서 연결부가 느슨해지기 때문에 골편 사이에 틈새를 만드는 것이 가능하다. 성게는 그 공간을 이용하여 골편을 성장시키거나 새로운 골편을 추가함으로써 껍데기를 성장시킨다.

성장하지 않을 때 성게 껍데기는 단단하고 변형되지 않는다. 그런데 평소에도 껍데기 모양을 바꾸는 성게가 있다. 바로 주머니성게이다. 일본어 이름이 '부드러운 성게'라는 뜻을 지닌 것에서 알 수 있듯이 껍데기가 부드럽다. 이 성게의 골편은 맞물려 있지 않고 마치 기와지붕처럼 일부가 중첩되면서 껍데기를 덮고 있다. 골편끼리는 캐치결합조직과 근육에 의해 결합되어 있으며, 캐치결합조직이 단단해지면 골편끼리 강하게 결합되어 껍데기가 단단해진다(이는 마치 기와가 회반죽으로 굳혀진 오키나와 전통가옥의 지붕 같다). 한편, 캐치결합조직이 부드러워지면 껍데기는 변형이 가능해져, 골편 사이를 연결하는 근육의 수축에 의해 껍데기의 모양을 어느 정도 바꿀 수 있다.

그래서 주머니성게를 사용하여 이런 실험이 가능하다. 비커에 바닷물을 가득 채운 다음, 그 위에 비커의 직경보다 약간 큰 주머니성게를 올려놓는다. 이때 입을 비커의 중앙에 오도록 하여 가장자리에 얹는다. 그러면 성게는 껍데기를 천천히 아래로 부풀게 해서 직경을 작게 만들어, 10분 정도면 비커 안으로 쏙 들어가버린다.

주머니성게는 진화사적으로 오래된 성게이다. 주머니성게에게 있는, 겹쳐진 골편을 캐치결합조직으로 연결한 껍데기는 극피동물의 조상으로부터 내려온 껍데기 디자인을 답습한 것이다. 이 기본형에서 현재 대부분의 성게가 가지고 있는, 즉 골편끼리 봉합선을 이루어 보다 견고하게 결합한 껍데기로 진화했다고 생각된다.

불가사리의 체벽

불가사리의 껍데기는 주머니성게와 마찬가지로 골편끼리 캐치결합조직과 근육으로 연결되어 합쳐진 것이다. 껍데기는 진피층에 묻혀 있으며 불가사리에 따라서는 진피층이 꽤 두꺼운 경우도 있다. 이 진피층도 캐치결합조직이다. 껍데기의 골편끼리 연결되는 방법은 다양한데, 주머니성게처럼 기와 모양으로 일부가 서로 겹치거나 깐돌 모양으로 틈새 없이 깔린 골편이 체표를 푹 덮는 것 외에, 막대 모양이나 다각형의 골편 끝끼리 연결된 바구니 모양으로 골격을 만드는 것도 있다. 바구니 모양에서는 골편 사이, 즉 바구니의 이음매 부분에 상당한 틈새가 발생하는데 그곳을 진피가 채우고 있다.

작은 골편이 서로 근육으로 연결된 골격을 갖고 있다는 사실은 골편의 이음매마다 관절이 있다는 것을 의미한다. 즉, 몸이 관절투성이라는 것이다. 덕분에 불가사리는 몸을 상당히 자유롭게 변형할 수 있다.

이것은 조금 의외일지도 모른다. 살아 있는 불가사리를 만져본 경험이 있다면 불가사리의 몸은 아주 단단하여 전혀 변형될 것 같지 않다고 느꼈을 것이다. 그것은 불가사리가 캐치결합조직을 단단하게 해서 몸을 보호하는 상태에 들어갔기 때문이다.

불가사리가 부드럽게 변형하는 것을 보고 싶다면 불가사리를 뒤집으면 된다. 뒤집히면 잠시 후에 불가사리는 좌우로 뻗은 팔을 비틀어 관족을 땅에 붙여서 몸을 끌어 올리듯이 일으키거나, 하나

그림 5-6 깐돌 모양의 골격계(푸른불가사리의 팔)
팔의 횡단면. 골편이 체표 부근에 틈새 없이 늘어서 깐돌 모양으로 골격을 이루고 있으며 그 아래에는 두꺼운 결합조직층이 있다. 오른쪽 아래는 연체부를 제거하고 표면에서 골격을 본 것이다.

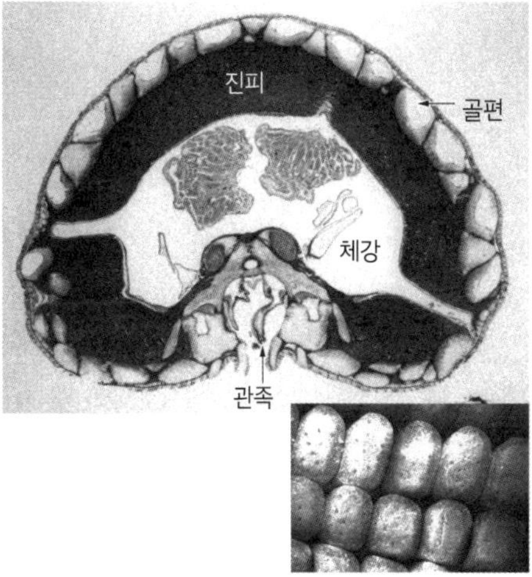

의 팔을 휘둘러 뒤로 구르듯이 휙 회전하거나, 모든 팔을 올려 튤립 모양으로 자세를 취한 다음 옆으로 휙 눕거나 해서 고쳐 앉는다. 불가사리에 따라 일어나는 방법에 자신 있는 유형이 있지만, 하나같이 놀랄 만큼 몸을 부드럽게 구부려 뒤집는다.

불가사리의 몸이 크게 변형하는 모습은 이매패를 먹을 때도 볼 수 있다. 불가사리는 중앙의 본체를 높이 들어올려(몸을 단면으로 보면 Ω 모양으로 하여) 조개 위에 올라탄다. 그 모양으로 캐치결합조직을 강화시켜 몸을 매우 단단하게 한다. 이렇게 하는 이유는 관족을 수축시켜 힘으로 껍데기를 열기 위해 필요한 견고한 발판을 마련하기 위해서이다(몸이 부드러운 채로 있으면 아무리 관족을 수축해도 오히려 자신의 몸이 변형되어서 조개에 힘이 가해지지 않는다). 그 다음에 관족을 사용하여 조개의 경첩(관절로 된 이음매)을 아래로, 껍데기의 개구부를 위로 향하도록 한다. 즉, 불가사리의 입 바로 아래에 조개껍데기의 개구부가 오도록 조개의 위치를 정돈한다. 그런 다음, 다수의 관족을 조개껍데기에 강하게 부착시켜 그것을 오므려 껍데기를 비집어 연다.

불가사리의 관족 벽에 있는 결합조직도 캐치결합조직 같아서, 조개를 비집어 열려고 수축시킨 상태에서 관족을 굳혀버리는 것 같다. 관족의 결합조직이 단단해지면 근육을 쉬게 해도 껍데기에 계속 힘을 가할 수 있다. 조개는 조개대로 그 껍데기를 닫는 제동근은 지칠 줄 모르는 동물계 최강의 근육이다. 불가사리 쪽의 캐치결합조직도 피로하지 않고 장시간 비집어 여는 자세를 유지할 수 있기 때문에 공방은 장기전이 된다. 캐치 대 캐치. 몇 시간 동안, 길 때는 며칠 동안이나 싸움이 계속된다. 조개가 지치거나 '방심'해서 껍데기가 약간 열리면, 불가사리는 기회를 놓치지 않고 위를 뒤집어서 입으로 토해내 껍데기의 틈새 안쪽으로 미끄러져 들어가도록 한다. 그리고는 소화액을 분비하여 껍데기 안에서 조개를 녹여 그대로 흡수해버린다.

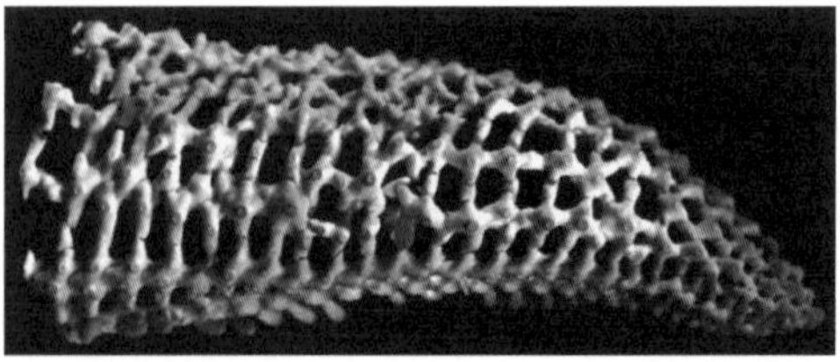

그림 5-7 그물코 모양의 골격계(아무르불가사리 동류의 팔)
연체부를 제거하고 옆에서 본 것이다.

불가사리의 독

캐치결합조직이 단단해지면 불가사리 껍데기는 단단해진다. 다만 불가사리는 성게에 비해 가시가 길지 않으며 껍데기 골편 사이에 틈이 있는 경우도 많기 때문에 방어상으로는 어쩐지 조금 불안하다. 그런데도 조개를 비집어 열 때에는 그늘도 없는 장소에서 장시간을 꼼짝 않고 멈춰 서 있다. 그것이 가능한 이유로는 불가사리가 몸에 독을 가지고 있다는 사실도 있다. 그 독은 사포닌이라는 화합물의 일종으로 세포막을 파괴하는 작용을 하는데, 특히 물고기에게 강한 독으로 작용한다. 사포닌은 많은 식물에 포함되어 있다. 인삼의 유효성분이나 가래를 삭이는 약의 성분이기도 하다. 사포닌은 그동안 식물에게만 있다고 여겨져왔지만, 일본인 연구자를 통해 불가사리나 해삼에도 존재한다는 사실이 밝혀졌다.

해삼의 체벽

그림 5-8은 해삼의 횡단면이다. 대롱같이 한가운데가 뚫린 것처럼 보이지만, 구멍 부분은 체액으로 가득 찬 체강이다. 속에 장이나 생식둥지가 떠 있다(그림에서는 제거되었다). 대롱의 몸 부분이 두꺼운 피부 즉 진피층이며 여기가 캐치결합조직 부분이다. 불가사리의 단면(그림 5-6)과 비교하면 분명하게 드러나는데 해삼에게는 껍데기가 없다. 골편은 0.1밀리미터 정도의 크기로 진피

를 비롯한 체내의 여러 곳에 산재해 있다. 껍데기를 잃고 길쭉한 모양이 된 것은 해삼의 조상이 한때 모래에 숨어들었기 때문일 것이라는 설이 있다고 앞에서 언급한 바 있다.

해삼은 껍데기를 잃은 대신 체벽을 매우 두껍게 해서 몸을 보호하는데, 작아진 골편에도 그 나름의 역할이 있다. 골편은 타이어 속 탄소가루 같은 역할을 담당한다. 타이어가 검은색인 이유는 미세한 탄소 입자가 고무 속에 섞여 있기 때문이다. 탄소 미립자는 단단하다. 고무만 있으면 부드럽고 마모되기 쉽지만, 탄소분말을 혼합하면 단단해져 잘 마모되지 않는다. 그것과 마찬가지로 해삼은 진피에 단단하고 미세한 골편을 섞어 껍데기를 단단하게 해서 잘 마모되지 않게 만든다.

껍데기의 경도 변화

해삼 껍데기는 진피층이 두꺼워서 실험을 위한 시료를 많이 얻을 수 있기 때문에 필자 또한 연구에 애용해왔다(껍데기를 일부 잘라낸 해삼도 바다에 놔주면 잃어버린 부분을 재생해 삶을 이어간다. 살생하지 않아도 된다는 것 또한 해삼을 애용하는 이유이다). 사각해삼*, 흰발검정해삼*, 밤색해삼* 등 오키나와의 산호초에 많이 있는 해삼들에게 신세를 졌다. 특히 신세를 많이 진 것은 사각해삼이다. 사각해삼은 필자에게 해삼 연구를 본격적으로 시작하는 계기를 주기도 했다.

그림 5-8 해삼의 횡단면(밤색해삼*)
두꺼운 진피(결합조직층)가 체벽의 대부분을 차지하며 중앙은 체강(속의 장기는 제거하였다)이다. 주요한 근육은 체강과 진피의 경계에 있는 환상근과 종주근뿐이다. 오른쪽 위의 그림은 체벽 속의 골편(흰발검정해삼*, 폭은 약 0.1밀리미터)이다.

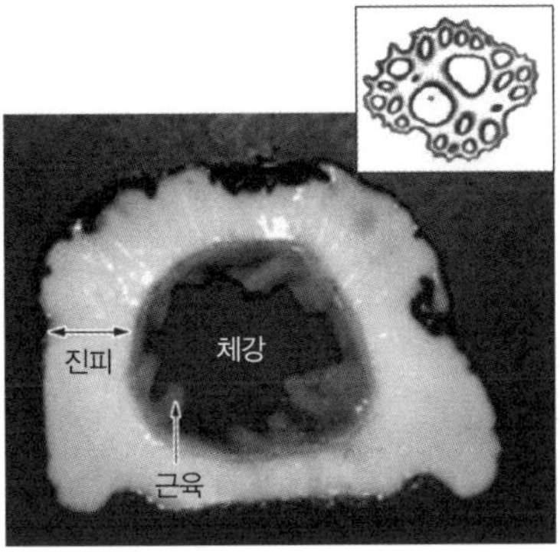

사각해삼에 손을 대면 갑자기 껍데기를 단단하게 해서 몸을 보호한다. 이 단단해진 해삼을 양손에 잡고 1분 정도 바싹 당기고 있으면 신기하게도 해삼이 녹기 시작한다. 껍데기가 흐물흐물 녹아서 흘러내린다. 오키나와에 부임하자마자 '해변에 사각해삼이 무지 많구나!'하고 너무 기뻐서 날뛰며 해삼과 장난치던 때의 일이다. '이건 뭐지?' 하는 궁금증에 해삼을 파고들었다.

해삼 껍데기(진피인 결합조직)의 경도를 자세히 살펴보았는데 껍데기는 경도가 다른 세 가지의 상태로 변한다는 사실을 알게 되었다. ① 단단한 상태(손으로 만질 때의 단단한 '방어태세' 상태), ② 표준상태(손으로 만지기 전의 평소 상태), ③ 부드러운 상태(이 상태라면 바싹 당기면 녹는다)이다.

① 단단한 상태의 해삼 껍데기는 단단한 용수철 같은 성질을 보인다. 용수철은 잡아당기면 늘어난 길이에 비례하는 힘을 발생시키는데, 이 상태의 껍데기도 그러해서 잡아당기면 잡아당길

수록 큰 힘으로 저항해서 몸을 보호한다. 외부에서 가해지는 모든 힘에 정확히 대응하는, 이른바 '아주 성실한' 상태가 단단한 상태이다. 단단한 상태는 몸을 보호할 때뿐만 아니라 자세를 유지할 때에도 해당한다.

② 표준상태는 해삼의 평소 상태이다. 언제든지 몸을 단단하게 하는 것이 안전하다고 생각할지 모르지만, 꼭 그렇다고도 말할 수 없다. 이 상태에서는 껍데기를 약간 잡아당겨도 저항하지 않는다. 길이를 10% 이상 바꿀 정도의 큰 힘이 가해지고 나서야 비로소 껍데기는 큰 힘으로 저항한다. 즉, 무엇이든지 곧이곧대로 저항하는 것이 아니라 헐렁한 여유 부분이 있는 것이 이 상태이다. 여유가 있으면 몸을 움직일 때 저항 없이 원활하게 움직일 수 있다. 예를 들면 파도나 모래알 등이 부딪쳐 와도 여유를 통해 몸을 약간 변형시키면 가볍게 받아넘길 수 있다. "버드나무에 바람", "버드나무는 눈에 부러지지 않는다" 전략이다.

③ 부드러운 상태는 단순히 부드러운 상태뿐만 아니라 잡아당기면 잡아당기는 만큼 부드러워지는 성질(변형연화)을 나타낸다. 바싹 당겨진 해삼이 녹는 것은 이 성질이 나타난 것인데 껍데기를 바싹 잡아당기면 점점 부드러워져 결국에는 흐물흐물 녹을 정도로 부드럽게 되어버린다.

해삼이 부드럽게 변할 때

몸을 이와 같이 녹여버리는 성질도 몸을 보호하기 위한 것이다. 해삼은 사포닌의 일종인 홀로수린holothurin을 가지고 있으며 이것은 물고기에게 강한 독으로 작용하기 때문에 물고기에 잡아먹히는 경우는 별로 없지만, 독이 듣지 않는 물고기(복어와 상어 등)도 있다. 이런 물고기에 물려 껍데기가 잡아당겨졌을 때에는 변형연화에 의해 당겨진 부분만 아주 부드러워져서 구멍이 뚫린다. 해삼은 그 구멍으로 창자를 방출한다. 그리고 적이 그것을 먹는 사이에 해삼은 도망간다고 한다. 자절(본체 부분이 살아남기 위해 신체 일부를 스스로 잘라내는 반응)에 캐치결합조직이 관여하는 것이다. 구멍 뚫린 피부는 즉시 회복되며, 창자도 한 달 정도 지나면 재생된다. 해삼은 매우 왕성한 재생 능력을 보이는 동물이다.

해삼에게 물고기보다 강한 적은 대형 고둥과 불가사리이다. 이들에게는 독이 효과가 없다. 사각해삼은 껍데기의 직경이 10센티미터가 넘는 메추라기고둥*이라는 대형 고둥에게 습격당하는 경우가 있다. 메추라기고둥은 외투막을 펼치고 기어 다니다가 해삼을 만나면 외투막을 해삼 위에 뻗어 감싸 안은 다음, 입으로 가져가 통째로 삼킨다. 그때 해삼이 하는 행동이 재미있다. 싸여 있는 부분 즉, 껍데기의 가장 바깥층만 단단하게 하는 것이다. 그리고 그 즉시 안쪽 부분을 굉장히 부드럽게 만든다(대롱의 단면에서 보면, 껍데기의 가장 바깥층이 단단하고 그 바로 안쪽에 아주 부드러운 층이 극히 얇은 근육으로 된 둥근 고리 상태). 그리고 몸을 오그린다. 그러면 단단해진 바깥쪽 껍데기는 버텨서 변형되지 않은 채 내부 전체가 오그라들기 때문에 부드럽게 한 부분에서 바깥쪽의 껍데기가 벗겨져버린다. 그 덕에 해삼은 껍데기만 고둥에게 주고 자신은 쏙 빠져나올 수 있다. 괴한에게 옷을 잡혔을 때, 옷을 벗어버리고 도망가는 방식을 떠올리면 쉽게 이해될 것이다. 해삼은 느릿느릿한 동물이지만 고둥도 마찬가지이고, 둘 다 눈은 발달하지 않았기 때문에 일단 고둥에게서 몸을 떼어놓으면 해삼은 안전해진다.

부드러운 상태는 무성생식 시에도 해당한다. 해삼에는 암컷과 수컷이 있으며 알과 정자를 바닷물에 방출해서 수정하는 유성생식을 한다. 그런데 사각해삼은 유성생식과 무성생식 모두를 한다. 계절에 따라 두 가지의 생식법을 구분하여 쓰는 것 같다. 사각해삼이 무성생식을 할 때에는 먼저 길쭉한 몸에서 정확히 가운데 부분의 껍데기를 아주 부드럽게 만든다. 그리고 머리와 엉덩이가 반대 방향으로 천천히 걸어간다. 그러면 부드러워진 껍데기 부분이 껌처럼 죽 길쭉하게 늘어나다가 결국 잘려서 두 마리가 된다. 앞은 뒤를, 뒤는 앞을 재생하여 몇 달 후에는 이 두 마리가 완전한 해삼이 된다.

이처럼 부드럽게 되는 반응은 적에게 습격당한 비상사태나 무성생식이라는 가끔 있는 사건에서만 일어나는 것은 아니다. 사각해삼은 야간에 바위 사이에 들어가 몸을 숨긴다. 해삼이 바위 틈새의 좁은 입구를 통해서 안으로 들어갈 때 피부를 부드럽게 해서 변형하기 쉽게 만드는 것으로 보인다. 안에 들어가 원래의 모양으로 돌아가 껍데기를 단단하게 하면, 이제 좁은 입구에 걸려서 나갈 수 없기 때문에 강한 파도가 부딪쳐 와도 씻겨나갈 걱정이 없으며, 포식자가 입을 처박아 끌어내려고 해도 끄떡없다.

경도 변화 메커니즘

해삼의 진피를 전자현미경으로 관찰하면 콜라겐 원섬유가 다발이 되어 콜라겐 섬유가 형성되어 있으며 이것이 진피의 주요 구성요소임을 알 수 있다(그림 5-9). 콜라겐 원섬유는 횡단면이 거의 원형으로 직경은 2만분의 1밀리미터 정도이다. 원섬유 곳곳에서 팔이 나와 있으며 옆의 원섬유 사이에 가교를 만들고 있다. 가교의 수를 세어보면 부드러운 상태, 표준상태, 단단한 상태로 경도가 증가함에 따라 가교의 수가 늘어난다. 원섬유끼리 많은 가교로 결합되면 서로 미끄러지지 않아, 껍데기가 변형되지 않으므로 더욱 단

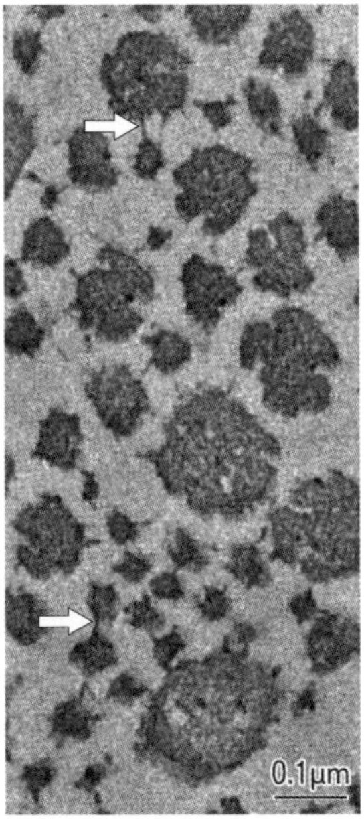

그림 5-9 콜라겐 원섬유의 전자현미경 사진(흰발검정해삼*의 표준상태 체벽) 원섬유의 횡단면이 보인다. 굵기는 고르지 않지만, 원섬유 사이에 가교(화살표)가 보인다.

단해진다. 가교의 수로 세 가지 상태의 경도 차이를 설명할 수 있다.

그러나 세 가지 상태 각각이 나타내는 역학적 성질상의 '개성'에 대해서는 가교 수만으로 설명할 수 없다. 즉, 부드러운 상태가 되었을 때에만 녹는 반응을 보인다거나, 단단한 상태가 되었을 때는 여유를 찾아볼 수 없다는 식의 각 상태 고유의 성질은 가교의 수만으로 설명할 수가 없다.

그래서 전자현미경 사진을 더욱 자세히 살펴보고 부드러운 상태에서 생기는 고유한 변화를 알아냈다. 부드러운 상태에서는 콜라겐 원섬유가 가늘어진다. 콜라겐 원섬유는 보다 가는 콜라겐 실이 평행하게 늘어서 응집된 것이다. 비유적으로 말하면, 보다 가는 실이 풀로 접합되어 원섬유가 된 것 같은 이미지이다. 진피가 부드러운 상태가 되면 이 풀의 접착력이 떨어지고, 그것 때문에 콜라겐 원섬유가 잡아당겨지면 맞붙었던 내부의 실이 미끄러져 나와 원섬유가 가늘어지는 것은 아닐까? 잡아당겨지면 당겨질수록 점점 원섬유가 가늘어져 마지막에는 아주 가는 실이 글리코사미노글리칸의 하이드로젤 속에 뿔뿔이 분산되는 상황이 된다. 이것이 해삼이 녹는 상태라고 생각된다.

이 전자현미경에서 얻은 해석은 생화학상의 지견에도 일치한다. 풀의 본체로 여겨지는 단백질(텐실린tensilin)이나 풀을 벗겨내는 것으로 생각되는 단백질(소프닌softenin)이 해삼의 진피 속에 존재하여 이것들을 추출할 수 있다. 꺼낸 텐실린을 부드러운 상태의 진피에 주면 표준상태로 바뀐다. 즉, 더욱 단단해진다. 이렇게 텐실린이 풀 역할을 한다는 것을 엿볼 수 있는 다음과 같은 실험이 있다. 진피에서 콜라겐을 녹여내면 현미경으로 보일까 말까 하는 가는 실이 다수 뜬 콜라겐 현탁액이 얻어진다. 여기에 텐실린을 넣으면 실은 응집해서 굵고 길어지며 실타래 공처럼 얽힌다. 따라서 텐실린은 실을 접합하는 풀이라고 생각할 수 있다.

이에 반해 소프닌은 표준상태의 진피를 부드러운 상태로 만드는 단백질이다. 앞의 실험에서 텐실린을 넣어 실타래 공 상태로 만든 콜라겐 현탁액에 이 소프닌을 첨가하면 실타래 공이 녹는다. 소프닌은 풀의 효과를 없애는 단백질이다.

위의 실험을 통해서 부드러운 상태의 성질을 설명할 수 있었다. 그렇다면 단단한 상태의 성질은 어떨까? 단단한 상태에서는 이웃한 원섬유 사이의 거리가 짧아진다. 이 관찰 결과는 표준상태에서 단단한 상태가 될 때, 진피에서 물이 빠져나간다는 실험 결과와 일치한다[곤충의 각피가 경화할 때 물이 빠지는데, (54쪽 〈퀴논경화〉 참고) 그것을 연상시키는 반응이다]. 진피에서 물이 대량으로 들어 있는 것은 글리코사미노글리칸의 하이드로젤이기 때문에 이 하이드로젤에서 물이 빠져나가 전체 체적이 줄어 콜라겐 원섬유끼리 보다 가까워지는 것은 아닐까?

그것은 경도를 측정한 결과로도 추측할 수 있다. 여유 부분(표준상태나 부드러운 상태에서 잡아당겨도 그다지 저항하지 않고 쑥 늘어나는 부분)이 작은 힘으로 크게 변형되는 것으로 보아 콜라겐 섬유와 같이 단단한 것이 변형되는 것이 아니라, 보다 부드러운 하이드로젤의 변형을 반영하고 있을 가능성이 높다. 단단한 상태일 때 글리코사미노글리칸의 하이드로젤에서 물이 빠져나가 단단해져서 여유 부분이 없어지는 것이 아닐까 싶다. 아래에 경도 변화 메커니즘의 모식도를 실어두었다(그림 5-10).

캐치결합조직의 신경 지배

흰줄긴극성게의 가시 부분에서도 설명했지만 캐치결합조직의 두드러진 특색은 경도가 신경의 지배를 받는다는 것이다. 흰줄

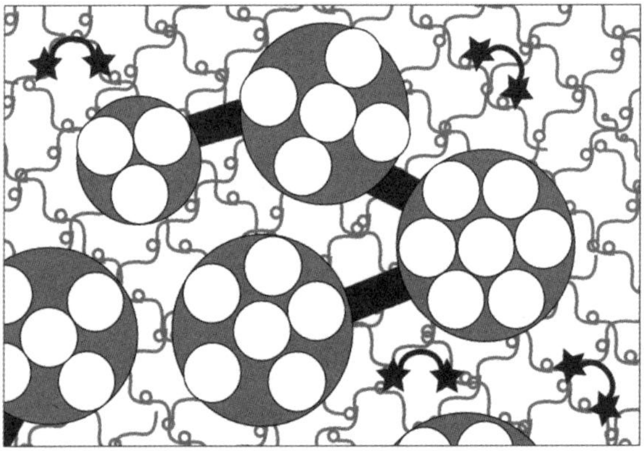

그림 5-10 경도 변화 메커니즘의 모식도 콜라겐 실(흰 공)이 텐실린 풀(흰 원을 묶는 회색 부분)로 접착되어 콜라겐 원섬유가 되며, 원섬유 사이에 가교(굵고 검은 선)가 생겨 콜라겐 섬유가 된다. 콜라겐 섬유는 프로테오글리칸겔(배경에 있는 그물 모양의 것)의 속에 메워져 있으며, 프로테오글리칸 사이에도 가교(양 끝이 별인 곡선)가 있다(이 가교가 생길 때 물이 빠져나간다). 체벽의 경도가 변할 때에는 풀의 접착력과 두 가지 가교의 수가 모두 변한다.

긴극성게와 마찬가지로 해삼도 몸에 그림자가 지면, 껍데기를 단단하게 해서 방어태세를 취한다. 해삼이나 성게 모두 눈이라는 시각 전문 감각기관을 갖고 있지는 않지만, 체표에 분포된 신경이 빛이나 그림자를 느낄 수 있다. 이들 신경은 손으로 만지는 것 같은 물리적인 자극에도 반응한다. 해삼의 체벽에서 해삼 특유의 신경 펩티드가 여러 종류 발견되고 있으며(펩티드는 아미노산이 연결된 것으로 신경 펩티드란 신경세포가 만들어 분비하는 펩티드를 말한다) 다음과 같은 신경 지배 메커니즘이 있는 것 같다.

단단하게 하는 신경이 자극을 받으면 그 말단에서는 아세틸콜린이나 신경 펩티드인 NGIWY 아미드가 분비되어 체벽 속에 존재하는 분비세포에 작용하는데, 그곳에서 단단하게 하는 물질(해삼신규경화인자라는 단백질 등)이 결합조직 속에 방출되어 단단해진다. 다른 신경의 말단에서는 홀로키닌holokinin이라는 신경 펩티드가 분비되어 체벽 속에 존재하는 다른 분비세포에 작용하고, 그곳에서 부드럽게 하는 물질(소프닌)이 결합조직 속에 방출되어 부드러워진다.

캐치결합조직의 에너지 소비량

캐치결합조직에서 눈에 띄는 또 하나의 특징은 단단한 상태를 장시간 유지한다는 사실이다. 캐치결합조직이 지치지 않고 계속 같은 자세를 유지하는 현상을 보고 에너지 소비량이 상당히 적을 것이라고 예상했다. 그래서 에너지를 얼마나 사용하는지 측정해보았다.

에너지 소비량이 가장 적었던 것은 표준상태 때였다. 부드러운 상태에서는 표준상태의 10배에 가까운 에너지를 사용한다. 그러면 단단한 상태에서는 어떨까? 부드러운 상태보다 에너지를 더 사용하지 않을까 상상했지만, 표준상태의 1.5배밖에 사용하지 않았다.

제동근은 힘을 내고 있을 때에도 휴지시의 1.5배의 에너지밖에 사용하지 않았다. 캐치결합조직의 경우에도 1.5배이다. 이것은 우연히 일치한 것이지만, 이 정도로 숫자가 낮은 데에는 의미가 있으리라 생각된다. 일반적인 근육 외에 특별히 자세를 유지하기 위해 전용 장치를 별도로 갖는 것은 동물이나 장치의 종류에 관계없이 그만큼 큰 이점이 있는 것이 아닐까? 즉, 특별한 장치를 만들기 위한 에너지를 투입해도 그것을 상회할 만큼 에너지가 절약된다는 사실을 보여 주는 것은 아닐까?

한편, 부드럽게 되는 데에 표준상태 때 에너지의 10배를 사용한다는 결과는 조금 놀랍다. 그러나 생각해보면 이것도 납득이 간다. 부드러운 상태가 될 때는 적에게 습격당했을 때와 같은 비상사태이며, 그러한 사태는 그렇게 자주 일어나지 않을 뿐 아니라 그 상태로 오래 머무는 경우도 없다. 게다가 이때는 콜라겐 원섬유를 분해하기 때문에 두드러지게 많은 에너지를 사용하는 것도 납득할 수 있다.

근육과의 비교

그런데 가장 알고 싶었던 것은 자세를 유지하는 데 필요한 에너지가 근육과 캐치결합조직에서 얼마나 다른가 하는 것이었다. 그래서 해삼 근육의 에너지 소비량을 측정하여 아까의 결과와 비교했다. 결과는 분명했다. 캐치결합조직이 에너지 소비에서 단연 유리하다는 사실이 밝혀졌다.

유리한 점 ① 근육이 수축한 상태와 캐치결합조직이 단단해진 상태의 에너지 소비량을 비교하면 캐치결합조직은 근육의 10분의 1밖에 에너지를 사용하지 않는다.

유리한 점 ② 자세를 유지하는 것은 어느 정도 크기의 외력에 저항하는 힘을 계속 내는 것이다. 같은 단면적당 어느 정도의 힘에 저항할 수 있는지를 비교하면, 단단해진 캐치결합조직이 근육에 비해 10배나 큰 힘에 저항할 수 있다. 즉, 캐치결합조직을 이용하면 10분의 1의 근육조직 양으로 똑같은 외력에 저항할 수 있다.

①, ②에서 모두 10분의 1이기 때문에 두 결과를 합치면 $\frac{1}{10} \times \frac{1}{10} = \frac{1}{100}$ 이다. 결국 캐치결합조직을 사용하면 같은 일을 근육이 사용하는 에너지의 100분의 1만큼으로 해결할 수 있기 때문에 에너지가 훨씬 절약된다.

유리한 점 ③ 그 밖에도 유리한 점이 또 있다. 근육이 쉬는 상태(수축하지 않은 상태)의 에너지 소비량을 측정했더니 무려 표준 상태인 캐치결합조직의 세 배(단단한 캐치결합조직과 비교해도 두 배)나 에너지를 사용하고 있었다. 근육은 유지하기만 하는 데에도 매우 많은 비용이 든다. 또한 근육은 제작비도 많이 드는 것 같다. 근육은 세포 덩어리인데 결합조직은 세포가 아닌 성분이 대부분이다. 세포라는 정교한 것을 만드는 데에는 세포 외 성분에 비해 제작비가 많이 드는 것이 틀림없다. 그래서 '자세 유지를 위한 근육은 갖지 않는다'고 결정하는 것만으로도 상당한 에너지 절약이 되는 셈이다.

실제로 해삼에게는 근육이 별로 없다. 몸의 단면도(그림 5-8)를 다시 한 번 보자. 대롱 구멍의 가장자리에 색이 조금 변한 부분이 보이는데, 이것이 해삼이 가진 주요 근육이다. 체벽에 있는 근육은 이것뿐이다. 그 밖에 근육이 있는 부분으로 관족과 장이 있는데, 그 양은 많지 않다. 해삼을 해부하여 몸속에서 근육이 차지하는 비율을 측정해보면 몸의 7%이다. 우리 포유류는 근육이 45%(즉, 체중의 절반 가까이가 근육의 무게)이다. 해삼의 근육량은 매우 적다. 그러면 결합조직은 어떤가 하면, 해삼은 60%, 포유류는 14%이다. 즉, 해삼은 껍데기의 진피가 몸의 절반 이상을 차지하고 있어, 껍데기뿐인 생물이라고 할 수 있다.

해삼은 껍데기가 주역이다. 우리 인간은 근육이 주역이다. 인간의 경우 근육이 사용하는 에너지는 전체 에너지의 3분의 2에 달한다. 몸에서 가장 에너지를 많이 사용하는 것이 근육이다. 그것이 적은 해삼은 개체의 에너지 소비량도 적을 것으로 보이는데, 이에 대해서는 뒤에서 이야기하겠다.

극피동물의 특징 5: 저에너지 소비

극피동물은 다른 동물에 비해 극단적으로 에너지 소비가 적다고 알려져 있다. 변온동물(체온이 외부의 온도에 따라 변하는 동물)의 경우, 체중이 동일한 동물끼리 비교해보면 곤충이든 고둥이든 양서류든 어떤 동물이든지 거의 비슷한 정도의 에너지를 사용한다. 그런데 극피동물은 예외적으로 고작 다른 동물의 10분의 1 정도밖에 사용하지 않는다. 항온동물과 비교하면 약 100분의 1이다. 극피동물은 극단적으로 에너지를 사용하지 않는 것이다.

에너지를 그다지 사용하지 않으면 식생활이 변한다

생물은 에너지가 없으면 살 수 없다. 그 에너지를 동물은 음식물에서 얻으며, 먹는 양은 에너지 소비량에 비례한다. 에너지 소비량이 적다는 것은 식사에서 섭취하는 에너지량이 적어도 괜찮다는 것을 의미하고, 그런 생물은 조금밖에 먹지 않아도 살아갈 수 있다. 그런데 그런 소식 생활을 선택하는 대신, 다른 동물과 같은 양을 먹되 영양가가 극히 낮은 먹이를 선택하는 방식도 취할 수 있다. 에너지 필요량이 극단적으로 적은 극피동물은 영양가가 낮아서 다른 동물이 도저히 먹을 수 없는 것도 먹을 수 있다.

그런 방식을 취하는 것이 해삼이다. 해삼은 주변의 모래를 촉수로 몽땅 잡아서 입에 밀어 넣는다. 모래는 광물이어서 영양분이 되지 않는다. 해삼이 영양분으로 삼는 것은 모래알 사이에 들어 있는 유기물(생물의 사체가 분해된 것 등)이나 모래알 표면에 나 있는 생물막(바이오필름)이다. 그렇다 치더라도 먹은 것의 대부분은 단순한 모래알이다. 무게당 포함된 양분의 비율은 매우 적다. 만약 우리가 모래로 영양을 얻으려고 한다면 엄청나게 먹어야 한다. 그렇게 산다고 했을 때 거대한 샌드백 같은 위장을 지닌 채 어기적어기적하다가는 순식간에 포식자에게 잡혀버릴 것이다. 해삼은 섭취 에너지의 양이 극단적으로 적어도 살 수 있는 생물이기 때문에 모래를 적당량만 먹고도 생활할 수 있다.

해삼 천국

해삼은 모래 위에 산다. 모래는 도처에 있고 다른 동물들이 거들떠보지도 않기 때문에 마음껏 먹을 수 있다. 해삼은 먹이 위에 사는 셈이다. 이것은 과자로 만든 집에 사는 것과 같다. 해삼은 넓은 과자 집을 독점하므로 먹을 기회를 놓칠 걱정이 전혀 없다.

그리고 해삼은 캐치결합조직이나 독을 갖추고 있어서 포식자에 대한 걱정도 거의 없다. 즉 도망갈 걱정도, 먹이를 찾아 우왕좌왕할 필요도 없는 것이다. 움직인다고 해도 고작 모래를 먹는 장소를 조금씩 이동하는 정도이다. 그렇기 때문에 근육이 아주 적어도 상관없다. 덕분에 근육이 줄어들어 몸의 대부분은 자신을 보호하는 껍데기이다. 이런 것 따위는 먹어도 영양이 안 되기 때문에 해삼을 노리는 포식자는 줄어들어 해삼은 더욱더 안전해졌다.

먹을 걱정도 없고, 먹힐 걱정도 없다. 이것이 바로 천국이 아닐까? 해삼은 철저하게 에너지를 절약함으로써 지상에 천국을 실현하였다.

다른 극피동물도 유사하다.

바다나리는 포식자가 많은 얕은 바다를 떠나 심해로 이동했다. 심해는 얕은 바다로부터 생물의 유해가 분해되어 떨어지는 장소로 수류의 길목에 진을 치고 있으면 먹이는 끝없이 흘러온다. 캐치결합조직 덕분에 섭식하는 자세는 편하게 계속 유지할 수 있고, 몸은 외골격적 내골격으로 보호되고 있기 때문에 안전하다. 바다나리도 먹을 걱정이나 잡아먹힐 걱정이 없는 천국 생활을 한다.

성게의 먹이는 조류이다. 조류는 햇볕이 잘 드는 여기저기에 자란다. 다만 햇볕이 잘 든다는 것은 활짝 개방되어서 몸도 감추지 못하고 포식자의 눈에 띄기 쉽다는 것을 의미한다. 그리고 조류에서 영양을 얻기 위해서는 고기를 먹는 경우보다 훨씬 많은 양을 먹을 필요가 있다. 결국 조류를 먹기로 했으면 위험한 장소에서 긴 시간 동안 식사를 해야 한다. 성게는 그런 생활에 안성맞춤이다. 훌륭한 껍데기를 가졌으며 캐치결합조직으로 지탱하는 긴 가시가 많다. 이 정도의 방비가 있으면 조류를 차지할 수 있기 때문에 이 또한 먹을 걱정이나 잡아먹힐 걱정이 없는 생활이다.

불가사리도 다른 동물들은 어찌할 도리가 없는 조개라는 먹이를 공략하는 수단을 손에 넣었다. 이매패는 도망가지도 않고 수도 많지만 수고를 들여 비집어 열지 않으면 안 된다. 먹느라 시간을 끄는 사이에 자신이 오히려 포식자에게 당할 우려가 있다. 그런데 불가사리는 캐치결합조직 덕분에 껍데기를 비집어 열 수 있을 뿐 아니라 몸을 보호하는 수단도 있고, 사포닌이라는 독도 있기 때문에 먹을 걱정과 잡아먹힐 걱정이 사라졌다.

극피동물은 조금만 움직인다

동물은 크게 두 종류, 즉 운동지향형 동물과 방어지향형 동물로 나눌 수 있다.

운동지향적인 동물은 다리에 자신이 있다. 대표적으로 척추동물이 그러하다. 사지나 지느러미가 발달했으며 빠르게 움직인다. 또한 발달된 눈을 비롯한 감각기관을 가지고 있기에, 민감하게 먹이의 존재를 느끼고 신속하게 먹이를 향해 다가가 잽싸게 덮친다. 적의 존재도 민감하게 느끼고 재빠르게 도망친다. 이처럼 운동지향적인 동물은 먹이나 적의 존재를 빠르게 느끼게 하는 감각기관과 감각기관이 파악한 정보를 신속하고 정확하게 처리하는 신경계가 발달했다. 다만 몸의 방어 체계는 그다지 발달하지 않았다. 무거운 갑옷으로 몸을 보호하고 있으면 민첩하게 움직일 수 없기 때문이다. 믿을 것이라고는 도망치는 속도밖에 없다. 그런데 빨리 달리려고 근육을 발달시키면 포식자의 눈에는 더욱 맛있는 먹이로 보이기 때문에 불필요하게 표적이 될 걱정도 늘게 된다.

방어지향형 동물은 이와 반대이며, 그런 동물로는 산호·따개비·고착성이 있는 조개가 대표적이다. 이들은 훌륭한 껍데기로 몸을 보호하며 도망치거나 먹이를 찾아다니지 않는다. 그렇기 때문에 운동기관·감각기관·신경계는 발달하지 않았다.

극피동물은 이상의 두 가지 중 어느 쪽에도 속하지 않고 조금만 움직이는 동물이다. 동물에게 이런 특징은 매우 드물다. 캐치결합조직이 부드러울 때 몸은 어느 정도의 유연함을 발휘해서 느릿느릿하지만 운동이 가능하다. 캐치결합조직이 단단해지면 방어지향형 동물에 필적하는 훌륭한 방어 상태를 갖출 수 있다.

운동지향형 동물이 먹이로 삼으려고 할 때 노력과 위험을 동반하기 때문에 도저히 어찌할 도리가 없어 포기하는 먹이(예를 들면 조류나 조개나 산호)가 있다. 그런데 극피동물에게는 훌륭한 방어책이 있기 때문에 여기저기 돌아다니며 그것을 먹을 수 있다. 방어지향적인 동물은 수류를 타고 오는 유기물 입자를 먹거나(따개비나 조개의 경우) 빛을 받거나(산호의 경우) 하는 것에서 알 수 있듯이 맞은편에서 오는 것만 먹이로 할 수밖에 없다. 하지만 이와 달리 극피동물은 느릿느릿해도 움직일 수 있기 때문에 맞은편에서 오지 않는 것이라도 먹이로 삼을 수 있다(다만 먹이는 도망치는 속도가 느린 것에 한한다).

활발하게 움직이는 동물과 전혀 움직이지 않는 동물 사이에서 조금만 움직이는 생활을 하는 것이 극피동물이다. 조금만 움직이면 어떤 동물도 얻을 수 없었던 먹이를 독점할 수 있다. 극피동물은 이른바 '틈새산업'에서 생계를 유지한다. 그들은 다른 것과 경쟁하지 않고 평화롭게 천국의 삶을 실현하는데, 이는 '작은 골편이 캐치결합조직을 통해 하나로 얽어매어진' 희귀한 지지계를 개발한 덕분에 가능했다.

바다나리는 인대가 근육을 대신한다?

바다나리는 줄기로 해저 기반에서 일어서 있다. 이때 줄기를 기반에 고정하는 것이 극모이다(그림 4-3 참조). 이것은 줄기 곳곳에서 돋아난 가는 '가지'로, 약간 구부러져(감아져) 있으며 끝이 뾰족한 손톱 모양이어서 이것으로 바위를 물고 몸을 고정시킨다. 줄기는 동전 모양의 골편이 겹쳐 쌓인 구조인데, 극모도 비슷한 형태로 동전과 동전의 사이는 관절로 이루어져 있으며 인대로 연결되어 있다. 관절 부분에서는 어느 정도 구부러진다(거위 목처럼 구부러지는 전등갈이 구부러진다).

바다나리는 줄기를 수직으로 세우고 팔을 수류 속에 펼쳐서 수류를 타고 오는 유기물 입자를 관족을 뻗어 잡아먹는다. 관족은 물론 관족 속에 있는 근육에 의해 움직인다. 줄기나 극모도 가끔이기는 하지만 움직여 모양을 바꾼다. 이 움직임도 당연히 근육에 의한 것이라고 생각할지도 모르지만, 사실 줄기와 극모에는 근육이 전혀 존재하지 않는다. 그런데도 줄기와 극모는 움직인다. 필자는 이것이 신기해서 바다나리의 동류인 바다술을 이용하여 관절부의 인대를 살펴보았는데, 인대는 경도를 바꿀 뿐만 아니라 수축해서 힘을 낸다는 사실을 알게 되었다.

인대(결합조직)가 수축해서 근육의 역할을 대신한다. 이런 일은 전대미문이다. 놀라운 결과였지만 짐작이 가는 관절이 없는 것도 아니었다. 앞에서 해삼 껍데기가 단단해질 때 조직에서 물이 빠져나간다고 말했다. 물이 빠져나가면 당연히 조직의 체적이 작아진다. 즉 오그라든다. 캐치결합조직의 경도 변화에는 (약간이기는 하지만) 이처럼 수축도 동반된다. 경도 변화 메커니즘을 수축 메커니즘으로도 사용하는 것이다. 바다나리의 인대에선 이 수축 반응이 현저하게 드러나는 것이 아닐까(이 아이디어를 확인하는 실험을 하기 전에 정년을 맞이했다. 안타깝다)?

수축성 결합조직은 줄기나 극모뿐만 아니라 바다나리의 팔에도 보인다. 다만 팔에는 근육도 존재한다. 팔도 동전 모양의 골편이 겹쳐 쌓여서 이루어졌으며 동전들은 관절부에서 서로 인대와 근육 모두에 의해 연결되어 있다. 그런데 이 인대와 근육의 배치가 불가사의하다. 우리 인간의 팔을 살펴보면 근육은 관절의 안쪽과 바깥쪽에 모두 있으며, 팔을 안쪽으로 굽히는 것이 안쪽 근육, 바깥쪽으로 구부리는 것이 바깥쪽 근육으로 길항근이 관절

양쪽에 배치되어 있다(그림 2-4 참고). 그런데 바다나리는 안쪽(입 방향)으로 구부리는 근육밖에 없으며, 보통 바깥쪽으로 구부리는 근육이 있어야 할 위치에는 인대가 있고, 이 인대가 수축하여 팔을 바깥쪽으로 구부린다. 즉, 근육과 인대가 길항하는 것이다. 이렇게 말하면 이매패 껍데기의 경첩을 떠올리는 사람도 있을 것이다. 거기서도 역시 폐각근과 인대가 길항하고 있었다. 그때 조개의 인대는 용수철로만 작용했다. 그런데 바다나리의 팔에서는 인대 자신이 능동적으로 힘을 발생시켜 수축하여 반대쪽에 있는 근육과 길항한다.

바다나리도 계속 같은 장소에 붙어사는 것은 아니고 가끔씩은 장소를 바꾼다(움직이는 것이 불가능하면 물의 흐름이 바뀌어 먹이를 운반해오지 않는 경우에 굶어서 죽음을 기다리는 수밖에 없다). 바다술의 경우, 팔을 사용하여 시속 50센티미터라는 아주 느린 속도로 기어서 바위를 오르기도 한다. 그 모습을 관찰해보면 팔을 바깥쪽으로 구부리면서 지면을 천천히 밀어 몸을 앞으로 전진시킨다. 팔을 바깥쪽으로 구부리게 만드는 것은 인대이다. 즉, 바다술은 기어가는 원동력을 얻기 위해 인대를 사용한다. 그러면 근육은 언제 사용하는가 하면 위험에 처해 뻗은 팔을 재빠르게 안쪽으로 굽혀서 본체를 팔로 덮어 숨을 때이다. 아무래도 빠른 운동에는 근육을, 천천히 움직이는 운동에는 인대를 사용하는 식으로 속도에 따라 구분하는 것처럼 보인다.

두 가지 조직을 같은 장소에 두도록 진화하다

조상 극피동물은 골편 접합부에 근육이 없었던 것 같다. 화석에서 근육의 유무를 직접 알 수는 없지만, 현존하는 극피동물이 경조직 구조에 구멍을 뚫는 방법을 살펴보면, 인대가 결합된 구멍과 근육의 말단이 결합된 구멍은 차이가 있다. 이 원리가 조상의 화석에도 그대로 적용되었다면 골편과 골편을 연결하는 부분에는 근육이 없었으리라고 추측된다. 이런 조상도 섭식자세를 취할 때와 그렇지 않을 때 껍데기나 껍데기에서 뻗은 팔의 자세를 바꾸었던 것이 아닐까 싶다. 그들에게 근육이 없다고 한다면 그 움직임은 인대를 수축시켜서 했다고밖에 생각할 수 없다.

그런 조상이 강력한 포식자의 출현에 대응하여 그때까지의 고착생활에서 조금만 움직이는 생활로 생활방식을 바꾸었다. 그러면서 골편 사이의 결합조직에 덧붙여 새로운 근육을 배치하여 더욱 유연하고 재빠르게 몸을 변형할 수 있도록 했다. 이렇게 관족에 의한 이동 운동을 돕고, 가시의 반응속도를 높이며, 바위구멍 등에 몸을 숨기기 쉽도록 한 것은 아닐까? 결합조직과 근육을 같은 장소에 배치했기 때문에 결합조직은 경도변화에만 기능을 특화하고, 결합조직의 수축 기능은 조상처럼 고착생활을 하는 바다나리를 제외하고는 눈에 띄지 않게 되었다는 것이 내가 상상하는 이야기이다.

그렇다고 치더라도 근육과 결합조직이라는 서로 다른 조직을 같은 장소에 배치하는 데에는 불필요한 비용(에너지)이 든다. 자세를 유지한다는 것은 먼저 그 자세가 될 때까지 몸을 움직여 놓고, 그 위치에서 몸을 부동자세로 유지하는 것이다. 움직이게 하고 움직이지 못하게 하는 두 가지 기능이 필요한데, 보통은 그 두 가지를 근육으로 한다. 그런데 극피동물의 조상은 예외적으로 경도를 바꿀 뿐 아니라 수축도 하는 결합조직으로 두 기능을 실행했다. 즉, 어떤 경우든 한 종류의 조직만으로 움직임과 자세 유지를 실행하며 그것이 일반적인 방식이지만, 포식자에 대한 대책을 세워야 할 때에는 근육과 캐치결합조직이라는 두 가지의 조직을 동일한 장소에 배치하는 이도류二刀流(양손에 칼을 들고 싸우는 일본 검법의 하나로, 성질이 다른 두 종류의 일을 동시에 하는 것, 또는 그런 사람을 가리킨다.—옮긴이) 방식을 극피동물이 채용한 것이다. 결합조직만으로는 수축 속도가 부족해 몸을 보호하지 못한다면 캐치결합조직 따위는 없애고 근육으로 일원화하는 선택지도 있었을 것이다.

이도류가 성립하려면 하나의 조직에 덧붙여 또 다른 조직을 배치하는 데 드는 여분의 에너지 지출을 캐치결합조직의 에너지 절약 효과가 충분히 상쇄할 수 있는 상황이 되어야 한다. 그 상황은 항상 같은 자세를 유지하면서(즉, 캐치결합조직을 활발하게 활동시키며 캐치결합조직의 에너지 절약 효과를 크게 활용하면서) 가끔 움직이는 생활이며 이것이 바로 극피동물의 생활방식이다. 그래서 극피동물에게 캐치결합조직이 발달한 것이다. 이렇게 조금만 움직이는 생활방식을 취하는 동물은 극피동물밖에 없다. 캐치결합조직을 극피동물에게서만 볼 수 있는 데에는 위와 같은 이유가 있다고 생각된다.

극피동물에게는 뇌도 심장도 없다

극피동물에는 뇌가 없다. 그래서 뇌사도 없다. 심장이나 혈관도 없으며 폐도 없고 눈도 없다. 인간의 생사를 판정할 때는 심장의 움직임, 폐의 움직임, 광반사(빛을 쬐면 눈동자가 수축하는 반사로 뇌가 관여한다) 세 가지의 유무를 확인하는데, 이것을 극피동물에 적용하면 아무것도 없다. 극피동물은 애초에 살아 있지 않은 것이다.

우리 척추동물에게는 뇌라는 중추가 있으며 그곳에서 말단으로 명령이 내려간다. 심장이라는 중추에서 말단으로 혈액이 흘러간다. 심장과 뇌라는 중추가 망가지면 죽는다. 그런데 해삼은 반으로 나누면 두 마리가 되며, 팔 하나에서 나머지 팔 모두를 재생하는 불가사리도 있다. 성게는 껍데기를 깨고 내장을 제거해도 껍데기의 파편이 며칠간 굼실굼실 기어 돌아다닌다.

극피동물에게는 중심이 되는 기관이 존재하지 않는다. 섭이·운동·호흡·배설·감각 등 극피동물의 주요 기능을 겸비하는 만능 기관이 관족인데, 이것은 몸 표면 여기저기에 흩어져 있으며 통일된 행동을 하는 것은 아니다. 관족은 원래 수류에 실려 오는 먹이입자를 붙잡는 기관이며 부딪혀온 입자에 반사적으로 반응하면 그것으로 임무가 끝난다. 성게의 가시도 몸 표면에 흩어져 있으며 방어나 운동, 경우에 따라서는 섭이와 호흡, 감각에도 관여하는 '준準만능' 기관이다. 가시는 최대의 기능인 방어에 관해서도 만지면 단단하게 직립하고, 근처의 가시나 껍데기의 표면을 만지면 그곳을 덮도록 쓰러지는 식으로 극히 국소적인 반사만 하면 충분하다.

관족을 사용한 보행은 중추에 의한 통제가 필요할 것이라고 짐작되는 일이다. 그런데 이것도 앞에서 살펴본 바와 같이 신경계를 통하지 않는 단순한 역학적 연계만으로 어떻게든 되는 것 같다. 보행이라고 해도 재빠른 반응이나 빠른 이동속도가 필요 없다면 이것으로 충분하므로, 뇌에서 말초라는 중추 주도의 시스템이 발달할 필요는 없었을 것이다.

산소를 많이 사용하는 기관인 관족이나 가시는 체표 가까이에 있으며, 호흡기관인 관족도 체표 곳곳에 있기 때문에 산소를 분배하는 시스템은 필요 없다. 원래 극피동물은 에너지 소비량이 적기 때문에 산소도 그다지 사용하지 않는다. 몸 내부에 있는 소화기관이나 생식기관에는 그것들이 떠 있는 체강 내의 체액을 뒤섞는 것만으로도 체표를 통해 오는 산소가 충분히 공급된다. 그래서 심장이나 폐가 갖춘 혈관계처럼 중앙에서 말단으로 산소를 공급하는 시스템이 발달할 필요는 없었던 것 같다.

중앙집권이 아니라 지방분권이라는 전략

운동지향형 동물의 경우, 민첩하게 돌아다니기 위해서는 빠른 판단과 몸 전체 근육의 통제된 움직임, 근육과 뇌로 산소와 영양을 신속하게 공급하는 일이 필수적이기 때문에 아무래도 '중앙집권적'인 몸이 된다. 운동지향형 동물은 환경에 맞게 그때그때 '본인의 의지나 신속한 판단에 따라서' 대응하는데, 그러한 행동은 중앙집권적인 체제에서 비롯한다. 이에 반해 움직이지 않는 생물은 일단 장소를 정한 후에는 모든 것을 환경에 맡긴다. 바다나리처럼 기반에 붙어서 살고 바닷물이 먹이를 가져다주는 동물은 먹이입자가 포함된 물이 몸에 닿을 때 닿은 부분의 관족을 활성화하면 되기 때문에 몸의 각 부분이 국소적으로 판단하는 것만으로도 생활이 이루어진다.

그러면 조금만 움직이는 성게의 경우는 어떨까? 성게는 어떤 방향에서 조류藻類 냄새가 흘러오면 그것에 가까운 관족이 자극에 반사적으로 반응하여 냄새의 출처를 향해 걸어간다. 그러면 다른 관족도 이끌려 움직임에 동조하고, 몸 전체가 그 방향으로 향한다. 이렇게 먹이가 손에 들어온다.

독일의 폰 윅스퀼von Uexküll은 성게 가시의 움직임을 연구하여 가시의 뿌리에는 가시를 움직이는 근육과 가시의 자세를 유지하는 근육이 있다고 보고했다. 그렇게 자세를 유지하는 근육이 사실은 근육이 아니라 캐치결합조직이라는 것이 훗날 필자의 스승인 도쿄대학의 다카하시 케이치高橋景一에 의해 밝혀졌다(덧붙이자면 윅스퀼과 다카하시는 조개의 제동근 연구도 했다).

윅스퀼은 명저《생물로부터 본 세계》에서 이렇게 말했다. "개가 걷는 경우, 개가 다리를 움직이는 것이지만, 성게가 걷는 경우에는 다리가 성게를 움직이는 것이다. … (성게의 가시는) 각각이 독립된 반사 개체로 만들어져 있다. … 따라서 이것을 '반사 공화국'이라는 이름으로 부를 수도 있을 것이다."

제1장에서 본 산호나 다음 장에서 다루는 멍게와 같은 고착성 동물은 개체가 모여서 군체를 만드는 경우가 많다. 한군데에 붙어 살거나 완만하게 움직이는 동물에게는 중앙집권형 체제보다 군체성(연합공화국형) 동물이나 극피동물이 취한 지방분권형 체제가 적합하다.

그러면 다음 장에서 연합공화국형 동물인 멍게에 대해 살펴보도록 하자.

해삼 천국

작사·작곡 모토카와 다쓰오

1, 2, 3.
1. 왠 지전 혀알 -수 가 알수 가없 어 요
2. 왠 지전 혀알 -수 가 알수 가없 어 요
3. 곤 란할 건하 -나 도 하나 도없 어 요
4.
그 런 -걱 정전 혀 없 어 요
없 어 요 그 런 걱 정 은
난 에너지절약 챔 피언야 호 모 래먹고사는 우리들의삶 또
모 래씹어먹는 우 리들의삶 이세상의생활같지 않아행복해
모래 를먹 고먹 고 또모 래먹 고먹 고
여기가바 로바 로 해 삼천국 이 라네 여 기 가바 로바 로
여기 가바 로바 로해 삼 파 라다이스라 네

6

멍게와 군체생활

척삭동물문

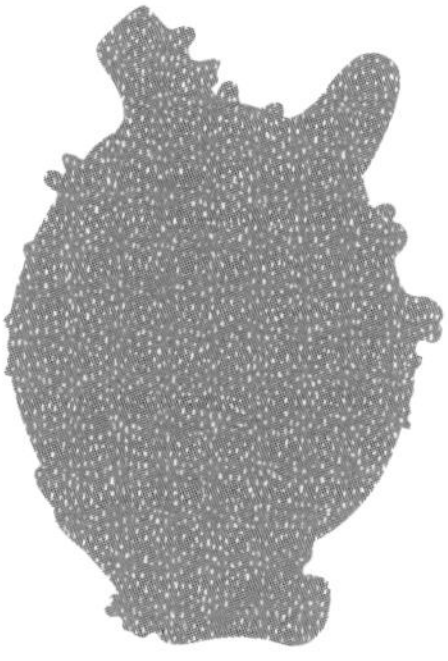

척삭동물문(약 6만 종)

1. 두삭동물아문(창고기, 약 30종)
2. 미삭동물아문(멍게 · 올챙이멍게 · 살파, 약 3,000종)
3. 척추동물아문

드디어 우리 척추동물이 속하는 그룹인 척삭동물문에 착수하기로 한다. 이 가운데는 척추동물 외에 창고기와 멍게의 동류가 있다. 이 장에서는 멍게에 대해 설명하고, 다음 장에서는 척추동물을 다루겠다.

멍게는 우리가 먹기 때문에 친숙할 것이다. 일본에서 먹는 것은 참멍게이다. 이는 대형 멍게로 주먹보다 훨씬 크고, 겉의 붉은 껍데기를 벗기면 오렌지색 알맹이가 나오는데 이것을 초무침으로 만들어 먹는다. 한국에서는 다른 멍게도 먹는 것 같다. 부산의 한 호텔에서 아침식사를 할 때 나온 새빨간 김치에는 작은 멍게가 통째로 들어 있었다.

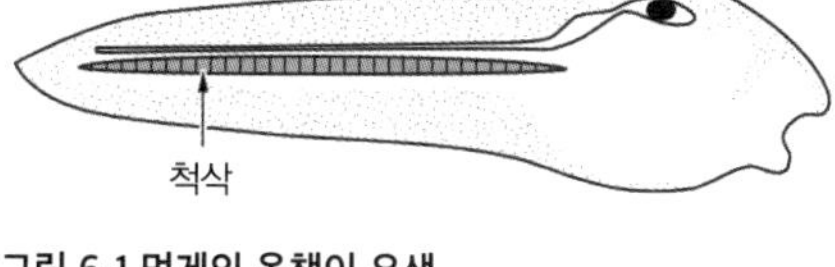

그림 6-1 멍게의 올챙이 유생

멍게는 모두 바다에서만 살며 대부분이 바위에서 고착생활을 한다. 멍게에겐 머리도 꼬리도 없다. 덩어리같이 통통한 몸이 남포등(일본어로 '호야ほや')과 비슷하다고 해서 일본에서는 멍게를 "호야"라고 부른다. 이런 것이 우리 인간과 같은 분류군이라고는 도저히 믿기 어렵다. 그런데 멍게의 유생을 보면, 부모와 전혀 다르게 작은 올챙이를 쏙 빼닮았다. 멍게 유생은 꼬리를 흔들어 수영한다. 이를 보면 그럴 수도 있겠다 싶기도 하다.

척삭동물문에 있는 또 하나의 구성원이 창고기이다. '창고기ナメクジウオ'라는 단어에 '물고기ウオ'라는 말이 들어 있는데, 이름처럼 물고기 모양이라도 하고서 우리의 동류라고 하면 납득이 가겠다. 척삭동물의 조상형에 가장 가까운 것이 창고기이다. 다만 창고기와 척추동물의 유연관계는 멀며, 오히려 멍게가 우리 인간에게 더 가깝다. 그러나 선뜻 그렇게 생각되지 않는 이유는, 멍게가 고착생활에 들어가면서 몸이 척삭동물의 기본형에서 동떨어지게 디자인되었기 때문이다.

창고기는 몸길이가 3~8센티미터이며 약간 분홍빛이 도는 은색으로, 내부기관이 비쳐 보인다. 꼬리를 아래로 내리고 거의 수직으로 몸을 세운 채 모래에 숨어들어 머리만 내놓고 있다. 그 자세로 바닷물을 입으로 빨아들여 아가미로 유기물 입자를 여과해서 잡아먹는다. 척삭동물의 조상은 여과섭식자였는데 이것이 지금의 창고기와 멍게에도 해당된다.

창고기는 남일본 연안의 얕은 모래땅에 살고 있다. 오시마섬

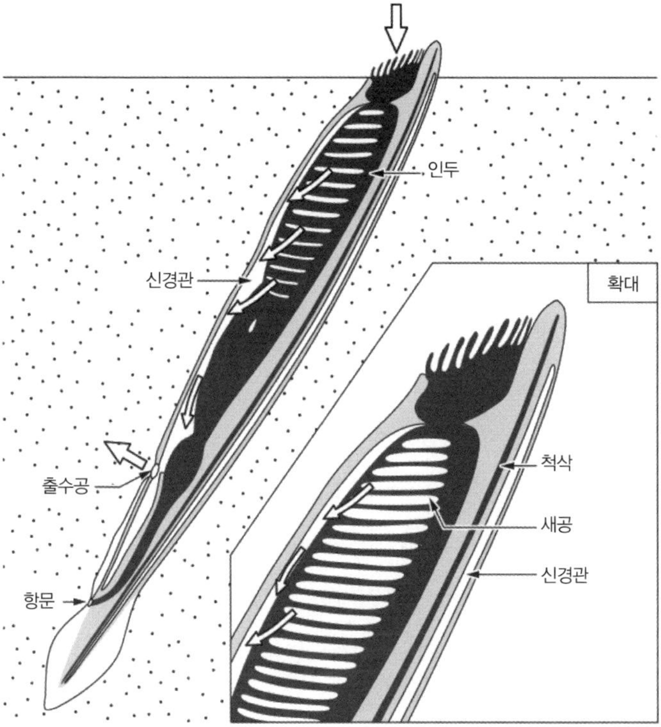

그림 6-2 창고기 모래에 숨어들어 여과섭식을 하는 자세. 오른쪽 아래는 앞부분을 확대한 것이다. 짙게 칠한 부분이 소화관이며 그 앞부분은 길고 큰 인두이다. 인두에는 다수의 새공이 있으며, 여과된 물이 그곳을 통해 위새강으로 흘러나간다(화살표 방향).

(아이치현 가마고리시)과 우류도(히로시마현 미하라시) 두 군데가 서식지이며, 일본의 천연기념물로 지정되었다. 중국 푸젠성의 샤먼에서는 과거에 대량으로 잡아 식용했다고 하며 최근 양식에 성공했다고 한다.

척삭동물에게는 척삭이 있다

멍게, 창고기, 그리고 우리 인간과 같은 척추동물의 공통된 특징은 척삭을 가졌다는 것이다. 척삭은 영어로 '노터코드notochord'로 '노터notos'는 등, '코드chorde'는 악기의 현(모두 그리스어)을 의미한다. 한자어의 '척脊'은 등뼈, '삭索'은 로프를 의미하므로 거의 직역이다.

척삭은 몸의 정중선을 따라 등쪽에 전후로 뻗은 막대 모양의 지지기관(몸을 지탱하는 기관)을 말한다. 이것은 길쭉한 풍선에 물을 빵빵하게 넣은 모양을 상상하면 된다. 물이 담긴 풍선을 잡아당겨 늘리려고 하거나 눌러 찌부러뜨리려고 해도 안에 있는 물의 부피가 일정하기 때문에 가해진 힘에 크게 저항하여 간단히 길이를 바꿀 수 없다. 구부리려고 하면 구부려지지만, 손을 놓으면 쑥 튀어 올라 원래대로 돌아간다. 이런 성질을 가지고 있기 때문에 척삭은 뼈를 대신한다.

척삭동물로 진화하기 전의 조상은 몸이 딱딱하지 않은 연충모양(지렁이 모양) 동물로 외골격이나 내골격 중 어느 것도 가지고 있지 않았던 것으로 추측된다. 그래서 수영을 한다고 해도 길쭉한 몸을 서투르게 좌우로 흔들어 움직일 뿐이었기 때문에, 재빠른 운동은 할 수 없었을 것이다. 그러다가 척삭을 진화시키고 척삭 좌우에 길항근을 배치하여 근육을 교대로 수축시키면서 몸을 효율적으로 좌우로 흔들어서 물을 밀어낼 수 있게 되었다.(그림 6-3). 이 막대 모양의 척삭은 뼈만큼 단단하지 않고 제대로 된

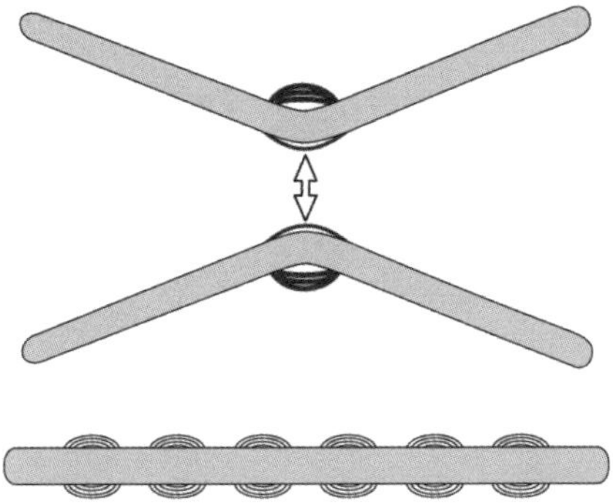

그림 6-3 척삭과 길항근
길항근이 쌍으로 있으면 척삭을 반대되는 두 방향으로 구부릴 수 있다(위). 길항근의 쌍을 다수 배치하여(아래) 차례대로 수축시키면 척삭을 물결 모양으로 움직일 수 있다.

관절을 갖춘 것도 아니지만, 없는 것보다는 훨씬 나아서 길항근이 나름대로 기능할 수 있었다.

창고기는 투명하기 때문에 길항근이 어떻게 배치되어 있는지 알기 쉽다. 척삭 좌우 양쪽에 있는 길항근의 쌍이 전방에서 후방으로 다수 늘어선 것이 투명한 몸을 통해 보인다. 이 길항근 덩어리 한 쌍을 근절筋節이라고 부른다. 근육 덩어리가 차례차례 앞에서 뒤로 늘어선 모습이 마치 대나무의 마디가 줄지은 것처럼 보여 붙여진 이름이다. 창고기의 경우, 근절은 옆에서 보면 일본어 히라가나의 '쿠く' 글자꼴(글자 왼쪽이 머리 쪽)로 구부러져 있으며, 이런 근절 60여 개가 줄지어 있다. 이것을 앞에서부터 차례대로 수축시켜가면 마치 장어처럼 구불거리는 파도를 몸에 일으켜 수영할 수 있다.

우리 척추동물의 경우, 척삭은 발생과정에서 척주로 바뀐다. 척주는 단단한 척추뼈가 관절을 사이에 두고 차례차례 연결되어

기둥 모양으로 된 것이다. 이것이 몸의 앞뒤 방향으로 하나 뻗어 있다. 관절마다 근절이 부착되어 있는데 죽 늘어선 근절이 차례차례로 수축해서 몸을 구부리는 파도를 만드는 것은 척삭과 마찬가지다. 물고기의 껍질을 벗겨보면 W를 회전시킨 모양(W의 열려 있는 쪽이 머리 쪽)의 근절이 몸의 앞에서 뒤로 죽 늘어선 것을 볼 수 있다. 뼈가 없는 동물이 효율적으로 헤엄칠 수 있도록 개발된 것이 척삭이며, 그것을 더욱 업그레이드한 것이 척추뼈로 된 척주이다.

척삭이 운동을 위한 것이라는 사실은 멍게를 보면 알 수 있다. 멍게가 자유롭게 유영하는 유생 때에는 척삭이 있지만, 고착생활을 하는 성체가 되면 척삭은 사라져버린다. 유생은 올챙이 모양을 하고 있으며 꼬리 부분에 척삭이 앞뒤로 관통하고 있다. 그래서 이 종을 미삭동물尾索動物이라고 부른다(이에 반해 창고기는 척삭이 머리 부분까지 뻗어 있기 때문에 두삭동물頭索動物이라고 한다). 멍게 유생은 꼬리를 흔들어 수영한다. 이 유생은 먹이를 섭취하지 않는다. 멍게 유생이 수영하는 것은 먹이를 찾아 돌아다니기 위한 것이 아니다. 그 후의 일생을 보낼 적당한 장소를 찾기 위한 것이다. 유생은 먹이가 풍부하게 흘러오는 장소를 선택하여 바위에 붙고, 거기서 변태하여 성체가 된다. 멍게는 입으로 바위에 들러붙는데, 변태와 더불어 아래를 향하고 있던 입이 이동해서 최종적으로는 바위 반대쪽, 즉 위쪽으로 입을 연다. 꼬리는(그리고 그 안의 척삭도) 변태 과정에서 사라진다.

척삭의 구조

척삭은 이어진 세포가 튼튼한 결합조직으로 이루어진 껍질로 싸여 막대 모양이 된 것이다. 이 구조는 척삭동물 안에 있는 세 그룹에 공통된다. 다만 세포 본연의 모습은 그룹마다 다르다.

멍게에서는 공포화한 세포(즉, 알맹이가 물로만 된 세포)가 앞뒤로 이어지고, 그 표면이 결합조직성 막에 덮여 막대 모양이 되었다. '물이 가득 찬 풍선'이라는 비유가 가장 어울리는 것이 멍게의 척삭이다.

창고기의 척삭은 동전을 겹쳐 쌓아 막대 모양으로 만들고, 그것을 결합조직 막으로 감싸 옆으로 뉘인 것으로 동전 하나하나가 근세포이다. 근세포든 다른 세포든 세포 알맹이는 80%가 물이기 때문에 창고기의 척삭 역시 물이 가득 찬 풍선과 같다고 생각해도 좋다. 동전 모양 근세포는 척삭의 장축 방향(동전의 두께 방향)이 아니라, 그것과 직각 방향으로 수축하도록 되어 있어서 근육이 수축하면 그 부분의 척삭이 가늘어진다. 가늘어지면 그 부분에서 척삭을 구부리기 쉬워진다. 이렇게 해서 관절이 없는 척삭에 관절처럼 휘어지기 쉬운 부분을 만들 수 있게 한 것이 창고기의 기술혁신이다. 척삭으로는 꽤 뛰어난 것이다. 또한 척삭은 내장을 각각의 위치에 매달아두기 편리하게 만드는 막대 역할도 하고 있다.

척추동물 중에는 척삭을 평생 가지고 있는 것(예를 들면, 칠성장어나 철갑상어)도 있지만, 인간을 비롯한 포유류처럼 발생 초기에만 척삭을 가지고 나중에는 척삭이 척추로 바뀌는 것이 많다. 척추동물의 척삭은 튼튼한 결합조직 주머니 안에 다각형 세포가 가득 찬 것이다. 이처럼 척삭이 발생 초기에만 등장하기 때문에 더 이상 아무런 의미도 갖지 않는다고 생각할지도 모르지만 그렇지 않다. 척삭은 유생에게 몸의 기둥이 되며, 주위 조직에 신호 분자를 보내 발생 패턴을 결정하는 중요한 역할을 한다.

멍게(미삭류)의 몸 디자인

멍게는 찻주전자 같은 모양이라고 생각하면 된다. 옆의 그림을 보자. 이것은 멍게의 한쪽 체벽을 제거한 모습인데, 윗부분에 주전자에서 물을 넣는 입(입수공入水孔)이 있고 측면 상부에 차를 따르는 입(출수공出水孔)이 있다(덧붙여 출수공이 있는 측면 쪽을 등, 반대를 복부라고 부른다). 몸의 한가운데에는 거대한 차 여과기(새낭, 아가미바구니)가 의젓하게 자리를 잡고 앉아 있다. 내장은 차 여과기 아래에 가지런히 정리되어 있다. 이 몸을 보면 멍게가 하나의 거대한 여과기라고 해도 납득할 수 있을 것이다.

여과기 디자인은 기본적으로는 창고기와 같기 때문에 먼저 척삭동물의 기본형에 가까운 창고기에 대해 잠깐 언급하겠다. 입으로 삼켜진 바닷물은 긴 인두咽頭를 통과한다. 인두는 구강과 식도 사이의 부분으로, 창고기의 경우 이것이 몸길이의 절반 가까이를 차지한다(그림 6-2). 이 인두라는 길쭉한 관은 또 하나의

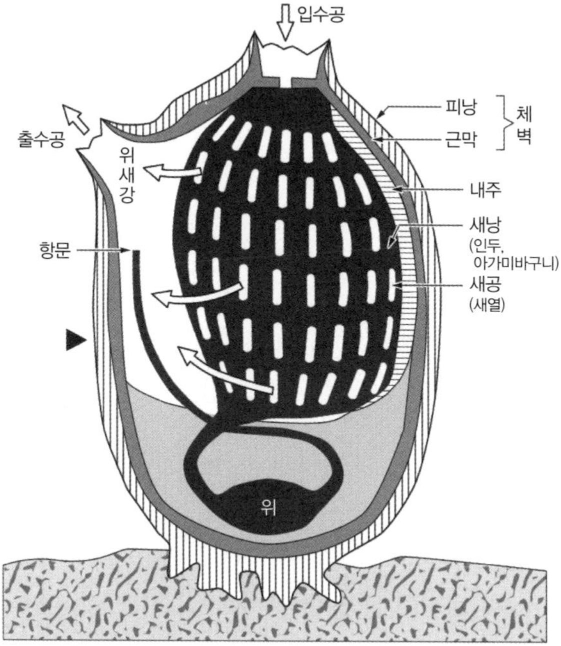

그림 6-4 멍게 전면의 체벽을 제거해서 안이 보이도록 한 모식도. 흰색 화살표는 물의 흐름을 나타낸다.

길쭉한 관(위새강圍鰓腔)에 중첩되어 있다. 인두에는 좁고 기다란 틈이 많이(180개 이상) 나 있으며, 이 좁은 틈을 통해 바닷물이 인두에서 위새강으로 흘러나가, 위새강 안을 지나서 몸 뒤쪽에 있는 출수공에서 체외로 배출된다. 인두는 사실 아가미이며 틈은 아가미에서 갈라진 곳이기 때문에 새열鰓裂이라고 불린다. 아가미는 본래 호흡기관으로 창고기도 바닷물이 아가미를 통과할 때 산소를 체내로 받아들인다. 게다가 창고기는 그 아가미를 여과섭식 기관으로도 이용하는데, 이것은 이매패와 같은 발상이다. 바닷물의 수류를 일으키는 펌프 역할을 하는 것은 측면의 섬모로, 이것은 새열 가장자리를 따라 쭉 나 있다. 이 섬모가 일제히 바닷물을 휘저어, 물을 입에서 인두 안으로 불러들인다. 물은 새열을 통해서 위새강으로 흘러나간 후, 체외로 밀려 나간다.

여기까지는 이매패류와 매우 비슷하지만 수류에서 유기물 입자를 걸러 잡는 필터 부분이 서로 다르다. 이매패는 섬모가 필터 역할을 한다. 그러나 창고기는 점액 시트가 필터이다. 점액은 내주라는 조직에서 분비된다. 점액에 포박된 유기물은 인두에서 식도로 운반된다.

그러면 멍게의 여과기는 어떻게 된 것일까? 창고기의 경우에는 인두가 길쭉한데, 멍게는 인두가 훨씬 굵고 짧아져서 통통한 목구멍만 바위에 달라붙어 있는 것 같다. 입수공에서 들어온 바닷물은 통통한 인두(아가미바구니) 안으로 들어간다. 인두가 아가미바구니라고 불리는 것에서 알 수 있듯이 인두는 거친 대나무 바구니 같다. 물은 이 바구니 그물망에 있는 많은 구멍(새공, 창고기의 새열에 해당한다)을 통해 위새강으로 흘러나간다. 그물망 위에는 점액 시트가 펼쳐져 있기 때문에 물은 이 시트를 통과해서 나가며, 그때 수중의 유기물 입자는 점액에 잡혀 여과된다. 아가미바구니의 바닥은 가느다란 관이 되어 위장으로 이어지므로, 걸러 잡은 입자는 점액과 함께 위장으로 들어간다. 위는 창자로 이어져 마지막에는 항문이 되며, 항문에서 나오는 배설물은 위새강에서 출수공으로 가는 수류 속에 버려진다.

미삭류의 특징 1: 동물성 셀룰로오스

먼저 멍게의 몸을 덮는 체벽부터 살펴보도록 하자. 체벽은 3층으로 되어 있으며 가장 외부에 있는 빳빳한 층이 피낭被囊이다. 피낭은 미삭류 특유의 것이어서 이 종을 피낭류라고도 부른다. 피낭은 영어로 '튜닉tunic'이다. 이는 고대 로마인들이 입었던, 머리부터 뒤집어쓰는 무릎 길이의 옷으로 지금도 여성복 중에 이렇게 불리는 것이 있다.

피낭 아래에는 한층 더 얇은 표피가 있으며 그 아래에 근육층(근막)이 있다. 여기까지가 체벽이다. 근막은 안쪽에 위새강을 덮는 상피와 접한다. 근막은 영어로 '맨틀mantle'인데, 여기에는 망토나 외투라는 뜻도 있다.

맨틀이라는 이름은 조개에도 사용되는데 그때는 외투막을 가리킨다. 조개는 맨틀 밖에 조개껍데기가 있고, 멍게는 맨틀 밖에 피낭이 있다. 피낭은 조개껍데기와 마찬가지로 그 아래의 표피가 만들어낸 외골격인데, 피낭 안에는 다양한 세포가 포함되어 있으며 혈관도 들어 있다. 그래서 조개껍데기나 곤충의 각피와 같이 순수한 외골격이라고는 하기 어렵다. 멍게는 피낭 안에 들어 있는 여러 가지 세포의 작용으로 탈피를 하지 않고도 성장하는데, 이에 따라 피낭도 크게 자랄 수 있다.

피낭의 경도는 종에 따라 매우 다르다. 참멍게의 피낭은 뻣뻣한 가죽과 같다. 꾸러기대추멍게의 피낭은 연골처럼 말랑말랑하다. 우뭇가사리멍게*의 피낭은 그 이름대로 우뭇가사리처럼 흐물흐물하다.

피낭은 튼튼한 섬유로 이루어져 있는데 이 섬유는 바로 셀룰로오스이다. 셀룰로오스는 식물세포의 벽을 만드는 성분으로 식물 특유의 것이라고 여겨져 왔다. 그것이 동물에게도 존재한다. 셀룰로오스는 동물계 전체에서 미삭류에서만 발견된다. 이 동물성 셀룰로오스는(피낭, 즉 튜닉에 있는 것이기 때문에) '투니신tunicin' 이라는 이름이 붙었다.

셀룰로오스는 다수의 글루코오스 분자가 직선 모양으로 연결된 고분자로, 식물은 이 튼튼한 섬유로 세포벽을 만들어 몸을 지탱할 뿐 아니라 세포를 감싸서 보호한다. 셀룰로오스를 소화할 수 있는 동물은 거의 없다. 그래서 셀룰로오스의 튼튼한 벽으로 세포를 감싸버리면 매우 안전하다. 햇볕이 잘 드는 장소에서 움직이지 않고 가만히 포식자나 강풍에 몸을 내맡기는 식물의 생활은 셀룰로오스가 있기 때문에 비로소 성립된다.

멍게도 물이 흐르는 (즉, 그늘지지 않는) 장소에 꼼짝 않고 몸을 드러내놓고 있다. 포식자나 강한 수류에 노출된 상황은 식물과 거의 비슷하다. 그런 환경이 멍게로 하여금 식물과 관계없이 독자적으로 셀룰로오스라는 우수한 재료를 채택하도록 진화시켰다. 로그나선 부분에서 이미 살펴봤듯이, 계통학적으로 완전히 동떨어진 종이라고 하더라도 비슷한 환경에 놓이면 냉혹한 자연선택의 결과로 같은 해결책이 나타나는 것이다.

미삭류의 특징 2: 여과섭식

멍게는 척삭동물의 기본적인 식사법인 여과섭식을 한다. 창고기와 마찬가지로 아가미 펌프로 수류를 일으켜, 그것을 타고 온 플랑크톤 등을 점액으로 모아 먹는다.

바다 속에는 다수의 여과섭식자가 있다. 이미 살펴본 것처럼 이매패류는 섬모로 수류를 일으켜 먹이를 모으며, 바다나리는 수류가 있는 곳에 진을 치고 관족으로 먹이를 사로잡는다. 남극크릴은 가슴에 있는, 미세한 털이 난 여섯 쌍의 다리를 마치 바구니 모양처럼 만들고 수영해서, 그 속에 식물플랑크톤을 여과해서 잡는다. 그리고 그 남극크릴을 바닷물과 함께 후루룩 삼켜서 먹는 것이 수염고래이다. 수영고래는 삼킨 바닷물을 입에 있는 다수의 수염 사이로 내보낼 때 크릴을 여과해서 모은다.

왜 바다에는 여과섭식자가 많은가

바다에 여과섭식자가 많은 이유는 바다 속에 미세한 먹이가 많이 떠돌고 있기 때문이다. 육지에서 생물의 시체는 그 자리에서 썩어가지만, 바다에서는 분해되어 미세한 유기물 입자가 된 채 둥둥 떠다닌다. 박테리아는 그것을 먹이로 해서 늘어난다. 물을 여과해서 입자들을 통째로 붙잡으면 된다.

또한 바다에는 광합성을 하는 생물들이 떠다닌다. 육지 식물은 땅에 뿌리를 내리지만, 바다에서 해저에 고착한 조류라고는 연안의 얕은 곳에 있는 것들뿐이다. 태양광은 물에 흡수되기 때문에 기껏해야 수심 100미터까지밖에 닿지 않는다. 광대한 바다 대부분에서 해수면 가까이에 머무는 식물플랑크톤이 광합성의 주역이다.

식물플랑크톤은 몸이 아주 작은 단세포 생물이다. 몸이 작으면 포식자에게 잡아먹히기 쉽다. 몸을 크게 하려면 아무래도 몸을 지지하는 구조를 갖지 않으면 안 되는데, 그런 구조를 가지면 몸이 무거워져 가라앉는다. 빛이 닿지 않는 깊이로 가라앉으면 끝장이다. 가라앉지 않도록 부낭을 달아 해수면에 떠 있는 방식도 생각할 수 있지만, 해수면은 파도가 거칠고 자외선도 강하다. 비나 한파에도 직접 노출되기 때문에 매우 살기 어려운 환경이다. 몸이 작으면 특히 문제가 되는 것은 표면장력이다. 표면장력으로 해수면에 붙잡히면 꼼짝도 못한다.

따라서 식물플랑크톤에게 살기 좋은 장소는 해수면보다 약간 아래이다. 그래서 식물플랑크톤은 몸의 비중을 해수보다 조금 크게 만들어 가라앉는 힘이 조금씩 항상 작용하도록 해 해수면으로 가지 않게 한다. 또한 가라앉는 속도를 억제하기 위해 몸에서 돌기를 내어 물의 저항을 늘리거나, 편모를 사용하여 수영한다.

사실 이들 단세포 조류는, 식물처럼 딱딱해서 소화할 수 없는 세포벽으로 몸을 감싸고 있지는 않다. 훌륭한 벽을 가지면 아무래도 몸이 무거워져 가라앉기 쉬워지기 때문이다. 그래서 식물플랑크톤은 잡아먹히지 않도록 방어에 에너지를 쏟기보다는 그 에너지를 생식에 할당하여 포식자가 같은 종을 다 잡아먹을 수 없도록 계속 개체 수를 늘려가는 전략을 취했다. 그 결과 바닷속에는 광합성의 주역 다수가 상당히 무방비한 모습으로 떠돌고 있다. 이것을 이용하지 않을 이유가 없다. 또한 바다에는 식물플랑크톤을 잡아먹는 동물플랑크톤도 다수 떠돌고 있는데 이들을 한꺼번에 섭취할 수 있는 방법이 여과섭식이다. 그래서 바다에는 수많은 여과섭식자가 존재한다.

멍게의 여과섭식

269쪽 그림 6-5는 멍게를 아가미바구니 위치에서 둥글게 자른 것이다. 중앙의 넓은 공간을 차지하는 것이 아가미바구니이다. 한가운데 넓은 부분이 입수공과 연결되어 있어서 그곳으로 바닷물이 흘러들어 온다. 아가미바구니는 대오리(그중에서도 폭이 조금 넓고 두께는 얇은 것)로 짠 바구니와 같다. 바구니의 그물망 구멍이 새공으로, 대오리의 얇은 가장자리(즉, 그물망의 가장자리)에는 측면

섬모가 줄지어 있다. 그래서 새공은 측면섬모 대열로 둥글게 둘러싸여 있는 셈이다. 이 섬모가 물을 휘저으면 아가미바구니 속의 물은 새공을 거쳐 아가미바구니를 둘러싼 위새강으로 흘러나간다.

아가미바구니의 복부에 내주內柱라는 기둥이 위에서 아래로 뻗어 있다. 또한 등쪽에는 배막背膜이 역시 위에서 아래로 뻗어 있다.

멍게의 경우, 먹이를 여과해서 잡는 것은 내주의 세포가 분비하는 점액이다. 분비된 점액은 내주의 긴 섬모에 의해 아가미바구니의 안쪽 면을 따라 띠 모양으로 내보내진다. 그림 6-5에서는 생략했지만, 아가미바구니를 짠 대오리의 내표면에도 섬모가 있다. 점액 띠는 섬모에 의해 바구니의 내표면 위를 이동하며, 바구니의 그물망 위를 통과할 때 수류를 타고 오는 유기물을 여과해서 잡아 모은다. 점액 띠는 그렇게 먹이를 계속 모으면서 배막에 다다른다. 배막은 아가미바구니 위에서 아래로 뻗어 있는 벨트 컨베이어라고 생각하면 된다. 벨트 표면에는 섬모가 나 있으며 이것이 먹이입자가 얽힌 점액을 쳐서 위로 보낸다.

내주에서 분비된 점액은 당단백질로 된 아주 촘촘한 그물망 모양으로, 그물코의 크기는 2,000분의 1밀리미터이다. 이 정도로 그물코가 촘촘하기 때문에 플랑크톤이나 박테리아도 여과해서 잡을 수 있다.

또한 점액에는 요오드가 포함되어 있다(그 의미는 알 수 없지만).

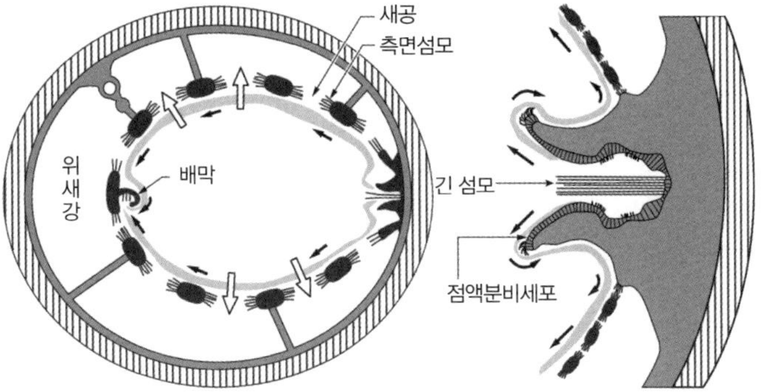

그림 6-5 멍게의 횡단면 그림 6-4의 ▶ 부분에서 자른 모습과 내주부의 확대 그림. 흰 화살표가 수류, 검은 화살표가 점액의 움직임을 나타낸다.

즉, 내주는 인두의 복면腹面에 있는 요오드를 포함한 점액을 분비하는 분비선이다. 이것이 척추동물에서는 기능을 변화시켜 내분비선인 갑상선이 되었다. 갑상선은 요오드를 포함한 호르몬(티록신)을 분비한다.

미삭류의 특징 3: 군체

멍게 가운데는 군체가 되는 종이 다수 있기 때문에 군체가 되는 것을 미삭류의 특징으로 들 수 있을 것 같다. 군체란 무성생식으로 늘어난 개체끼리 몸의 일부가 연결된 것이다. 멍게의 경우, 군체 속의 개충은 같은 피낭 속에 들어가 있으며 개충끼리 혈관으로 연결된 것도 있다.

군체를 만드는 방법

군체를 만드는 방법으로 산호와 마찬가지로 ① 분열과 ② 출아가 있다. 분열은 부모인 개충이 몸을 분할하여 자식 개충이 되는 것이다. 출아는 부모의 몸 일부에서 싹이 나와 자식 개충으로 성장하는 것이다.

① 분열

주름만두멍게는 분열로 늘어난다. 이 개충은 몸길이가 수 밀리미터로 남포 모양의 통통한 부분에서 '꼬리'가 가늘게 뻗어 나와 있다. 통통한 부분에 아가미바구니가 있고, 꼬리에 위장, 생식기관, 심장이 들어 있다.

이 꼬리에 잘록한 부분이 계속 만들어지며 잘록한 부분 하나하나가 개충이 된다. 만들어진 개충은 같은 피낭 안에 들어 있기는 하지만 몸은 완전히 분리되어 있다. 개충들은 모두 부모 옆으로 가려고 몸을 회전시켜 부모 방향을 향하여(꼬리가 부모와 반대 방향이 되도록 해서) 피낭 속을 이동해간다. 도착하면 부모의 출수공 가까이에 각자의 출수공을 바싹 갖다 대서 공동의 배출강을 만들고, 배출강을 중심으로 개충들이 방사상으로 늘어서서 하나의 시스템을 만든다. 큰 군체는 이와 같은 시스템을 여러 개 갖추고 있다.

공동 배출강을 만들 때의 장점은 두 가지이다. 하나는 개충의 입수공 바로 옆에 이웃 개충의 출수공이 위치하면 다른 개충이

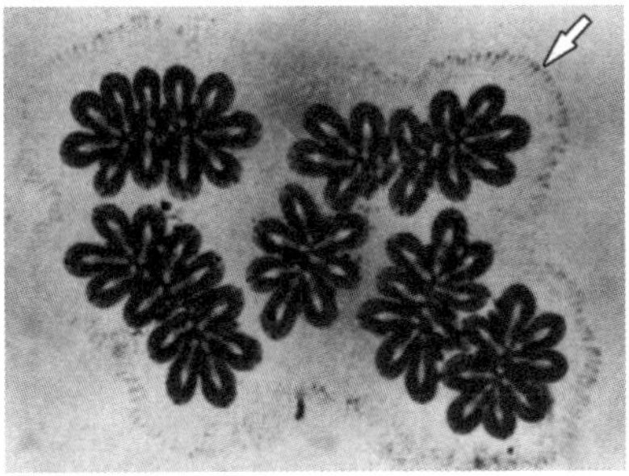

그림 6-6 스크로세르판멍게 군체
쌀알 크기의 개충이 시스템을 만들어 그것들이 같은 피낭에 들어가 군체가 되었다. 화살표는 피낭과 외부와의 경계.

버린 물을 흡입할 우려가 있지만, 공동 배출강을 중심으로 해서 각 개충이 입수공을 그 반대쪽에 배치하면 그런 상황을 막을 수 있다. 또 하나는 공동으로 수류를 만들면 물의 저항이 적어서 배수 유속이 커지고 (베르누이의 정리에 의해) 각 개충에서 물을 빨아내므로 섭식을 위한 수류를 보다 쉽게 일으킬 수 있다.

② 출아

체벽에 부푼 곳(아체)이 생겨, 그것이 자식 개충이 되는 것이 '체벽 출아'이다. 아체는 대부분 바위에 붙어 있는 면에서 생긴다. 투명빗살새공멍게의 경우, 자식은 계속 부모 옆에 한 층으로 늘어서 얇은 판 모양으로 퍼진 군체를 만든다. 여름이면 쌀알 크기의 개충 하나에서 시작해 1개월이면 직경 10센티미터 정도의 군체가 된다.

'줄기'를 사용하여 출아하는 주머니멍게라는 것도 있다. 딸기나 잔디, 접란 등의 식물은 땅을 기는 줄기(포복경)에서 자식 개체가 생기는데, 주머니멍게도 비슷한 방식을 취한다. 포복경에 대응하는 것이 주머니멍게의 아경芽莖이다. 아경은 출아해서 아경 네트워크에 알맹이 모양 개충이 띄엄띄엄 붙는 형태로 군체를 만든다. 아경은 얇은 체벽을 뒤집어쓴 혈관으로 피낭 속 혈관이 밖으로 뻗어 나온 것이라고 생각하면 된다. 혈관 속은 중앙분리대와 같은 격벽으로 분리되어 있어 가는 혈액과 돌아오는 혈액이 섞이지 않도록 되어 있다. 출아가 일어날 때에는 혈구와 격벽 세포가 아경 중간에 모여서 아체가 되고, 그것이 자식으로 자란다.

피낭의 혈관이 관여하는 출아의 다른 방식을 제일판멍게에서 볼 수 있다. 멍게는 개방혈관계로, 혈관 말단이 체내로 열려 있어 혈액이 조직 사이로 흘러나간다. 그러나 피낭의 혈관은 말단이 열려 있지 않고, 조금 부푼 주머니(앰플)로 끝난다. 이 앰플 기부基部에 혈구가 모이고, 그것을 혈관벽의 세포가 둘러싸서 아체가 생기고 자식으로 성장한다.

잡학을 두 가지 추가한다. 먼저 멍게의 심장에 대한 이야기를 해보겠다. 앰플에서 혈관이 끝난다는 말은 혈관이 막다른 골목에 다다랐다는 뜻이기 때문에 이렇게 되면 피가 막혀서 곤란하다고 생각할지도 모른다. 그러나 걱정할 필요는 없다. 멍게의 심장은 정기적으로 뛰는 방향이 역전되어 혈액을 반대로 흐르게 한다. 그래서 막다른 골목이라도 문제가 생기지 않는다. 심장은 관 모양으로, 수축하는 움직임이 관의 끝에서 끝으로 전해져서 속의 혈액을 훑어 밀어낸다. 그 파도가 전해지는 방향이 역전되는 것이다.

덧붙여 앰플에 대해 설명하겠다. 주사약이 담긴 작은 병을 앰플이라고 부르는데, 동물학에서는 일반적으로 액체가 가득 찬 작은 돌기를 앰플이라고 하며 극피동물 부분에서 나왔던 '항아리'라는 말은 앰플을 번역한 것이다. '암포라amphora(고대 그리스의, 양쪽에 손잡이가 달린 항아리)'에서 유래한 단어이다.

군체를 만드는 동물들

다양한 동물군에서 군체를 만드는 것을 볼 수 있다(아래 표).

자포동물문	조초산호, 보석산호, 연산호, 가조*, 작은부레관해파리
곡형동물문	바다우담화
태충동물문	이끼벌레
반삭동물문	익새류
미삭동물	멍게, 살파, 바다술통

자포동물

조초산호는 제1장의 주인공이며 이것은 산호충강 육방산호의 동류이다. 그 친척으로 팔방산호가 있으며 여기에는 보석산호가 포함된다. 보석산호의 군체는 나무 모양인데, 깊은 바다에서 수류가 있는 곳에 진을 치고 유기물이나 플랑크톤을 잡아먹는다.

그림 6-7 연산호

심해에 있으므로 광합성을 하는 갈충조를 체내에 공생시키는 것은 아니다. 그런데도 조초산호와 마찬가지로 키가 크고 표면적이 큰 나무 모양을 하는 이유는 수류에 닿는 면적을 늘려서 더 많은 먹이입자를 모으기 위해서이다. 같은 팔방산호 중에서도 산호초에 사는 연산호(바다버섯*, 바다엉겅퀴)의 군체는 조초산호와 마찬가지로 갈충조를 체내에 공생시킨다. 그것이 '부드러운 산호[軟珊瑚]'라고 불리는 이유는 단단한 골격을 가지고 있지 않기 때문이다. 뼈가 작은 골편으로 되어 있고, 그것이 체내에 산재해 있다는 점은 해삼과 같다. 게다가 몸에 독을 가졌다는 공통점도 있는데, 이는 껍데기를 잃은 대신에 몸을 보호하기 위해 비슷한 대책을 강구했기 때문일 것이다.

자포동물문에는 화충강 외에 히드라충강이나 해파리강도 있다. 폴립밖에 보이지 않는 화충강과는 달리, 이들은 고착성 폴립 세대와 부유성 해파리 세대를 교대하는 세대교번을 보여준다. 군체가 보이는 것은 폴립 세대이다(예외 있음). 해파리는 개체 하나의 크기가 크며, 직경이 1미터 가까이 되는 거물도 있다. 일반적으로 해파리라고 할 때는 주발해파리sea-blubber를 가리킨다. 주발해파리의 폴립은 수 밀리미터에서 수 센티미터 정도의 작은 크기이다. 나무나 날개와 같은 군체를 만드는 것도 있다(예를 들면 가조苛藻*라는 해파리가 있다. 만지면 자포에 찔려 아프며, 조류처럼 생겨서 그런 이름이 붙여졌다).

히드라충 해파리는 주발해파리보다 훨씬 작다. 히드라충에서도 폴립 시기에 군체가 되는 것이 많다. 깃히드라나 두줄깃털히드라 등은 군체가 깃털 펜 모양으로, 펜촉에 해당하는 부분이 고착되어 있다. 군체 중에선 나무 모양도 많다. 산호초를 만드는 산호 중에도 예외적이지만 히드라충의 동류인 자산호stinging coral* 가 있는데 군체 모양으로 나뭇가지 모양, 덩어리 모양, 판을 수직으로 세운 모양 등 몇 가지가 있다. 자산호는 강력한 자포를 가지고 있으므로 요주의 동물이다. 히드라충강에는 관해파리목이라는 종이 있는데, 이것은 군체를 만들어 큰 부유성 해파리가 된다. 예를 들면 작은부레관해파리는 아름다운 푸른색 해파리로, 삿갓과 같은 몸과 수 미터에 달하는 긴 촉수를 가졌다. 촉수에는 강력한 자포가 있는데, 찔리면 감전된 것 같은 충격과 심한 통증이 오기 때문에 전기해파리라고도 불리며 악명이 높다. 삿갓 부분이 가스가 가득 찬 주머니로 되어 있어서 이것을 부낭으로 해서 해면을 떠다닌다. 삿갓에서 수면 아래로 긴 촉수가 여러 개 매달려 있는데, 여기에 닿은 것을 찔러서 잡아먹는다. 제법 큰 물고기도 잡는다. 도저히 군체로는 보이지 않는 작은부레관해파리의 몸은 모양과 기능이 분화한 수많은 개충으로 구성되어 있는

데다가, 개충 사이의 벽은 없앴기 때문에 하나의 개체로 오인되기 쉽다.

곡형동물(내항동물)

방울이끼벌레나 바다우담화의 동류이다. '이끼벌레'란 이름에서 알 수 있듯이 이전에는 뒤에 설명하는 태충동물과 같은 종으로 취급되어, 항문이 열리는 위치가 촉수관 안쪽이면 내항동물, 바깥쪽이면 외항동물로 구별했다. 곡형동물(내항동물) 개충은 아주 작은 와인잔 모양이며 손잡이 부분이 기반에 부착하고 있다. 이 동물은 때때로 손잡이를 굽혀 잔의 본체를 흔드는(마치 머리를 숙이고 끄덕이는 것 같은) 행동을 보인다. 그래서 곡형동물曲形動物이라는 이름이 붙었다. 와인잔 전체의 길이는 1밀리미터 정도이다. 잔 가장자리에는 관처럼 빙 둘러 촉수가 나서 촉수관을 형성한

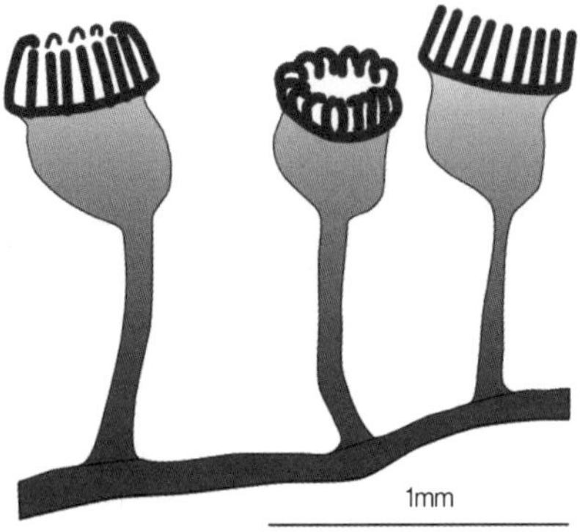

그림 6-8 내항동물

다. 이 촉수에 난 섬모로 수류를 일으키고 촉수가 분비하는 점액으로 유기물 입자나 작은 식물플랑크톤을 여과해서 잡아먹는다. 개충의 손잡이가 갈라져서 군체가 되거나, 해저 기반 위를 기어다니는 주근走根(포복경과 같은 것)에서 개충을 몇 마리 뻗어 군체를 만들기도 한다.

태충동물(외항동물)

개충은 0.5밀리미터 정도로 하나하나가 껍데기 속에 들어 있다. 껍데기는 상자 모양이나 원통형이며 껍데기가 연결되어 군체를 만든다. 이들은 이끼처럼 기반 표면을 얇게 덮는 군체를 만들거나 기반 위에 풀이 무성한 모양 혹은 나무 모양의 군체를 만든다.

껍데기는 외골격이며 키틴 등 유기질로 된 것도 있고, 탄산칼슘으로 된 단단한 것도 있다. 껍데기 천장 부분에 구멍이 있으며(종에 따라서는 거기에 위로 열리는 뚜껑이 있다), 그 구멍에서 촉수관을 뻗는다. 촉수 표면에 난 섬모가 수류를 일으키고, 그것을 타고 온 작은 식물플랑크톤을 잡아먹는다.

반삭동물

장새류와 익새류 등이 반삭동물인데 군체를 만드는 것은 후자이다. 덧붙여서 '반삭'의 '삭'은 척삭의 '삭索'이다. 이 종은 인두의 배면 벽에서 자라나온 구삭口索(구맹관口盲管, 반삭半索)이라는 구조를 가지고 있는데, 이전에는 이것이 척삭에 해당한다고 생각했다. 지금은 이 생각이 지지받지 못하기에 '반삭동물은 척삭을 가지기 때문에 척삭동물의 동류'라고 할 수는 없지만, 새열이 있다는 점 등을 보았을 때 역시 척삭동물과 유연관계라고 간주된다. 척삭동물이나 극피동물도 신구동물에 속하지만 반삭동물은 극피동물에 더 가까운 종인 것 같다.

익새류 개충은 수 밀리미터 정도의 크기로 관을 분비한다. 관은 바위나 죽은 조개껍데기 등 단단한 것에 부착하고, 개충은 그 관 속에 들어가 있다. 각 개충의 관이 연결되어 네트워크 형태의 군체를 형성한다. 개충은 관 끝에서 한 쌍(혹은 여러 쌍)의 팔을 바깥쪽으로 뻗는다. 팔(촉수 팔) 양쪽에는 뿌리에서 끝까지 쏙 내밀고 있는 듯한 모양으로 촉수가 나 있어 전체적으로 보았을 때 날개처럼 보인다. 두 날개를 등에 멘 모습이 마치 천사 같다고 해서 이 동물을 영어로는 '바다의 천사'라고 한다. 일본에서는 실 여러 가닥을 묶어 만드는 '술'을 짊어지는 것처럼 보인다고 해서 '후사카츠기フサカツギ(술이라는 뜻의 '후사フサ'와 어깨나 등에 메거나 진다는 뜻의 '카츠기カツギ'를 합쳐서 만든 말—옮긴이)'라고 한다. 촉수에는 섬모가 나 있으며 이것으로 수류를 일으켜 먹이를 잡는다.

군체성 동물은 몸의 디자인이 단순하다

이상에서 살펴본 군체성 동물은 대부분이 고착성 여과섭식자이다. 군체는 조초산호처럼 직경이 수 미터나 되는 것을 비롯해 어느 정도 크기가 있지만, 개충은 모두 수 밀리미터 정도로 작고, 각각의 개충이 분비하여 만든 외골격 안에 들어가 있다. 감각기관, 근육, 중추신경계 등이 발달되지 않았으며 몸 구조가 매우 간단한 것이 많다. 이것은 한편으로 움직이지 않는 생활에 적응한 결과이다. 또 다른 이유는 여과섭식을 하기 때문에 작고 소화하기 쉬운 입자만 먹어서 소화기관이 단순해도 되기 때문이다. 이유는 더 있다. 여과섭식자이든 광합성에 의존하는 것이든, 군체는 더 많은 먹이나 빛을 얻기 위해 표면적이 커질 수 있도록 몸을 디자인한다. 그 넓은 표면으로 산소를 받아들이거나 배설에 사용할 수 있기 때문에 발달한 호흡기관이나 배설기관도 필요 없다.

이상의 이유로 모든 기관이 단순해도 되기 때문에 공간을 차지하지 않고, 덕분에 개충은 작아도 된다. 개충이 작으면 몸 내부로 산소나 영양을 운반하는 혈관계를 그만큼 발달시킬 필요도 없어져 더욱 작아도 된다. 그리고 작으면 몸에 비해 표면적이 커지기 때문에 체중(살아 있는 조직의 양)당 먹이 획득량이나 산소 공급량도 커져서 몸은 더 작아져도 괜찮다. 군체성 동물에는 작은 부레관해파리처럼 부유성인 것도 조금은 있지만, 이들도 적극적으로 먹이를 찾아 헤엄치는 것이 아니라 우연히 촉수에 걸린 것을 잡아먹기 때문에 개충의 몸 구조가 단순해도 된다는 점에는 변함이 없다.

외골격과 성장의 문제

고착성 군체는 어느 것이나 다 외골격으로 몸이 감싸여 있다. 여기서 상기해야 할 것은 외골격으로 몸이 감싸인 것은 곤충이든 조개이든 몸을 성장시키는 데 어려움을 겪는다는 사실이다. 이 부분을 산호나 이끼벌레는 어떻게 해결할까?

사실 그들은 성장하지 않는다. 군체를 구성하는 개충은 모두 수 밀리미터 정도로 매우 작다. 그 정도 크기로 크는 과정은 성장이라기보다는 발생이라고 할 수 있다. 곤충 역시 그렇게 몸이 작은 단계에서는 탈피하지 않는다. 이처럼 산호나 이끼벌레도 개체 성장은 하지 않는다고 할 수 있다. 그들에게 성장은 군체로서 이루어지는 것이다. 그들은 '외골격이 개체가 성장하는 데 큰 문제를 야기한다면 성장 따위는 하지 않겠다. 대신 개체를 계속 겹쳐 쌓아서 군체로서 성장하면 된다'는 정반대의 발상으로 문제를 해결한 셈이다.

지금까지 이 책에는 외골격으로 몸을 덮는 다양한 동물이 등장했다. 그들이 몸을 크게 성장시키는 방법을 정리하면 다음과 같다. ① 곤충처럼 껍데기를 정기적으로 벗어던져서 커진다. ② 조개처럼 로그나선 모양을 한다. ③ 산호나 이끼벌레처럼 개체로서의 성장은 하지 않는 대신 군체로서 성장한다. ④ 멍게처럼 껍데기(피낭) 속에 살아 있는 세포를 배치하여 그 세포의 작용에 의해 피낭이나 몸도 성장에 맞추어 커간다. 그리고 번외로 ⑤ 극피동물처럼 내골격을 몸 외부에 가장 가까운 곳에 배치한다.

군체는 고착생활에 적합하다

왜 군체성 생물에는 고착생활자가 많을까? 그 이유는 군체가 다음 ①~④처럼 고착생활에 적합한 다양한 이점을 가졌기 때문이다.

① 좋은 서식지를 계속 확보한다

고착생활을 하는 데 서식지는 매우 중요하다. 먹이를 풍부하게 잡을 수 있는 장소를 확보해야 살아갈 수 있다. 수류에 의해 유기물이 계속 운반되는 장소나, 햇볕이 잘 드는 장소는 소중한 재산이다. 일단 그런 장소를 손에 넣으면 가능한 한 오랫동안 그곳에서 서식하는 것이 좋다. 하지만 그렇다고 해도 개체(개충)의 생명에는 아무래도 한계가 있다. 즉, 개체는 금방 죽는다.

그렇기 때문에 군체가 필요하다. 자신은 죽어도 옆에는 자기 분신이 있다. 그래서 죽지 않는다고도 할 수 있다. 즉, 군체가 되어 무성생식을 계속하면 결코 죽지 않기 때문에 좋은 장소를 계속 확보할 수 있다. 물론 군체라고 해도 먹히거나 환경의 변화에 의해 전멸하는 경우도 있다. 그래서 영원히 계속되는 것은 아니지만, 그래도 군체의 수명은 개충의 수명보다 훨씬 길다. 군체가 되면 좋은 장소를 자자손손 전할 수 있다. 더욱이 군체는 옆으로 군체를 성장시킴으로써 점거하는 면적을 계속 넓혀가는 것이 가능하다.

② 커질 수 있다

우리 인간은 어른이 되면 성장이 멈춘다. 성장할 수 있는 몸의 크기에는 한계가 있다. 평생 계속 성장하는 동물도 있지만, 수명이 한정되기 때문에 몸이 계속 커지는 것은 아니다. 그런데 군체라면 개체의 크기를 훨씬 뛰어넘는 크기로 성장할 수 있다. 특히 산호나 이끼벌레처럼 석회질 껍데기를 갖는 동물은 죽은 껍데기 위에서 새끼 개충이 성장할 수 있다. 이처럼 죽어버린 개체도 자손의 몸을 키우는 데에 기여하기 때문에 군체는 점점 더 크게 자란다.

이처럼 '몸이 큰 것'은 고착성 생물에게 큰 도움이 된다. 원래 여과섭식자이든, 조초산호처럼 광합성을 하는 것이든 먹이나 빛을 얻을 수 있는 양은 체표의 면적에 비례하므로 몸은 큰 것이 좋다. 게다가 키가 크면 다른 것들에 가려질 걱정이 없다. 또한 기반에 접하는 물은 멈춰 있다. 물은 기반에서 일정한 거리만큼 떨어지지 않으면 자유롭게 움직일 수 없다. 이렇게 물이 움직이지 않는 층을 경계층이라고 하는데, 키가 큰 여과섭식자는 이 경계층 바깥쪽의, 수류가 더 많은 곳에서 섭식이 가능하다. 게다가 군체가 커져서 다수의 개충이 협동해서 수류를 만들면, 쉽게 수류를 일으킬 수 있다(주름만두멍게의 공동 배출강도 이것의 한 가지 사례이다).

③ 환경에 맞게 모양을 바꿀 수 있다

군체는 커질 수 있을 뿐 아니라 모양을 바꾸기도 쉽다. 산호는 빛이 오는 방향으로 개충을 덧붙여서 군체를 성장시키며, 일정한 방향으로 물이 흐르는 장소에서는 수류에 부러지지 않도록 군체의 가지를 수류의 방향에 따라 뻗는 산호도 있다. 개별적으로 자유롭게 움직이는 단체성單體性 동물은 강한 바람이 불어오면 숨거나 몸의 방향을 바꿀 수 있으며, 햇볕을 쬐고 싶으면 햇볕이 잘 드는 장소로 이동할 수 있다. 고착성 생물은 그것을 할 수 없다. 그러나 고착성이라고 하더라도 군체가 되면 전체의 모양을 바꿈으로써 햇볕이나 수류의 방향에 대처할 수 있다. 군체는 환경에 맞게 모양을 바꿀 수 있다.

④ 포식자에 강하다

고착하면 도망칠 수 없기 때문에 포식자 대책이 생존의 열쇠가 된다. 그리고 군체가 되면 포식자에 강해진다. 즉, 쉽게 잡아먹히지 않고 잡아먹히더라도 살아남을 확률이 높아진다.

포식자는 보통 자신보다 훨씬 작은 것을 먹이로 한다. 군체가 되면 커질 수 있기 때문에 잡아먹히지 않는다. 또한 군체의 대부분이 잡아먹혀서 극히 일부의 개충만 남아 있어도 그 뒤에 군체를 재생할 수 있다. 개충은 작기 때문에 포식자가 보지 못하고 지나쳐서 온전한 개충이 남아 있을 가능성이 높다.

군체와 단체單體의 개체가 포식자에게 일부를 잡아먹힌 경우를 비교해보자. 단체성 개체의 경우, 몸의 말단인 다리 끝밖에 잡아먹히지 않았다고 하더라도 먹이를 잡아먹는 타입의 동물이라면 더 이상 사냥을 할 수 없기 때문에 치명적이다. 단체성 동물, 특히 운동지향적인 동물은 복잡한 몸을 가지고 있기 때문에 다리의 일부라도 잃어버리면 포식 기능이나 도주 기능도 완전히 상실되어 만사가 끝난다. 그런데 군체의 경우, 예를 들어 개충 100개로 된 여과섭식자의 군체 가운데 90개가 잡아먹혔다고 하더라도, 여과섭식기능의 10분의 1은 멀쩡하므로 비록 군체의 크기는 작아졌지만 치명상은 되지 않는다.

물론 군체성 동물이 외골격 껍데기로 덮여 있기 때문에 쉽게 잡아먹히지 않는다는 사실도 간과해서는 안 된다. 외골격은 포식자에 대한 좋은 방어 무기일 뿐 아니라 강한 수류에서 몸을 보호하는 역할도 한다.

군체는 유닛 구조

멍게나 산호도 군체 속의 개충은 모양과 유전자가 같다. 또한 개충은 작아서 몸의 구조가 단순하다. 즉, 그렇게 간단한 동일 유닛을 연결한 것이 군체이다. 같은 유닛만 계속 복사해서 만들면 되기 때문에 만들기도 간단해서 큰 몸을 저렴한 비용으로 만드는 것이 가능하다. 또한 몸의 일부를 베어먹혀도 쉽게 재생할 수 있다. 군체가 성장해가는 크기에는 제한이 없으며 군체는 수명에도 제한이 없다. 그래서 산호는 다이토섬과 오키노에라부섬과 같이 인간이 살 수 있는 크기의 섬도 만든다.

군체 행진곡

작사·작곡 모토카와 다쓰오

7

사지동물과 육상생활

척추동물아문

척추동물아문(약 6만 종, 전 동물종의 약 5%)

Ⅰ. 무악상강(턱이 없는 물고기. 칠성장어 · 먹장어)

Ⅱ. 악구상강(턱을 가진 것)

※ 이하의 세 가지는 이른바 보통 물고기. 약 3만 종.

1. 연골어류강(상어 · 가오리)
2. 조기어강(경골어. 꽁치 · 참치 등 대부분의 물고기가 여기에 속하며 척추동물종의 약 절반을 차지한다)
3. 육기어강(실러캔스 · 폐어. 이 종에서 사지동물이 진화했다)

※ 이하의 네 가지는 사지동물. 척추동물의 약 절반을 차지한다.

4. 양서강(약 6,500종)
5. 파충강(약 8,700종)
6. 조강(약 1만 종)
7. 포유강(약 5,500종)

척삭동물의 세 번째 아문은 척추가 있는 동물인 척추동물이다. '척脊'은 등마루, '추椎'는 망치를 의미한다. 쇠망치나 나무망치도 원기둥 모양의 두부頭部에서 손으로 잡기 위한 봉이 나와 있는데, 척추뼈가 그와 비슷한 모양을 하기 때문에 이런 이름을 붙인 것 같다.

척추동물은 크게 물에 사는 물고기와 육지에 사는 사지동물로 나눌 수 있다. 사지동물(사족동물)은 네 개의 팔다리를 가졌으며 물고기에서 진화했다. 최초의 사지동물은 양서류이며 양서류에서 파충류가 진화하고, 파충류에서 조류鳥類가 진화했다. 포유류는 이미 멸종한 단궁류에서 진화했다. 단궁류는 이전에 포유류형 파충류라고 불렸으며 파충류에 포함시켰다. 단궁류와 파충류는 공통의 조상을 갖는다. 즉, 양서류에서 그 공통의 조상이 진화하고 그것이 두 계통으로 나뉘어 하나는 포유류로, 다른 하나는 파충류 - 조류로 진화하였다.

두삭동물이나 미삭동물도 물속에서 생활하는 여과섭식자이지만 척추동물의 조상인 무악류無顎類도 그렇다. 이들은 해저의 유기물을 흡입하여 아가미로 여과해서 잡아먹는다. 이 종은 이름처럼 턱이 없다. 미세한 입자를 빨아들이는 식생활을 하므로 턱이 필요 없는 것이다.

현재까지 살아남은 무악류는 적지만 그 가운데 하나가 칠성장어다. 성체는 다른 물고기에 달라붙어 체액을 빨아먹는다. 그러나 유생은 조상과 마찬가지로 진흙 속의 유기물을 여과해서 먹는다. 칠성장어는 일생 동안 척삭을 가지며, 추체(척추의 주요 부분을 구성하는 뼈)라고 부를 수 있는 것이 없다. 그래서 '봐줘서' 척추동물에 포함되었다고 말하기도 한다.

무악류에 이어 턱이 있는 물고기(악구류顎口類)가 등장했다. 먹이를 물 수 있는 턱은 포식자로의 길을 열어주었다. 포식자가 되려면 수영 속도가 빨라야 하는데, 여기에 기여한 것이 척주(이른바 등뼈)였다.

척주는 민물에서 진화했다

척주는 척추(척추뼈, 추골이라고도 한다)라는 구성 단위가 일렬로 늘어서서 생긴 지지 구조이다. 척삭동물은 모두 척삭이 앞뒤로 뻗고, 척수(중추신경)도 척삭 바로 위(등쪽)에 척삭과 나란히 뻗어 있다. 척주는 이 두 가지를 감싸 척수를 보호함과 더불어 척삭의 지지 기능을 강화한다.

척추는 두 가지 요소, 즉 신경궁과 추체로 이루어져 있다. 신경궁은 등쪽에서 척수를 덮고, 추체는 복부에서 척삭을 덮는데, 대부분의 경우 추체는 완전히 척삭을 감싼 관 모양이기 때문에 횡단면에서 보면 동그란 추체 위에 거꾸로 된 Y자형 신경궁이 올라탄 모양이 된다.

신경궁에서는 긴 돌기가 위로 뻗어 뒤쪽으로 구부러져 있다. 이 돌기에 근육이 부착되어 있는데, 그 근육을 사용하여 몸을 꿈틀거리며 헤엄친다. 더 정확히 말하면 근육은 결합조직으로 된 막에 부착되어 있으며, 이 막이 신경궁에서 뻗은 돌기에 부착되어 있다. 이 돌기 덕분에 척추에 부착할 수 있는 막의 면적이 늘어나, 결과적으로 근육이 부착할 수 있는 면

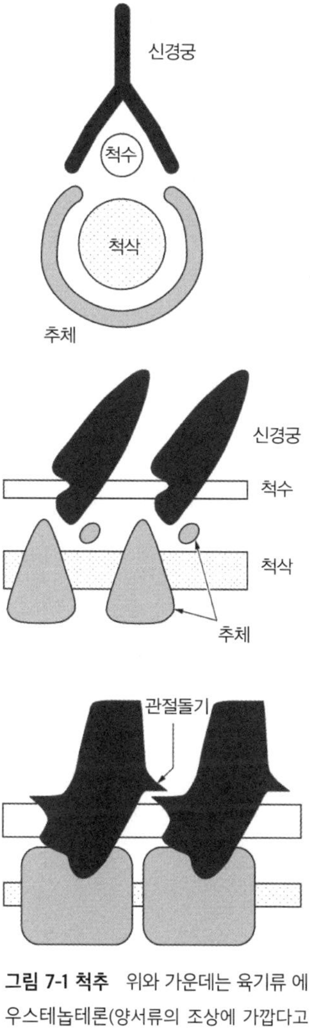

그림 7-1 척추 위와 가운데는 육기류 에우스테놉테론(양서류의 조상에 가깝다고 생각되는 어류)의 척추. 위는 횡단면, 가운데는 종단면이다. 이처럼 초기의 척추동물에서는 추체가 둘 이상의 부분으로 이루어져 있었다. 아래는 양서류의 척추이다.

적이 커지는 셈이다. 즉, 이 돌기가 있으면 더 많은 근육을 수영에 사용할 수 있어 수영 능력이 높아진다. 이상은 척추의 가장 기본 구조이며, 분류군·종·신체 부위가 다르면 척추에서 상당한 차이를 볼 수 있다.

초기 어류의 척추는 연골로 이루어져 있었다. 그것이 나중에 진화하면서 서서히 경골(보통의 뼈)로 바뀌었다. 인간과 같이 척추가 모두 경골로 된 경우라도 개체의 발생과정에서는 먼저 연골로 척추가 만들어지고, 거기에 인산칼슘이 침착되어 경골이 된다.

척추 덕분에 빨리 헤엄칠 수 있게 되었지만, 척추의 진화 과정을 보면 초기의 기능은 빨리 수영하는 것과는 무관했던 것 같다. 척추동물의 조상인 무악류는 바다에서 진화하여 담수에도 진출했다. 악구류의 진화가 어디에서 시작되었는지는 확실하지 않지만, 아주 초기의 악구류가 담수에서 보이므로 척추는 담수의 악구류에서 진화했다고 여겨진다. 초기 척추는 몸을 지지하는 역할을 하기보다는, 담수 안에 부족한 인이나 칼슘을 저장하는 장소로 기능했다고 생각된다. 악구류의 물고기는 담수에서 다양화한 다음, 다시 바다로 돌아갔다.

악구류에서 사지동물로의 진화 또한 담수에서 일어난 것으로 여겨진다. 틱타알릭 *Tiktaalik*('큰 담수어'를 의미하는 이누이트어)은 물고기와 사지동물의 중간 형질을 나타내는 데본기 후기(약 3억 7,500만 년 전)의 육기류이다(그림 7-3). 그 이름처럼 몸길이는 3미터에 가까운 것도 있으며 담수의 얕은 여울에 살고 있었다. 담수

지역은 척추동물의 진화과정에서 중요한 사건이 여러 번 일어난 장소였다.

육상생활

육지에 가장 먼저 오른 것은 식물이다. 식물에게 육지는 물을 구하거나 자세를 유지하는 데 어려움이 있지만, 물속과는 달리 햇빛을 흡수해버리는 물의 층이 없을 뿐 아니라 흙이 있어서 몸을 고정할 수 있다는 이점이 있다. 지상은 햇빛을 받아 활발하게 광합성을 하기에 매우 좋은 환경이다. 식물에 이어 절지동물이 상륙하여 식물을 먹이로 삼았고, 그 다음에는 사지동물이 상륙하여 절지동물을 먹이로 삼았다. 초기의 사지동물은 모두 육식을 했다.

동물에는 34문이 있으며 그 가운데 13문에는 육상생활자가 보이지만 대부분은 땅속이나 습한 장소, 또는 다른 동물의 체내에 산다. 건조지대를 포함한 육상의 다양한 환경에서 번성하는 것은 절지동물과 사지동물뿐이다.

육지생활과 수중생활 중 어느 쪽이 살기 좋은지를 비교해보자(표 7-1). 살기 좋은 쪽에 ○, 반대에는 ×를 달았다. 표를 보면 육지는 ×투성이다. 육지의 생활은 매우 힘들다. 사지동물은 그 어려움을 극복하고 육지로 진출했다.

	육지	물
① 물 구하기(건조해질 위험 극복)	×	○
②• 자세 유지와 보행	×	○
③• 먹이 구하기와 소화	×	○
④ 질소대사물 처리	×	○
⑤ 생식과 자손 퍼뜨리기	×	○
⑥ 체온 안정시키기	×	○
⑦ 산소 구하기	○	×

표 7-1 육상과 수중, 어느 쪽이 살기 편한가?

사지동물이 위 표에 적힌 어려움 하나하나를 어떻게 해결했는지 간단히 살펴보자. •표를 붙인 것에 대해서는 뒤에서 더욱 자세히 설명하려고 한다.

① 물 구하기

생물의 몸은 무게로 보면 절반 이상이 물로 이루어져 있으며 생물은 물이 없으면 살 수 없다. 물속에 살면 물은 주위에 얼마든지 있지만, 육지에서는 물을 구하는 것이 심각한 문제가 된다.

구하는 것뿐만이 아니다. 물을 잃는 것도 문제가 된다. 육지에서는 주위가 건조한 공기이기 때문에 생물의 몸처럼 수분이 많은 것에서는 물이 점점 증발하여 도망쳐버린다. 그래서 체표를 덮어 증발을 막지 않으면 안 된다. 곤충의 경우, 체표에 있는 각피의 왁스층이 그 역할을 담당한다. 사지동물은 그룹에 따라서 다른데 파충류는 비늘, 조류는 깃털, 포유류는 털이 그 역할을 한다.

그러면 또 하나의 사지동물인 양서류는 어떤가 하면, 깃털도 비늘도 갖고 있지 않다. 그들은 증발을 방지할 만한 어떤 것도 걸치고 있지 않다. 양서류는 물고기에서 진화하여 최초로 육지에 오른 사지동물이다. 물고기에게는 비늘이 있었지만 양서류는 이를 벗어버렸다. 물고기의 비늘은 파충류의 비늘과는 전혀 다른 구조이지만, 그래도 몸을 덮어 건조를 막는 데 조금은 도움이 되었을지도 모른다. 그런데 양서류는 그것을 물속에 두고 왔다.

비늘을 벗은 것은 호흡과 관계가 있을지도 모른다. 양서류는 폐가 그다지 발달하지 않아서 호흡의 상당 부분을 피부호흡에 의존한다. 산소의 절반 이상을 피부에서 받아들이며, 이산화탄소 배출은 대부분 피부로 한다. 이를 통해 양서류가 피부호흡에 방해되지 않도록 비늘을 벗어버렸다고 추측해볼 수 있다.

양서류의 피부는 항상 촉촉하게 젖어 있으며 이 수분에 공중의 산소를 녹여서 받아들인다. 피부가 젖어 있는 것은 호흡에 필수적인데, 이 젖은 피부에서 수분이 빠져나간다. 양서류는 유생일 때 수중, 성체일 때 육지라는 두 가지 환경에 살기 때문에 양서류兩棲類이다. 알이나 유생은 작고, 작은 것은 부피에 비해 체표면적이 크기 때문에 몸이 건조해지기 쉽다. 따라서 유생은 물에서 나올 수 없어서, 커진 다음에 육지에 오른다. 그래도 젖은 피부가 발목을 잡아, 성체가 되어서도 물가를 떠날 수 없는 것이 양서류이다.

② 자세 유지와 보행

수중에서는 큰 부력이 작용한다. 생물의 몸은 대부분이 물이기 때문에 비중은 1보다 아주 조금 클 뿐이다. 그래서 수중에 있으면 체중의 대부분은 물의 부력이 받쳐준다. 그런데 공기의 비중은 물의 800분의 1이기 때문에 육지에서는 부력이 체중의 0.1% 정도밖에 받쳐주지 않는다. 수중에 살던 때의 몸 상태로는 자신의 무게에 눌려 몸이 찌부러질 우려가 있으므로 몸을 지탱하는 지지계支持系(골격)가 필요하다. 지지계는 중력, 바람이나 수류의 힘, (근육을 사용하여) 스스로 내는 힘 등 어떤 힘이 작용해도 몸이 찌부러지지 않고 제대로 자세를 유지하기 위한 구조이며, 육지 생물은 이것이 매우 발달했다(다음 쪽 칼럼). 육지에서 몸을 지탱하는 것은 매우 힘든 일이다.

육지에서는 걷는 것도 큰일이다. 몸을 바닥에 찰싹 댄 채로 기면, 굉장히 큰 마찰이 생긴다. 그것을 피하기 위해서는 팔다리로 몸을 지면에서 들어 올려야 하는데, 여기에는 상당한 에너지가 든다. 새처럼 몸을 완전히 공중에 띄우려고 하면 더욱 많은 에너지가 필요하다. 그런데 수중에서는 몸이 부력으로 거의 지탱되기 때문에 그런 고생은 없다. 수중생활에서 더 유리한 점은 또 있다. 수류를 타면 아무것도 하지 않고도 멀리까지 흘러갈 수 있다. 육지에서는 이동이 매우 힘들다. 그래서 육지동물은 여러 가지 궁리를 하고는 있지만(이에 대해선 뒤에서 설명하겠다), 어려움이 줄어들 뿐 아예 없어지는 것은 아니다. 그래서 우리 인류는 도로망을 정비해 차를 타고 다니고, 공항을 만들어 비행기를 날리는 등 이동수단에 엄청난 에너지를 투입해 걷는 어려움을 보완한다.

지지계의 종류

지지계에는 몇 가지 종류가 있으며 이를 건축에 비유하면 다음과 같다.

a. 골조 구조

사지동물은 길쭉한 뼈를 조합한 골격계로 자세를 유지하는데, 이것은 기둥과 대들보를 조합하여 짓는 골조 건축에 비유된다. 이 골조에 막이나 끈으로 장기를 매달아 고정시키고, 골조 가장 외부에도 막을 쳐서 덮는다. 골조끼리 연결하는 것도 끈이다. 이러한 막이나 끈은 주로 콜라겐 섬유로 이루어져 있으며 막에는 피부나 장간막 등이 있고, 끈에는 힘줄이나 인대 등이 있다. 골조 구조는 뼈와 뼈의 접합부에서 변형이 가능하며, 긴뼈는 휘기 때문에 유구조柔構造 건물(구조물이 지진의 영향을 받을 때 지진의 힘을 약화하거나 흡수하게 한 구조 — 옮긴이)이나 사지동물과 같이 잘 움직이는 것에 적합한 구조이다.

b. 모노코크 구조

곤충은 딱딱한 각피로 몸 전체를 덮어서 자세를 유지한다. 이것이 모노코크 구조이다. 소형차나 철도 차량에서 보이는 것으로 가장 바깥쪽에 있는 차체라는 껍데기가 힘을 떠받친다. '모노mono'는 그리스어로 '하나', '코크coque'는 그리스어에서 유래한 프랑스어로 '조개껍데기'를 가리킨다. 조개를 비롯한, 외골격을 가진 동물들이 모노코크 구조이다. 이 구조는 지지 기능과 외부 표면의 보호 기능을 껍데기가 겸할 수 있어서 그만큼 공간이 절약된다. 공간에 여유가 없는 작은 동물이나 소형차에 적합하다.

c. 벽돌 구조

식물은 세포 하나하나를 단단하고 튼튼한 세포벽으로 된 상자 안에 넣고 있다. 그래서 세포는 모노코크 구조이다. 그런데 이 상자를 쌓아올려서 만든 몸은 벽돌로 쌓은 집에 비유할 수 있다. 벽돌이라는 동일한 유닛을 오로지 쌓기만 하면 되니까 간단하다. 다만 벽돌은 뿔뿔이 흩어지기 쉽기 때문에 흔들림에 약해서 지진이 많은 지역에는 적합하지 않다. 벽돌 구조는 움직이지 않는 경우에 적합하며, 이끼벌레 등의 군체성 동물이 이에 해당한다.

식물이 스스로는 걷지 않지만, 바람에 흔들리는 나무들은 상당히 움직인다. 이를 반영한 것인지 단순한 벽돌 구조는 없어졌다. 관다발이라는 튼튼한 기둥을 몸의 장축 방향으로 뻗어 보강하고 있어, 철근이 들어간 벽돌 건축이라고 할 수 있다. 식물은 기본이 벽돌 구조이지만, 세포는 모노코크, 철근이 통과하는 곳은 일부 골조 구조도 채용하고 있다.

d. 막 구조

막 구조는 부풀린 풍선과 같다. 즉, 부드러운 막으로 된 주머니 내부에 물이나 공기를 가득 채워 부풀려서 형태를 유지하는 구조이다. 도쿄돔은 공기압으로 부풀리는 '공기막 구조'이다. 동물의 경우에는 물이 차 있기 때문에 '수막 구조'이다. 동물세포도 수막 구조다. 세포막으로 된 주머니 속에 물이 가득 차 있다. 개체가 막 구조인 것으로는 지렁이가 있다. 지렁이는 체벽이라는, 막으로 된 주머니 안쪽에 체액이 가득 찬 큰 공간(체강)이 있으며, 이 속에 장기가 떠 있다. 체벽은 체강 내의 수압에 의해 팽팽하게 부푼 모양을 유지한다. 이것은 물이 힘을 떠받치는, 말하자면 물이 뼈를 대신하는 상황이며 이러한 골격을 유체골격流體骨格, hydrostatic skeleton이라고 부른다.

이 구조는 안쪽의 물이 빠져버리면 전체가 오므라진다. 이 원리를 사용하여 몸을 신축시키는 것이 산호의 폴립이다. 폴립은 중앙부가 텅 비어 있는데 야간에는 그곳에 입을 통해 해수를 집어넣어 늘어난 자세를 만든다. 한편, 주간에는 물을 토해내서 오므라든 다음, 외골격 구멍 속에 몸을 숨긴다. 이렇게 해서 포식자인 물고기를 피하는 것이다. 몸의 일부가 막 구조를 취하는 것으로는 산호의 촉수나 불가사리의 관족이 있으며, 이들도 내부에 있는 물의 양을 조절함으로써 신축성 있게 움직인다.

③ 먹이 구하기와 소화

수중생물은 몸을 유지하기 위한 단단한 구조를 가지고 있지 않기 때문에 먹이로는 아주 다루기 쉽다. 또한 물속에는 생물의 유해가 분해된 작은 입자가 많이 떠다닌다. 이것은 음식을 미리 푸드 프로세서로 곱게 분쇄한 것과 같은 상태이므로 씹는 수고가 불필요하다. 더욱이 바닷물에는 유기물이 녹아 있어, 이것을 체표로 흡수하는 동물도 많다. 이 경우에는 소화시키는 수고로움을 상당히 덜 수 있다.

그것에 반해 육지의 생물은 모두 자세 유지를 위한 단단한 구조를 가지고 있다. 식물은 신중하게 세포 하나하나를 단단한 껍데기로 감싸고 있으며, 수가 가장 많은 곤충도 단단한 껍데기로 몸 전체를 덮고 있다. 이 껍데기를 먼저 어떠한 수단으로든 파괴하지 않으면 알맹이를 소화할 수 없다. 그렇기 때문에 튼튼한 턱이나 치아에 의한 물리적 파쇄나, 시간을 들여 긴 창자를 통과하면서 이루어지는 화학적 처리라는 전 단계의 처리가 필요하며, 그렇게 한 다음에야 비로소 영양분의 소화 흡수에 착수할 수 있다.

④ 질소대사물 처리

몸을 만드는 단백질은 매일 분해되어 새로 만들어진다. 단백질이 분해되면 암모니아가 발생하는데, 이것은 독성 물질이다. 물속에서는 체외로 방출하면 즉시 대량의 물로 희석되어 흘러가버리기 때문에 문제가 없지만, 육지에서는 그렇지 않다. 독을 버리면 그곳에 줄곧 멈춰 있으면서 몸 주위를 오염시켜버린다. 그래서 육상동물은 암모니아를 무독한 요소尿素에 합성하여 물에 녹여 소변이라는 형태로 버린다. 다만 이렇게 하면 물이 손실되기 때문에 조류 등은 물에 녹지 않는 요산으로 합성해서 고형물로 배설한다. 이렇게 하면 물은 아낄 수 있지만 요산을 합성하는 데에는 요소를 만들 때의 세 배의 에너지가 필요하다. 그래서 동물들은 에너지 비용과 손실되는 수분을 비교해서, 요소로 할 것인지 요산으로 할 것인지를 선택한다.

⑤ 생식과 자손 퍼뜨리기

몸이 작은 것일수록 몸에 비해서는 표면적이 크기 때문에 물이 도망가기 쉽다. 그래서 몸이 극단적으로 작은 시기(알·정자·유생시기)는 육상생활자에게 가장 건조해지기 쉬운 위험한 시기이다. 양서류는 이 시기를 물속에서 산다. 그 밖의 사지동물은 알이나 정자가 체외의 건조한 환경에 직접 닿지 않도록 교미를 해서 수컷이 암컷 체내에 직접 정자를 주입하여 암컷의 체내에서 수정시킨다.

파충류, 조류, 포유류를 묶어서 유양막류有羊膜類라고 부른다. 배(발생 초기의 개체)가 양막으로 된 주머니로 싸여 있기 때문이다. 주머니 안은 물(양수)이 가득 차있으며 배는 이 물속에서 자란다. 파충류와 조류의 주머니는 튼튼하고 건조하지 않은 알껍데기에 싸여 모체 밖으로 나온다. 포유류의 경우에는 주머니가 어머니의 자궁 안에 들어간 채로 배가 자란다. 양수는 어머니가 아이를 위해 준비한 태내의 바다라고 할 수 있다. "프랑스인의 말에는 어머니mère 안에 바다mer가 있다."(미요시 타츠지三好達治)

육지에서는 생식에 이렇게 많은 품이 들지만, 수중에서는 아주 간단하다. 건조해질 걱정도 없으며 주위의 물은 어느 정도 움직이고 있고, 또 단거리라면 정자도 헤엄쳐서 갈 수 있기 때문에, 체외로 알과 정자를 방출하는 것만으로도 수정이 일어난다.

수정해서 아이가 되면 아이들을 넓은 범위에 흩어지게 하는 것이 좋다. 이렇게 하면 분포 지역이 넓어지는데, 그렇게 되면 유전자의 다양성도 확보할 수 있다. 그런데 육지에서는 그렇게 하는 데 비용이 든다. 몸이 작으면 육지에서의 장거리 이동이 어렵다. 다리가 짧은 것도 있고, 같은 거리를 걷는다고 했을 때 체중을 고려해서 비교하면 작은 동물은 큰 동물에 비해 더 많은 에너지가 필요하다. 그리고 몸이 작은 만큼 에너지의 축적량이 적기 때문에 도저히 장거리를 이동할 수 없다.

그래서 크게 성장한 다음에 육상에서 멀리 이동하지만, 큰 몸으로 멀리까지 이동하는 일은 큰 짐을 운반하는 것과 같기 때문에 비용이 만만치 않다. 그런데 수중에서는 유생이 수류를 타고 멀리까지 흘러갈 수 있다. 작으면 상대적으로 표면적이 크기 때문에 잘 가라앉지 않고, 수류를 타기 쉬우며 건조해질 걱정이 없어서 유생의 모습으로 장기간 떠다니는 것이 가능하기 때문이다. 그래서 수중생활자는 유생이 자손을 널리 퍼뜨리는 역할을 하는 경우가 많으며, 이것은 성장한 후에 이동하는 것보다 비용이 훨씬 적게 든다. 다만 잡아먹힐 위험은 높아지기 때문에 많은 알을 흩뿌린다(덕분에 여과섭식자가 혜택을 입는다).

⑥ 체온 안정시키기

물은 공기보다 따뜻하거나 차게 만들기 어렵다. 물의 비열은 공기의 4.2배이며, 물의 밀도는 공기의 830배이므로 같은 부피의 물 온도를 1도 올리려면 공기를 데울 때보다 3,500배(4.2×830≒3,500)의 열을 가해야 한다. 그래서 물의 온도는 잘 변하지 않는다. 수중생활을 하면 수온은 날마다 안정되어 있으며, 바뀐다고 해도 계절의 변화에 따라 천천히 변화한다. 그리고 겨울에도 어느 온도 이하로 내려가지는 않는다. 물은 0도(해수는 마이너스 1.8도)에서 얼지만, 얼음은 물에 떠서 단열재로 작용하기 때문에 밖에서 마이너스 60도의 눈보라가 불어도 얼음 밑은 얼지 않는 수온으로 유지된다.

한편, 육지의 기온은 겨울과 여름이 크게 다를 뿐만 아니라 밤낮으로도 10도 정도는 차이가 난다. 양지와 음지에서도 차이가 있다. 또한 직사광선을 받으면 몸은 주위 기온보다 높게 계속 뜨거워진다. 이처럼 기온 변화도 크지만 지면은 공기보다도 데워지거나 차가워지기가 더 쉽다. 몸이 작은 육상동물은 배 바로 아래에 지면이 있어서 지면 온도의 영향을 그대로 받기 때문에 체감하는 온도 변화가 매우 크다. 그런데 살아 있다는 것은 체내에서 화학반응이 진행되고 있다는 것을 의미하며, 화학반응의 속도는 체온의 영향을 크게 받는다. 외계의 온도가 바뀔 때마다 체온이 변하면 체내의 화학반응 속도가 수시로 변동되며 이것은 매우 좋지 않다. 주위의 온도가 크게 변화하기 쉬운 육지는 생물에게 정말로 살기 어려운 환경이다.

이 문제를 해결한 것이 조류와 포유류이다. 이들은 항온동물이며 스스로 적극적으로 체온을 일정하게 유지한다. 주위가 추워지면 먹이를 '태워' 발열하며, 더울 때는 땀을 흘려 몸에서 물을 증발시켜 그 기화열로 몸을 식힌다. 다만 이렇게 하는 데에는 대량의 에너지가 필요할 뿐만 아니라 귀중품인 물을 잃기도 한다. 항온동물은 모두 육지에 사는데, 그렇기 때문에 막대한 에너지를 투입하여 자력으로 체온을 일정하게 유지할 필요가 있다.

조류와 포유류는 파충류와 달리 깃털이나 털로 체표를 덮고 있다. 이것도 항온성과 관계된다. 털이나 깃털이 단열재로 유용하다는 사실은 다운재킷이나 털실장갑을 보면 알 수 있다. 항온동물은 몸에 털을 걸침으로써 외부 온도의 영향을 차단해 자력으로 발열량을 줄여 에너지를 절약한다. 털이 유용한 이유는 털

사이에 모인 공기층의 단열효과 때문이다. 공기의 열전도율은 물의 25분의 1에 지나지 않아 높은 단열효과를 내기 때문이다. 다만 모피코트는 여름에 너무 덥다. 그래서 여름에는 얇은 털, 겨울에는 두꺼운 털로 털갈이를 하는 번거로움이 있다.

⑦ 산소 구하기

육지에서 쉬운 것은 산소를 구하는 것뿐이다. 육지의 산소농도는 바다의 30배이며, 산소의 확산속도도 수중에서의 8,000배이다. 따라서 동물이 산소를 활발하게 사용해도 바로 주위에서 산소가 확산되어 와서 보충된다. 그래서 벌레는 작은 구멍 하나만 뚫린 상자에서도 기를 수 있지만, 수조에는 공기방울을 끊임없이 불어넣어 주지 않으면 물고기(특히 해수어)는 금방 산소결핍에 빠진다.

공중에서의 호흡은 쉽지만, 그렇다고 해서 호흡기관에 대해 아무런 궁리 없이 수중생활에서 육상생활로 이행할 수 있었던 것은 아니다. 호흡기관이 물고기와 같이 아가미 상태이면 상륙할 수 없다. 아가미는 공중에서 작용할 수 없기 때문이다.

아가미는 인두에 있는 얇은 판을 여러 장 겹쳐서 층 모양으로 만든 것으로, 입으로 받아들인 물을 이 얇은 판 사이로 흐르게 한다. 판 내부에는 혈관이 뻗어 있어, 판의 넓은 표면을 통해 산소를 혈관 내로 받아들인다. 아가미를 공중에서 사용할 수 없는 가장 큰 이유는 표면장력 때문에 이들 얇은 판끼리 달라붙기 때문이다. 공기와 물의 경계면에서는 가급적 공기에 접하는 면을 작게 하려는 힘이 물에 작용한다. 이것이 표면장력이다. 동물은 물에 젖은 몸 표면에 산소를 녹여서 체내로 받아들이기 때문에 아가미에서 얇은 판의 표면은 젖어 있어야 하는데, 젖은 얇은 판은 옆의 얇은 판과 표면장력에 의해 달라붙기 때문에 산소를 받아들이는 표면이 사라져버린다.

아가미를 공중에서 사용하기 어려운 이유는 또 있다. 얇아서 팔랑거리는 판이 부력의 지지가 없는 육지에서는 처지기 때문에, 층 사이의 틈새를 제대로 유지하기 어렵다.

그래서 양서류는 상륙하기 위해 폐를 발달시켰다. 폐는 아가미와 마찬가지로 인두에 있는 기관이지만, 얇은 판을 겹쳐 쌓은 것이 아니라 인두 일부가 주머니 모양으로 부풀어오른 것이다. 이 주머니에 입으로 공기를 불어넣어 부풀려서, 주머니 벽에 분포한 혈관 안으로 산소를 받아들인다. 주머니가 부풀면 벽의 내표면이 젖어 있어도 들러붙지 않는다.

폐는 양서류가 발명한 것이 아니라 원래 물고기에 갖춰져 있던 것이다. 어류는 담수에서 다양화했다. 큰 바다와 달리 작은 연못이나 얕은 강은 말라붙거나 산소가 부족해지기 쉽다. 그러한 비상시에 공기호흡도 할 수 있도록 폐가 아가미의 보조기관으로 진화한 것 같다. 바다로 돌아온 물고기에게 폐는 필요가 없어져서 퇴화하거나 부력조절용 부레로 변했다. 담수지역 물고기 중에는 폐어처럼 지금도 폐를 활용하는 것이 있으며, 이와 같은 종에서 사지동물이 진화했다.

육지에서는 산소를 구하기 쉽다. 이는 에너지를 많이 사용해도 산소가 부족해지지 않는다는 것을 의미한다. 동물 중에서 두드러지게 많은 에너지를 사용하는 것이 항온동물이다. 항온동물은 변온동물에 비해 10배의 에너지를 사용한다. 수중에서는 이런 상황을 감당할 만큼 산소를 대량으로 조달하기가 어렵다. 항온동물의 에너지 다소비형 생활방식은 육지이기에 가능하다(물론 육지이기 때문에 체온 유지를 적극적으로 해야 하지만 말이다). 고래와 돌고래는 육지에서 바다로 이주한 후에도 폐를 사용하여 공기호흡을 계속한다. 수중에서 산소를 필요한 만큼 얻기 어렵기 때문이다.

이상 표 7-1의 항목에 대해서 사지동물이 어떤 궁리를 했는지를 대략 설명했다. 지금부터는 '자세 유지와 보행', '먹이 구하기와 소화' 이 두 가지에 대해 좀 더 자세히 살펴보자.

자세 유지와 걷기

상륙에 따른 골격계 강화

육지에서는 몸을 지면에서 들어 올린 자세를 유지할 필요가 있다. 몸이 지면에 찰싹 붙어 있으면 불편하기 때문이다. 불편한 점은 세 가지이다. 첫 번째는 몸의 아랫면을 지면에 붙이고 기면 저항이 엄청나게 커진다는 것, 두 번째는 몸의 무게로 폐가 지면에 눌려 제대로 호흡할 수 없다는 것, 세 번째는 체온이 지면 온도의 영향을 받기 쉽다는 것이다. 세 번째를 좀 더 자세히 설명하겠다. 지면은 공기보다 데워지거나 차가워지기 쉽기 때문에 여름에는 지표의 온도가 기온보다 높고, 반대로 겨울에는 낮다. 그렇기 때문에 몸을 지면에 찰싹 붙이고 있으면 여름에는 열이 전해져서 몸이 더욱 뜨거워지고, 겨울에는 몸에서 계속 열을 빼앗긴다. 몸을 들어올려 지면과 몸 사이에 공기층을 두어 단열하는 것보다 좋은 방법은 없다.

그래서 사지동물은 네 개의 팔다리를 등장시켜, 그것으로 몸을 지면에서 들어올렸다. 그런데 그렇게 하려면 팔다리를 자라게 하는 것만으로는 부족하다. 팔다리의 지지를 받는 부분을 들어올린다고 하더라도, 나머지 부분이 처져버리면 만사가 끝이다. 몸은 가로 일직선으로 반듯하게 유지되어야 한다.

'팔다리'와 '반듯한 자세'라는 두 조건을 충족시키기 위해 사지동물은 조상인 어류가 갖고 있었던 운동기관과 지지계에 손질을 가했다. ① 먼저 지지계는 척주를 강화해서 상하로 구부러지거나 처지지 않도록 했다. ② 운동기관의 경우에는 물고기 앞뒤에 있는 쌍으로 된 지느러미를 팔과 다리로 바꿨다.

① 척주 강화

어류에서 양서류가 될 때 중력으로 인해 척주가 처지지 않도록 강화했다. 강화책으로는 세 가지가 있다. 첫 번째로 각 신경궁에서 돌기(관절돌기)를 전후로 뻗어, 전후의 신경궁 사이를 연결했다(그림 7-1). 이렇게 하면 돌기끼리 걸리기 때문에 척주는 상하 방향(등이나 배 방향)으로 구부러지지 않는다. 두 번째로 물고기의 추체는 연골 부분이 많고 그다지 골화하고 있지 않은데, 추체를 더욱 중후한 뼈로 만들고 그 대신 척삭을 가늘게 하여 척삭의 기능을 더욱 강력한 척주로 옮겨놓았다. 세 번째로 더욱 강력한 근육을 척추에 부착시킴으로써 척추 사이의 결합을 강화했다.

② 사지

㉠ 지느러미

먼저 물고기의 지느러미에 대해 설명하기로 한다(그림 7-2). 지느러미에는 두 종류가 있다. 하나는 몸의 정중선상에 있으며 상하로 튀어나온 것이다. 이것이 정중지느러미로, 등지느러미·꼬리지느러미·뒷지느러미의 세 종류가 있다. 또 하나는 몸 양쪽에 쌍으로 튀어나온 쌍지느러미이다. 가슴에 있는 가슴지느러미와 그 뒤에 위치한 배지느러미 두 세트가 존재한다.

지느러미의 주요 역할은 추진력을 만들어내는 것이다. 물고기는 지느러미로 물을 밀어서 전진한다. 물은 졸졸 흘러가므로 대량의 물을 밀지 않으면 반작용 때문에 앞으로 나가지 않는다. 그래서 지느러미라는 넓은 면적을 가진 것(여기에다가 역시 면적이 넓은 몸통 측면)을 움직여서 큰 부피의 물을 민다. 등지느러미와 꼬리지느러미의 부채질, 몸의 꿈틀거림이 물고기의 추진력을 만든다.

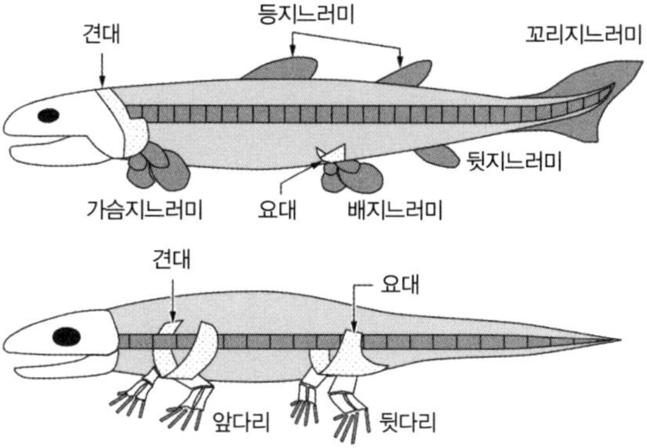

그림 7-2 지느러미에서 다리로 위는 물고기, 아래는 사지동물.

물고기에 따라서는 가슴지느러미로 부채질을 해서 수영하는 것도 있지만, 이렇게 하면 그다지 속도를 낼 수 없다. 다만 좌우 가슴지느러미의 움직임을 제어하여 회전이나 후진도 자유롭게 할 수 있다. 예를 들어 산호의 가지 사이를 자유자재로 헤엄치는 물고기가 가슴지느러미를 자주 사용한다. 또한 가슴지느러미는 일반적으로 방향타와 브레이크로도 사용된다.

지느러미에는 수영 외에 또 하나의 역할이 있다. 몸의 안정이다. 물속에서는 부력에 의해 몸이 둥둥 뜰 뿐만 아니라 주위의 물이 몸의 모든 부분에 여러 방향에서 힘을 미치기 때문에 몸이 안정되지 않는다. 그래서 평평하고 표면적이 큰 지느러미를 위·아래와 좌우측의 앞·뒤에 펼침으로써 몸의 좌우 흔들림이나 뒷질을 방지한다. 또한 물고기의 비중은 바닷물보다 약간 높아 아무것도 하지 않으면 몸이 가라앉아버린다. 가슴지느러미를 수평으로 내밀면, 이것이 날개 역할을 해서 양력(상향의 힘)을 발생시키기 때문에 이것으로 중력에 대항할 수 있다.

ⓛ 원주형 사지

지느러미는 육지에서 쓸모가 없다. 평평하고 얇은 것은 구부러지기 쉬워서 몸을 지탱하지 못하며 땅을 차는 것도 마음대로 안 된다. 게다가 육지에서는 원래 밀어서 몸을 전진시키는 데에 넓은 면적이 필요하지 않다. 대지는 덩어리 모양이며, 물과 달리 졸졸 흐르지 않기 때문에 발바닥이 넓든지 좁든지 지면을 차면 지구를 통째로 걷어차는 셈이다. 땅을 미는 면적에 관계없이 민 힘에만 반응하여 앞으로 나가므로, 걷기 위해서 발바닥이 넓을 필요는 없다. 오히려 발바닥이 너무 넓으면 지면과의 마찰이 증가하여 걷는 효율이 떨어진다.

팔다리에 필요한 것은 넓이가 아니라 강도이다. 중력에 대항하여 몸을 들어올리거나, 지면을 차거나, 박차고 뛰어올라도 흐늘흐늘해지지 않고 부러지지 않을 만큼의 강도가 필요하다. 여기에 더해 길이도 중요하다. 사지가 길수록 보폭이 늘어나 빨리 걸을 수 있다. 그래서 팔다리는 길쭉한 원주형이 된다(56쪽 〈걷기〉 참고).

ⓒ 사지동물의 조상

사지동물의 조상이 된 어류는 육기류였다. 이것은 실러캔스나 폐어의 동류로, 현존하는 물고기 중에서는 소수파이다. 다수파는 조기류로 생선가게에서 팔리는 것이 이 종이다. 그러나 사지동물이 등장했을 무렵(고생대 데본기)에는 육기류가 우세하였다.

조기條鰭, 육기肉鰭라는 이름에서 알 수 있듯이 이 두 종류의 물고기는 지느러미 구조에 차이가 있다. 조기류의 지느러미는 가늘고 긴 뼈가 방사상으로 늘어서서 지지하고 있다(조條는 '가늘고 긴 것'이라는 의미). 뼈의 정렬이나 지느러미 전체의 얇은 모양은 부채를 떠올리면 이해하기 쉽다.

이에 반해 육기류의 지느러미는 두툼하고, 그 속에는 덩어리 모양의 뼈가 세로 한 줄로 지느러미가 붙어 있는 부분에서 앞쪽 끝까지 나란히 줄지어 있다. 뼈의 대열은 앞쪽 끝부분에서 갈라져 있다. 뼈끼리는 근육으로 연결되기 때문에 지느러미를 중간에서 움직이는 것이 가능하다. 이와 같은 지느러미 구조는 사지를 연상시킨다. 육기류의 가슴지느러미가 앞다리가 되고, 배지느러미가 뒷다리가 되어 사지가 만들어졌다.

팔다리를 척주에 연결하는 사지대

앞에서 본 것처럼 양서류는 상륙할 때 튼튼한 사지를 진화시켜 척주를 강화했지만, 그것만으로는 이야기가 끝나지 않는다. 세로 기둥(팔다리)과 가로 대들보(척주)를 튼튼하게 하더라도, 그들을 연결하는 부분이 제대로 되지 않으면 튼튼한 골조 구조를 만들 수 없다.

물고기든 사지동물이든 지대(사지대四肢帶)라는 구조가 쌍지느러미나 사지의 기부基部에 존재한다. 지대는 몸통과 그곳에서 튀어나온 지느러미나 사지를 연결하는 구조인데, 잘 움직이는 지느러미나 사지에 흔들리지 않는 발판을 제공할 뿐 아니라 사지동물의 체중을 팔다리로 전한다. 앞다리(가슴지느러미)를 연결하는 지대를 견대(흉대, 전지대), 뒷다리(배지느러미)를 연결하는 지대를 요대(복대, 후지대)라고 한다(그림 7-2). 모두 복수의 뼈로 구성되며 주된 뼈를 들자면 견대에서는 견갑골과 쇄골, 사지동물의 요대에서는 치골, 좌골, 장골로 친숙한 이름이 나온다. 지대肢帶는 그 이름대로 띠처럼 넓은 면을 가지고 있고 여기에 강력한 근육군이 부착되어 몸통과 지대, 지대와 팔다리를 단단히 연결시킨다.

물고기의 견대는 머리뼈(두개)의 가장자리를 따르듯 둥근 모양으로 되어 두개에 밀착된 부분과, 두개의 복부 좌우에서 뒤쪽으로 약간 뻗어 나온 부분으로 구성되어 있다. 뻗어 나온 곳(견갑골과 오훼골)에서 가슴지느러미에 결합한다. 한편, 요대 쪽은 뼈가 극히 빈약해서 작은 삼각형 뼈 두 장이 느슨하게 복부 정중선상에 접한다. 물고기를 복부에서 보면 부메랑 모양이고, 요대는 동체 벽에 묻혀 있을 뿐이다. 또한, 견대와 요대는 척주와 결합되어 있지 않다.

물고기는 상륙을 하면서 지대가 크고 튼튼해졌다. 또한 지대가 몸통과 결합하는 방법도 바뀌었다.

견대에서는 환상부(두개에 결합하고 있던 부분)가 사라지고, 대신에 복부에 있던 견갑골이 등쪽으로 뻗어서 넓게 퍼져, 그 넓은 면에 부착된 근육에 의해 척주와 이어질 수 있었다(인간의 견갑골을 떠올리면 알기 쉽다). 즉, 사지동물의 견대는 두개가 아니라 척주와 결합했다. 또한 사지동물은 뼈끼리 바로 결합시키지 않고 뼈와 뼈가 사이를 관통하는 근육에 의해 연결되도록 변화했다.

그리고 빈약했던 요대는 뼈가 강대해졌다. 물고기에서는 체벽에 묻혀 있을 뿐 척주와는 동떨어져 있어서 척주와 무관한 존재였던 요대가 사지동물에서는 척주와 밀착하여 강고한 골반을 형성하였다.

어류는 견대 쪽이 요대보다 발달했는데, 이것은 배지느러미가 그다지 큰 역할을 하지 않는다는 사실을 반영한 것이다. 그 상황이 역전되었다. 사지동물에서는 일반적으로 뒷다리가 앞다리보다 굵어져 보행의 주역을 담당하고 있으며, 그것을 반영하여 요대가 더욱 커지고 튼튼해졌다. 물론 흉대도 물고기에 비하면 크고 튼튼하다. 이렇게 사지동물이 되어서야 비로소 몸통에 어깨와 허리라는, 눈에 띄는 구조가 생겨났다.

견대와 요대의 차이

사지동물에서 요대 뼈는 척주 뼈에 밀착하여 결합하고 있다. 그에 반해 견대 뼈는 가늘고 긴 끈 모양의 근육에 의해 척주에 매달린 상태이며, 늘어나거나 휘거나 할 수 있는 정도의 간격을 두고 척주에 결합하고 있다. 즉, 어느 정도의 여유를 갖고 있다. 어깨를 올리고 내릴 수 있는 것은 이 여유 덕분인데, 이 여유의 의미를 생각해보려고 한다.

여유가 있기 때문에 앞다리는 뒷다리보다 자유롭게 움직일 수 있다. 앞다리를 오로지 걷는 일만이 아니라 다양한 용도에 사용하는 것도 앞다리가 그만큼 자유롭기 때문이다. 다람쥐는 앞다리를 사용하여 먹이를 잡고서 먹으며, 사자는 사냥감의 숨통을 끊고, 원숭이는 나뭇가지를 건너다닌다. 압권은 인간이다. 보행하는 역할에서 완전히 자유로워진 손으로 도구를 만들고, 펜을 잡아 연애편지를 쓰며, 계산을 한다. 입이나 눈에 가까운 쪽의 사지가 자유로운 것은 합리적이다.

다만 이런 여유가 있는 것은 원활하게 걷는 데에서 기인하는 것으로 보인다. 만약 모든 지대가 척주에 튼튼하게 결합하고 있으면, 앞다리와 뒷다리의 움직임을 엄밀하게 갖추지 않고서는 삐걱대서 잘 걸을 수 없다. 예를 들면 뒷다리가 땅을 차 척주를 앞으로 밀고 있을 때, 앞다리가 앞으로 뻗은 상태에서 땅을 딛고 있으면 앞다리는 브레이크가 되어버린다. 하지만 여유가 있으면 그런 상황을 피할 수 있다. 움직이지 않는 건물과 달리, 움직이는 동물의 구조는 그저 튼튼하게 기둥과 대들보를 결합시킨다고 끝나는 것이 아니다. 적당히 여유가 있어야 부드러운 움직임이 가능하다.

그러면 왜 앞의 견대가 아니라 뒤의 요대에 여유를 갖게 하지 않는 것일까? 이전 장에서 근육은 끈이라고 말했다(61쪽 칼럼 참고). 끈은 뒤에 있는 것을 앞으로 끌어당기는 일은 할 수 있지만, 뒤에서 밀어서 사물을 전진시킬 수는 없다(끈을 밀면 끈이 휘어져서 힘을 전달할 수 없다). 뒷다리는 척주를 뒤에서 밀어서 나아가게 하기 때문에 요대를 끈으로 척주에 매달 수는 없다. 반대로 앞다리는 척주를 앞으로 끌어당기기 때문에 끈으로 매달아도 문제가 없다.

물고기는 목이 없다

사지동물에게는 머리와 몸통 사이에 목이라는 가는 부분이 있다. 물고기는 목이 없다. 물고기와 양서류를 잇는 어류 틱타알릭은 목을 가지고 있었다.

목은 머리와 어깨 사이(즉, 두개와 견대 사이)가 가늘어져서 만들어졌다. 물고기의 견대는 두개에 직접 결합되었으며 가는 부분이 존재하지 않는다. 물고기 견대의 환상 부분(여기에서 두개와 결합되어 있다)이 사지동물에서는 퇴화되었고 그 결과 틈이 생겼다. 사지동물이 견대를 척주에 결합시킬 때 두개 바로 뒤에 결합시킬 수도 있었을 텐데, 그렇게 하지 않고 일부러 이 틈새를 비워둔 이유는 틈새 사이의 가는 부분이 구부리기 쉬워서 머리를 움직일 수 있기 때문이다.

목이 없으면 육지에서는 매우 곤란하다. 지면이 울퉁불퉁해서 발밑을 잘 보고 걷지 않으면 넘어진다. 그보다도 진행 방향에 무엇이 있는지를 살펴보는 것은 더욱 중요해서 적은 없는지, 먹이는 없는지를 항상 살펴봐야 한다. 발밑은 가끔 보게 되지만, 만약 목이 없다면 발밑을 보기 위해 물구나무서기를 해야 한다.

물고기는 물속에 떠 있기 때문에 발밑을 조심하지 않아도 넘어지지 않는다. 넘어지는 일은 중력이 물체를 지면으로 끌어당기기 때문에 일어난다. 수중생활을 할 때도 바로 아래쪽에는 주의를 기울일 필요가 있을지도 모르고, 그때는 물구나무를 서는 처지가 되겠지만 물구나무서기도 힘들지 않을 것이다(중력을 거스를 필요가 없기 때문이다). 물밑의 조류를 쪼아 먹는 물고기들은 모두 물구나무를 서서 (태연하게) 식사를 하고 있다.

목 없이 머리가 고정되면 육지를 걸을 때 불편한 점이 또 있다. 아래에 초기 사지동물의 보행에 대해 설명하겠지만, 이들은 몸을 좌우로 흔들면서 걷는다. 목 없이 머리가 몸통에 고정되면 걸을 때마다 시야가 좌우로 크게 흔들려서 앞을 똑바로 보고 걸을 수 없다. 물고기 중에도 몸통을 꿈틀거리며 수영하는 것이 있는데, 그때 몸의 앞쪽 끝은 구부리지 않고 후방에만 굴곡진 파도를 만들기 때문에 목이 없는 것이 그다지 문제되지 않는다. 물고기의 척주는 매우 유연하기 때문에 뒤쪽만 꿈틀거릴 수 있다.

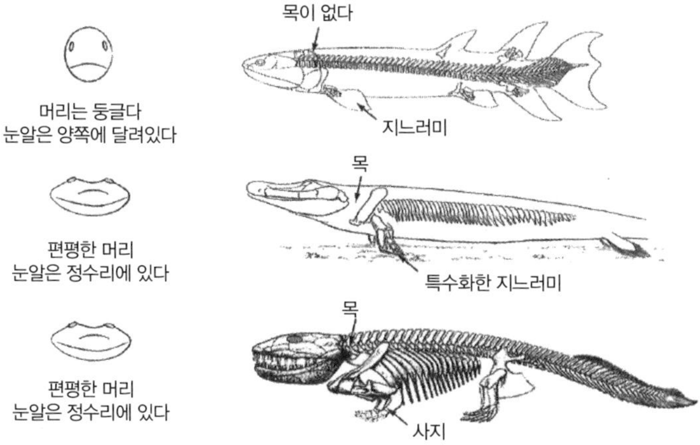

그림 7-3 틱타알릭 복원도(가운데) 위는 어류이고, 아래는 사지동물(닐 슈빈Neil Shubin, 《내 안의 물고기 : 물고기에서 인간까지, 35억 년 진화의 비밀Your Inner Fish: A Journey into the 3.5-Billion-Year History of the Human Body》에서 가공).

보행의 진화

양서류와 파충류의 걸음걸이는 포유류와 사뭇 다르다. 우선 서 있는 자세부터가 다르다. 포유류는 사지를 몸 바로 아래로 똑바로 뻗고 있지만, 양서류와 파충류는 몸 옆쪽으로 내뻗는다(그림 7-4). 그리고 포유류의 경우 앞다리는 말단부터 손, 아래팔, 위팔 부위로 이어지며 아래팔과 위팔 사이가 팔꿈치 관절, 위팔과 견갑골 사이가 어깨관절로 이루어져 있다. 아래팔과 위팔은 긴뼈(장골)로 되어 있다. 그런데 양서류와 파충류는 위팔을 수평으로 하여 옆쪽으로 쑥 내밀고, 팔꿈치 관절을 굽혀서 아래팔을 수직으로 세워, 팔굽혀펴기를 하는 자세로 지면에 팔다리를 붙인다.

이때 손목을 굽혀 손바닥을 지면에 찰싹 붙인다(여기에서는 앞다리에 대해서만 설명했지만 뒷다리도 마찬가지이며 뒷다리의 경우에는 '어깨 → 허리, 위팔 → 대퇴, 아래팔 → 정강이, 팔꿈치 → 무릎, 손목 → 복사뼈, 손바닥 → 발바닥'으로 바꿔 읽으면 된다). 이렇게 일단 몸통은 지면에서 일어섰지만, 지면을 스칠 듯이 다니기 때문에 마치 기어 다니는 것처럼 보인다. 파충류爬蟲類란 '파행爬行하는(기어 다니는) 벌레(작은 동물)'라는 의미이다.

양서류와 파충류가 보행할 때에는 항상 팔다리 중 하나만 움직이며, 나머지 세 개는 움직이지 않고 삼각형을 만들어 접지하여 넘어지지 않는 안정적인 자세로 몸을 지탱하면서 전진한다. 팔다리는 다음과 같은 순서로 움직인다.

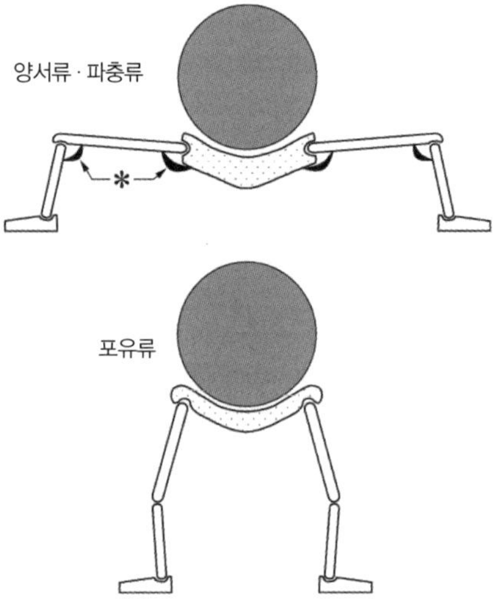

그림 7-4 보행 자세 양서류와 파충류의 팔 굽혀 편 자세의 경우, 근육(*)이 항상 수축한 상태로 있지 않으면 이 자세를 유지할 수 없다.

① 먼저 오른손을 띄워 몸통을 오른쪽 옆으로 밀어내면서 상체를 왼쪽으로 비튼다. 그러면 몸통과 직각을 이루며 수평으로 내민 오른손은 어깨의 왼쪽 선회에 연동하여 앞으로 나오게 된다.

그림 7-5 파충류가 걷는 법

② 그 손을 착지시켜 손에 연결된 아래팔을, 위팔을 축으로해서(몸통 쪽에서 볼 때 시계 반대 방향으로) 회전시킨다. 그러면 손은 지면을 뒤로 밀게 된다.

③ 손목관절을 펴서 손바닥으로 지면을 민다. 여기까지가 일련의 동작이다.

오른손 다음은 왼발이다. 왼발을 띄워 허리를 왼쪽으로 비틀어 앞으로 나온 왼발을 착지시켜, 앞의 오른손과 같은 동작을 한다. 그 다음은 왼손, 마지막으로 오른발, 그리고 다시 오른손의 순서로 몸을 좌우로 비틀면서 순차적으로 팔다리를 전진시켜 나간다. 발자국 화석을 보면 초기의 사지동물도 이와 같이 걸었던 것 같다.

이 보행법에는 몸의 전진에 기여하는 세 가지 요인이 있다.

① 몸통 꿈틀거리기

몸통을 꿈틀거려서 전진의 원동력을 얻는 것은 물고기 시대의 방식을 그대로 답습하는 것이다. 사지는 몸통이 내는 힘을 지면에 전달하고, 몸을 들어 올려 지면을 스치지 않도록 하는 지지봉 역할을 할 뿐이다.

하지만 팔다리도 간접적으로는 전진에 기여한다. 수평으로 내뻗은 위팔의 길이가 길수록 한 걸음의 폭이 커지기 때문이다. 이것은 지레와 같다. 수평으로 내뻗은 위팔이 지레의 봉이며, 이 봉의 지렛목(어깨관절)에 가까운 곳을 움직여서 봉의 먼 끝(발끝)을 크게 전진시킨다.

이와 같이 팔을 내뻗어서 팔굽혀펴기 자세를 취하면, 팔꿈치 관절과 어깨관절에는 관절을 여는 방향으로 큰 힘(회전 모멘트)이 걸린다. 회전 모멘트의 크기는 힘이 가해지는 위치(역점)가 회전축(지렛목)에서 멀수록 커진다(이것도 지레의 원리이다). 수평으로 내뻗은 길이가 길면 한 걸음의 폭이 커져서 이동거리가 늘어나는 반면, 회전 모멘트도 커져서 팔과 가슴의 근육에 큰 부담이 걸린다는 단점이 있다. 직접 해보면 알 수 있듯이 이 팔굽혀펴기 자세는 상당히 힘들다. 사지의 근육은 전진에 직접 관여하지 않음에도 불구하고 걷는 동안 계속 수축하여 힘든 자세를 유지해야 한다. 여기에는 개선할 여지가 있다.

② 긴뼈 회전시키기

수평으로 내뻗은 위팔의 긴뼈를 축 주위로 회전시킨다. 이렇게 팔다리의 끝을 회전시켜서 지면을 민다.

③ 팔다리의 끝을 뻗기

손목관절을 회전시켜 팔다리의 끝으로 지면을 민다.

이 세 가지 요인이 어떤 비율로 보행에 관여하는지 도롱뇽을 통해 살펴보자. 도롱뇽은 초기의 사지동물과 거의 같은 몸 비율(몸통과 사지의 길이나 사지의 위치)을 가지고 있다. 세 가지 요인 가운데 가장 효과적인 것은 ③ 팔다리의 끝을 뻗는 동작으로, 이 동작이 보행에 절반의 역할을 한다. 다음으로 ② 긴뼈 회전시키기가 30%, ① 몸통 꿈틀거리기는 20%의 비율로 보행에 영향을 준다.

포유류

팔굽혀펴기 자세를 취하는 보행을 하면 전진에 직접 기여하지 않는 자세를 유지하는 근육에도 상당한 에너지가 사용되기 때문에 효율이 나쁘다. 그래서 포유류는 팔꿈치를 굽히지 않고 팔다리를 뻗어 하나의 봉처럼 만들고, 그것을 어깨 바로 아래에 똑바로 내렸다. 이렇게 하면 팔꿈치와 어깨관절에 걸리는 회전 모멘트 문제는 해결되며, 체중은 관절을 똑바로 압축할 뿐이고, 그 압축력을 뼈가 직접 지탱해주기 때문에 근육을 수축해서 체중을 지탱할 필요가 없다. 테이블을 예로 들면, 포유류는 다리가 네 개 달린 테이블과 같은 상태로 몸을 지탱하기 때문에 아무것도 하지 않아도 매우 안정된다. 이에 반해 팔굽혀펴기 자세는 테이블 상판 가장자리에 관절이 있는 L자형으로 구부러진 다리를 바깥쪽으로 내뻗도록 설치한 것이다. 다리와 상판 사이도 관절로 되어 있다. 이 구조로 상판을 높은 위치에 수평으로 유지하기 위해서는 네 개의 다리 각각에 있는 관절 두 개를 모두 일정한 각도로 유지해야 하며, 그러려면 어느 정도의 에너지가 필요하다.

팔굽혀펴기 자세에는 불편한 점이 또 있다. 이 자세로 걸으면 가슴근육을 사용한다. 가슴근육은 호흡에도 사용하지만, 걸을 때와 호흡할 때 사용법이 다르다. 걸을 때는 좌우 가슴근육을 따로따로 사용한다. 호흡할 때는 좌우 동시에 수축해서 가슴을 부풀린다. 그래서 보행과 호흡을 동시에는 할 수 없다. 도마뱀이 걷는 모습을 보고 있으면 쪼르르 몇 걸음 걷고 멈춰서고, 또 다시 쪼르르 몇 걸음 걷고 멈춰서기를 반복한다. 호흡하기 위해서는 걷는 것을 멈추지 않으면 안 되기 때문이다. 상당히 불편한 일이다.

팔다리를 옆으로 내뻗는 스타일에는 여전히 문제점이 있다. 뼈는 눌러 찌부러뜨리려는 힘(압축력)에 강하게 저항할 수 있지만, 구부리거나 비틀거나 하는 힘에는 약해서 부러지기 쉽다. 옆으로 팔다리를 내뻗으면 팔다리에는 굽히는 힘이 항상 가해지며, 게다가 그것을 회전시키기 때문에 비틀림이 가해진다. 포유류처럼 팔다리를 똑바로 몸 아래로 뻗으면 뼈는 위에서 압축될 뿐이어서 팔다리는 부러지지 않는다(하지만 팔다리를 진자처럼 움직이는 동안에는 굽히는 힘이 가해진다).

사지를 똑바로 아래로 내리면, 몸통을 꿈틀거릴 때 사용했던 지레는 이용할 수 없다. 그 대신에 다른 지레를 이용할 수 있다. 팔꿈치 관절을 펴서 팔다리가 긴 하나의 봉처럼 되었기 때문에 이것을 뿌리(지대와 결합하는 관절부)에서 회전시키면 팔다리는 진자처럼 움직이며, 팔다리가 길면 길수록 지레의 원리로 한 걸음의 폭이 커져 빨리 걸을 수 있다. 말의 조상은 개 정도의 크기였지만, 진화 과정에서 팔다리가 점점 길어져 빨리 달릴 수 있게 되었다.

더 나아가 두 개의 팔다리로 일어서는 것도 등장했다. 파충류에서는 일부 공룡이, 조류와 포유류에서는 캥거루와 인간 등이 해당된다. 양서류와 파충류처럼 팔다리 세 개로 몸을 지탱하면 안정적이지만 이들은 두 개만으로 지탱하니 넘어질 위험이 매우 크다. 이들이 일어나 섬에 따라 무게중심의 위치가 높아졌기 때문에 더욱 불안정해져서 넘어지기 쉽고, 넘어지면 상반신의 낙하거리가 크기 때문에 피해도 크다. 그래서 가능한 한 넘어지지 않도록 세심한 주의를 기울여서 걷고 있는 줄 알았더니, 뜻밖에도 우리 인간은 이 높이와 넘어지기 쉽다는 사실을 보행에 이용하고 있다.

인간은 넘어지면서 걷는다

인간의 일반적인 걸음걸이를 살펴보기 전에 일본 무사의 걸음걸이를 보기로 한다. 무사가 발을 끌듯이 걸을 때는 허리를 낮추고, 먼저 왼발을 축으로 해서 몸통을 시계 반대 방향으로 회전시킨다. 그러면 오른손과 오른발이 함께 앞으로 나온다. 이어서 오른발을 딛고, 그것을 축으로 시계 방향으로 회전하면서 왼쪽 손발을 옮긴다. 이 걸음걸이는 사지의 움직임뿐 아니라 몸통의 회전이 동반된다. 몸통과 사지를 일체로 해서 움직인다는 점에서는 양서류와 파충류의 걸음걸이와 같다고 할 수 있다. 이처럼 같은 쪽의 손발이 동시에 앞으로 나오는 걸음걸이를 하면, 다리는 항상 지면을 단단히 밟게 되고 무게중심의 높이도 항상 일정하다. 자세는 안정적이며, 허리와 어깨가 같은 방향으로 회전하기 때문에 허리와 어깨 사이에 비틀림이 생기지 않아 적이 갑자기 칼을 쳐들고 덤비더라도 좋은 자세로 칼을 뽑으면서 몸을 회전시켜, 좌우 어느 쪽의 적과도 민첩하고 확실하게 마주할 수 있다(여기까지는 고무술古武術 연구가인 코노 요시노리甲野善紀 씨에게 실연과 함께 직접 들은 이야기이다. 하지만 무사가 모두 이러한 걸음걸이를 했다는 증거는 없는 것 같다). 하지만 이 걸음걸이는 무릎이 항상 구부러져 있는데, 그 점은 양서류나 파충류와 같아서 결코 편하지 않다.

이에 반해 우리는 걸을 때 보통 무릎을 굽히지 않는다. 왼발을 똑바로 펴서 지면에 대고 뒤로 움직이면서 오른발을 똑바로 앞으로 들어올린다. 그때 무게중심의 위치가 높아진다. 그리고 왼발을 뒤로 차면서 몸을 약간 앞쪽으로 기울여 오른발을 크게 내딛는다. 오른발이 닿았을 때에는 무게중심의 위치가 내려간다. 만약 오른발을 내딛어 지탱하지 않으면 몸은 앞으로 넘어지고 말 것이다. 즉, 몸을 앞으로 넘어지게 하면서 위험할 때 오른발을 내딛어 몸을 지탱한다. 다시 그 오른발을 뒤로 움직이면서 왼발을 들어 올리는 식으로 좌우를 전환하면서 걷는다. 이 걸음걸이가 훨씬 편하다. 즉, 에너지가 적어도 된다. 에너지가 절약되는 것은 세 가지 요인 때문이다. ① 무릎을 굽히지 않고 다리를 똑바로 펴는 것, ② 중력 이용, ③ 용수철 이용이다.

① 무릎을 곧게 펴기

인간은 무릎을 곧게 편 상태로 지면을 밟고 있어서 체중은 무릎관절을 똑바로 압축하기 때문에 뼈가 체중을 지탱해준다. 그런데 무사의 걸음걸이처럼 무릎을 굽혀서 지면을 밟으면, 관절을 굽히는 힘에 체중이 걸려버린다. 체중을 지탱하기 위해서는 무릎근육을 수축시켜서 구부린 자세를 유지해야 한다. 여기에는 쓸데없는 에너지가 든다. 무릎을 곧게 뻗으면 그만큼의 에너지를 절약할 수 있다.

② 중력 이용

우리는 몸을 앞으로 넘어지게 하면서 나아가는데, 넘어지는 것은 중력의 작용에 몸을 맡기는 것이며 자력을 사용하지 않고 앞으로 나아가는 것이다. 이 운동은 진자를 거꾸로 한 것(도립진자倒立振子)으로 볼 수 있다. 도립진자는 봉 위에 추가 달린 진자로 이것을 약간 앞으로 기울이면 위에 있는 추가 봉의 뿌리를 지렛목으로 해서 원호를 그리며 앞으로 넘어진다. 즉, 추는 앞으로 나아가지만 나아가게 하는 것은 중력이다. 여기에서는 추의 낙하운동이 전진운동으로 바뀐다. 걸을 때는 왼발을 축으로 해서 도립진자처럼 몸을 쓰러뜨리고, 넘어지기 전에 앞으로 오른발을 디디며, 또 그것을 축으로 해서 몸을 쓰러뜨리는 식으로 좌우의 진자를 전환해간다. 에너지가 필요한 때는 진자를 전환할 때이며, 앞으로 크게 넘어지면서 나아가는 운동은 중력을 사용하기 때문에 비용이 들지 않는다.

③ 용수철 이용

또 하나의 에너지 절약 요인은 용수철을 이용하는 것이다. 이것으로 진자의 전환에 필요한 에너지를 절약하고 있다. 왼발을 축으로 해서 도립진자처럼 몸을 쓰러뜨리고, 전도하기 전에 오른발을 내밀어 쿵 하고 오른발 끝으로 전방에 착지하는데, 착지할 때 오른발 복사뼈에 있는 아킬레스건이 잡아당겨진다. 아킬레스건은 용수철 같은 성질을 가지고 있어서 다음에 오른발로 지면을 찰 때는 이 용수철이 원래의 길이로 돌아가는 힘을 이용해서 무게중심을 원래의 높은 위치까지 밀어 올려, 다시 도립진자를 사용할 수 있도록 한다. 잘 튀는 공이 계속 튀어 오르는 것 같은 상황을 아킬레스건의 용수철을 사용하여 만들어내고 있다. 용수철로 통통 튀어 오르면 편한데, 이것은 탄력 있는 구두창을 댄 조깅화를 신어보면 알 수 있다.

이런 걸음걸이가 가능한 것은 우리가 두 발로 일어섬으로써 무게중심의 위치가 높아졌고, 또한 불안정해지기 쉬운 까다로운 자세를 취했기 때문이다. 중력은 운반해야 하는 짐(하중)을 늘리는 방해물이지만, 우리는 중력과 불안정성이라는 성가신 조건을 역이용하여 효율적으로 걷고 있다.

먹이 구하기와 소화

육지의 먹이는 만만치 않다. 육상에서 가장 번성하는 생물은 곤충과 식물인데, 그들은 하나같이 딱딱한 껍데기로 몸을 덮고 있어서 먹이로 삼기 어렵다(그들은 그래서 번성할 수 있었지만 말이다). 또한 육지에서는 아무래도 먹이를 찾아 돌아다녀야 한다. 수중에서는 좋은 위치에 자리를 잡고 있으면 유기물 입자나 플랑크톤이 알아서 흘러들어 온다. 키타하라 하쿠슈北原白秋의 〈기다림〉이라는 노래가 어리석은 사람을 야유하는 데에 쓰이는 이유는 우리가 육상생활을 하기 때문이다.

특히 식물은 만만치 않다

식물은 세포 하나하나를 세포벽으로 감싸고, 그것을 겹쳐 쌓아 몸을 만든다. 세포벽은 셀룰로오스 섬유가 주성분이며, 그것이 리그닌 등으로 붙여져서 겹쳐 있는데, 동물은 이것들을 소화하는 효소를 가지고 있지 않다. 그래서 세포의 알맹이를 먹고 싶으면 물리적으로 세포벽을 파괴하고 알맹이를 끄집어내야 한다. 세포는 작으며, 작다는 것은 그만큼 부수기 어렵다는 것을 의미한다(같은 두께의 판이라도 크면 클수록 눌렀을 때 쉽게 휘기 때문에 부수기가 쉽다). 그리고 식물세포는 작기 때문에 많이 깨뜨리지 않으면 배를 채울 수 없다. 식물세포는 참으로 다루기 어려운 상대이다.

그래서 기를 쓰고 수목의 잎이나 풀을 먹는 것은 큰일이다. 그것을 고지식하게 먹는 동물도 있지만, 세포벽이 단단해지기 전의 새싹이나 식물이 자손을 남기기 위해 영양을 축적한 씨앗(이것은 딱딱한 껍질로 싸여 있지만, 하나를 부수면 영양 덩어리를 손에 넣을 수 있다)을 즐겨 먹는다. 씨앗과 마찬가지로 영양을 축적한 부분인 덩이뿌리(고구마, 감자, 토란 등)도 좋다. 덩이뿌리는 땅속에 있기 때문에 자세를 유지하거나 건조를 막기 위한 대책도 필요 없으며, 땅속은 안전해서 방어도 허술하기 때문에 그만큼 세포벽이 얇고 부드러워 먹이로 알맞다. 또한 수액도 먹이로 좋다. 노린재의 동류는 주사기 모양의 입으로 수액을 빨아들인다. 수액은 체관(영양을 몸 구석구석까지 운반하는 관) 속을 흐르기 때문에 이것은 흡혈과 마찬가지로 영양음료를 마시는 것과 같다(노린재의 동류로는 침노린재처럼 동물의 피를 빠는 것도 있다).

식물로부터 얻을 수 있는 것 중에서 소화할 때 고생하지 않아도 되는 것이 또 있다. 피자식물(눈에 띄는 꽃을 피우는 식물)이 의도적으로 제공하는 꿀과 과일이다. 피자식물은 곤충이 꽃가루를 옮겨주어서 수분하며, 그 답례로 곤충에게 꿀을 준다. 이뿐 아니라 새나 포유류는 수분해서 생긴 씨앗을 운반해서 널리 뿌려주는데, 그 답례로는 과일을 준비해 놓는다. 새나 포유류는 과일을 먹으면서 속의 씨앗을 주변에 뿌려 줄 수 있으며, 과일을 통째로 삼킨 경우에는 씨앗이 옮겨져 배설물과 함께 흩뿌려진다. 조류는 보통 고기 혹은 곡물이나 과일을 먹고 잎은 먹이로 하지 않는데, 당연한 일이다. 잎처럼 소화되지 않는 성분을 많이 포함하고 있는 데다가 대량으로 먹고 시간을 들여 처리해야 하는 먹이를 먹으면 몸이 무거워진다. 그렇게 되면 날기 어렵다.

양서류는 곤충을 먹었다. 초기의 파충류도 육식이었다. 그렇다면 딱딱해서 소화하기 힘든 잎이나 풀을 고지식하게 먹는 사지동물이 어떤 동물이냐 하면, 몸이 상당히 큰 것이다. 포유류의 조상은 몸이 작고 곤충을 먹었다. 그 후 잎과 잔디를 먹는 것이 진화했다. 소처럼 미생물 배양조로 불리는 거대한 위를 발달시켜서 미생물의 힘을 빌려 식물의 세포벽을 소화할 수 있는 반추동물로 진화했다. 파충류 중에도 초식공룡이 있었다. 조류 중에서는 오리나 백조가 수초를 먹는다. 수초는 몸을 지탱할 필요가 적기 때문에 몸은 그다지 딱딱하지 않지만, 오리나 백조도 조류 중에서는 대형이다. 가장 큰 조류인 타조는 육지의 풀을 먹으며, 장내에 미생물을 공생시킨다. 물론 초식공룡이나 반추하는 포유류도 덩치가 꽤 큰 동물이다. 몸이 크지 않으면 큰 소화기관을 가질 수 없어서 풀을 먹는 것은 어렵다.

육상에서는 먹는 방법을 바꿀 필요가 있다

육지에 사는 먹이는 딱딱하기 때문에 먹으려면 강력한 파괴 장치가 필요하다. 물리적인 파괴 장치로 이빨과 턱이, 화학적인 파괴 장치로는 거대한 위나 장대한 창자가 발달했다. 우선 먹이의 입구인 입 주위에 있는 장치를 살펴보자.

척추동물은 앞쪽 끝에 머리가 있으며 이것은 입, 감각기관(눈이나 코 등), 뇌라는 세 가지가 모인 것이다. 뇌와 감각기관은 매우 민감한 것이어서 동물은 이들을 뼈로 만든 상자(두개, 머리뼈)에 넣어 보호한다. 두개는 몸 중심부의 골격과 달리, 피부 표면 속에서 생겨나는 피골(피부골격, 207쪽 칼럼 참고)이다. 두개는 2층으로 되어 있는데, 위쪽은 뇌와 감각기관을 보호하는 부분으로 신경두개라고 불린다(뇌는 신경 덩어리이며 감각기관도 신경세포가 주된 구성요소이기 때문이다). 두개 아래에는 또 하나의 상자가 있다. 이것은 턱과 턱 근육을 부착하는 발판이 하나가 되어 입을 형성하는 상자이며, 이것이 내장두개(입은 내장의 입구이기 때문)이다.

같은 척삭동물이라도 두삭류나 미삭류에는 두개가 없었다. 척추동물이 되어서야 비로소 두개가 생겼는데, 여기에는 턱이 붙어 있지 않았다. 초기의 척추동물(무악류無顎類)은 해저의 퇴적물을 흡입해서 아가미로 여과해 잡아먹는 여과섭식자였기 때문에 턱이 없어도 문제없었다. 무악류에서 턱을 가진 악구류顎口類가 진화했다. 턱은 새궁골격鰓弓骨格(아가미를 지지하는 활 모양의 연골이나 뼈)이 변화해서 생겼다고 생각하는 연구자가 많다.

턱에는 이빨이 나 있는데, 이것은 턱과 동시에 출현하였다. 이빨은 구강 둘레 가의 피골에서 생겨난 것 같다. 이빨은 에나멜질과 상아질로 이루어져 있는데 물고기의 비늘도 마찬가지이므로 이빨은 비늘의 친척이라고 생각해도 된다. 이빨을 갖춘 턱을 가짐으로써 포식자로의 길이 열리고, 또한 척추동물이 상륙한 후에는 식물이라는 만만치 않은 상대를 씹는 것이 가능해졌다.

턱과 이빨

물고기가 가진 최초의 턱은 단순히 가위처럼 개폐하는 구조였고, 여기에 원추형 이빨이 나 있었다. 인간의 앞니와 어금니는 모양도 다르고 기능도 다르지만, 어류에는 그런 차이가 없다. 물속의 먹이는 부드럽기 때문에 이빨에 역할을 분담시킬 이유가 없었다.

초기 사지동물도 턱과 이빨이 단순해서 물기만 할 뿐 먹이를 갈아서 으깨는 일은 할 수 없었다. 양서류는 육식이며 식물처럼 단단한 것은 먹지 않는다. 현존하는 개구리류는 이빨이 위턱에

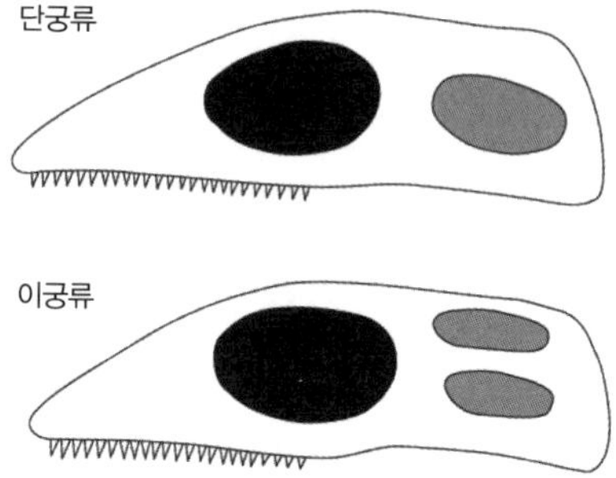

그림 7-6 단궁류(위)와 이궁류의 두 개 측면 회색이 측두창, 크고 검은 부분은 안와眼窩(Romer & Parsons, 1977에 의거).

만 있고 심지어 두꺼비는 이빨이 전혀 없다.

조상 파충류가 되자, 점차 강한 힘으로 물 수 있는 턱이 등장했다. 이들 뺨의 벽에는 턱을 닫는 근육(측두근)이 있는데, 닫을 때는 근육이 수축해서 옆으로 부푼다. 이 근육이 발달하자 수축해서 부풀었을 때 이것을 턱 안쪽 공간에 다 집어넣을 수 없게 된다. 그래서 부푼 부분을 밖으로 비어져 나오도록 하기 위해, 두골 양 측면에 측두창側頭窓이라는 창(구멍)이 열렸다. 각 측면에 창이 하나씩 난 종이 단궁류單弓類, 두 개씩 난 종이 이궁류二弓類이다. 파충류와 조류가 이궁류이며, 단궁류에서는 포유류가 진화했다.

파충류의 이빨

파충류도 어류나 양서류와 마찬가지로 이빨은 모두 원추형이었다. 원추형으로 뾰족한 이빨은 물어서 사냥감에 상처를 입히는 것과 더불어 도망치지 못하도록 고정하기에 적합하다. 창이자

핀이라고 할 수 있다. 양서류와 파충류는 입이 크다. 즉, 긴 턱에 많은 이빨이 나 있다. 이 큰 입으로 덥석 물어서 먹이를 붙잡고, 계속 단단히 물어 먹이가 움직이지 않을 때까지 기다려서 통째로 삼키는 것이 이 동물들이 먹는 일반적인 방법이다. 뾰족한 원추형 이빨로는 갈아 으깰 수가 없다.

공룡 중에는 초식공룡도 나타났다. 이들의 이빨 끝은 평평하며, 이 평평한 면을 사용해서 단단한 식물을 갈아서 으깬다.

조류의 부리

조류는 이빨이 없는 대신 부리가 있다. 부리는 피부 세포에 케라틴(각질)이라는 단단한 섬유가 쌓여 만들어진다(이는 우리 손톱과 같다). 부리는 쪼아 먹기 위한 것으로, 먹이를 씹어 으깨는 것은 거의 할 수 없다. 이빨이 없고, 이빨의 열을 지탱하는 긴 턱도 없는 이유는 뼈의 양을 가능한 한 최소화해서 몸을 가볍고 날기 쉽게 만들기 위해서이다. 새들은 먹이를 통째로 삼켜서 식도 중간에 있는 주머니(모이주머니)에 일단 모았다가 위로 보낸다. 조류의 위는 전후 두 부분으로 되어 있으며 전위前胃에서 소화액으로 처리하고, 뒤의 근위筋胃에서 갈아 으깬다. 근위는 모래주머니라고도 불리며 강력한 근육이 발달해 있고, 모래나 작은 돌멩이를 넣어서 갈아 으깨는 효과를 높이기도 한다.(파충류에도 모래주머니를 가진 것이 있었다). 근위는 육식을 하는 조류보다 과일이나 곡류를 먹는 조류에서 발달해 있다.

포유류의 이빨

포유류는 파충류에 비해 이빨 수는 줄었지만, 모양이 네 종류로 분화했다. 앞에서부터 안쪽으로 절치切齒(앞니), 견치犬齒(송곳니), 소구치小臼齒(앞어금니), 대구치大臼齒(뒤어금니)이다. 절치는 원추형에 얇고 납작한 모양이며, 이것으로 먹이를 깨물어 자른다. 견치는 끝이 날카로운 원추형으로, 이것으로 사냥감을 덮친다. 먹이를 찔러서 움직이지 못하게 만들어야 하기 때문에 견치는 길고 치근齒根도 깊다. 이빨은 먹이가 발버둥쳐도 빠지지 않도록 되어 있다. 어금니는 맷돌로 작용한다. 어금니의 표면은 편평하며, 여기에 몇 개의 산(교두咬頭)이 있다. 상악 어금니의 산과 하악 어금니의 산이 맞물리게 되어 있으며, 윗니와 아랫니 산의 능선을 문질러 맞추게 하여 사이에 낀 먹이에 전단력을 추가하면서 으깬다.

포유류에서는 턱에도 변화가 보인다. 이 종에서는 소처럼 풀을 주식으로 먹는 동물도 번성하는데, 이들의 턱에서는 관절의 결합이 느슨해서 턱이 가위처럼 위아래로 열릴 뿐만 아니라 전후좌우로도 움직인다. 턱을 삼차원으로 움직임으로써 갈아 으깨는 효과를 높이고 있다.

혀의 효용

육지에서는 혀도 중요하다. 물고기에게도 혀는 있지만 발달하지 않았다. 먹이를 입 속까지 가져와서 처리하는 데 있어, 물과 육지에서는 사정이 다르다는 점이 혀의 발달과 관계한다. 수중에서는 먹이가 물에 떠 있다(조류藻類가 바위에서 자라고 있더라도 몸이 물에 떠 있다는 사실에는 변함이 없다). 그리고 닫힌 입을 열면 구강 내가 음압陰壓이 되어 물이 입속으로 흡입되고, 그것에 이끌려 떠 있는 먹이도 들어온다. 잽싸게 입을 여는 것만으로 일이 끝난다. 먹이가 입속으로 들어오면 자기 마음대로 할 수 있다. 상대는 그다지 단단하지 않아서 적당히 씹으면 곧 작아져서 입에 들어온 물에 분산되기 때문에 이것을 꿀꺽 삼키기만 하면 된다.

그런데 육지에서는 이쪽에서 입을 열어 덮치지 않으면 먹이는 입안으로 들어오지 않는다. 그리고 들어온 것을 여러 번 씹어 으깰 필요가 있다. 또 입을 여닫으면서 씹을 때, 입을 부주의하게 열면 먹이는 중력에 의해 밖으로 떨어져버린다. 열었을 때뿐만 아니라 입을 닫으려고 구강을 좁히면, 그 압력에 의해 부서진 먹이가 밖으로 밀려나기 쉽다. 그래서 먹이가 밀려나오지 않도록, 그리고 떨어지지 않도록 하는 것이 필요한데, 그것이 바로 혀이다.

혀는 씹어 으깰 때도 활약한다. 바수는 일은 어금니가 하지만 어금니는 먹이가 이빨 위에 왔을 때에만 바술 수 있다. 수중에서처럼 먹이가 입 안에 떠 있으면, 입을 약간 우물우물하기만 해도 먹이가 이빨이 있는 곳으로 이동해간다. 그러나 육지에서는 그렇지 않다. 그래서 혀를 사용하여 먹이를 어금니 위로 밀어 보내 씹어 으깬다. 이것은 떡치기를 떠올리면 이해가 쉽다. 찐 쌀을 절구와 절굿공이로 으깰 때도 아직 으깨지지 않은 쌀을 손으로 개서 절굿공이 아래에 밀어 넣는다. 이때 손의 역할을 하는 것이 혀이다. 또한 씹어 으깬 후에 작아진 먹이도 그대로는 식도로 들어가지 않기 때문에 혀에 올려 밀어 넣는다(수중에서는 먹이가 물에 떠 있어, 건더기가 가득한 수프와 같아 그냥 꿀꺽 삼키면 된다). 혀가 평평한 이유는 주걱이 평평한 것과 같은 이치(그리고 손바닥이 평평한 것과 같은 이치)이다. 혀는 넓은 면으로 먹이를 떠서 갠 다음 밀어 넣는다.

혀는 사지동물에서 발달했으며 우리들은 이것을 사용하여 사랑을 이야기한다. 육지동물이기 때문에 혀(tongue=언어)를 잘 구사할 수 있었다.

소화관의 분화

사지동물의 소화관에는 불룩한 부분이 앞뒤로 두 군데 있다. 앞의 주머니는 먹이를 모으는 곳(위)이며, 뒤의 주머니가 대변을 모으는 곳(대장)이고, 주머니 사이의 구불구불한 긴 관이 소화관의 본체(소장)이다(그림 7-7). 이런 주머니는 조상 척추동물인 무악류에는 없었던 것 같다. 그들은 여과섭식자인데 같은 여과섭식을 하는 창고기(두삭동물)는 위를 갖고 있지 않다. 여과섭식자의 경우, 먹이입자는 끊임없이 흘러오기 때문에 먹이를 저장할 필요가 없다. 또한 위에는 소화에 착수하기 전에 큰 덩어리의 먹이를 소화하기 쉽도록 작게 전처리를 하는 역할도 있는데, 여과섭식의 경우 애초에 작고 부드러운 입자가 들어오기 때문에 그럴 필요도 없다. 현존하는 무악류인 칠성장어는 여과섭식자가 아니지만 여과섭식자와 마찬가지로 위가 없다. 다른 물고기에 달라붙어 체액을 빨아먹기 때문에 위가 필요 없다.

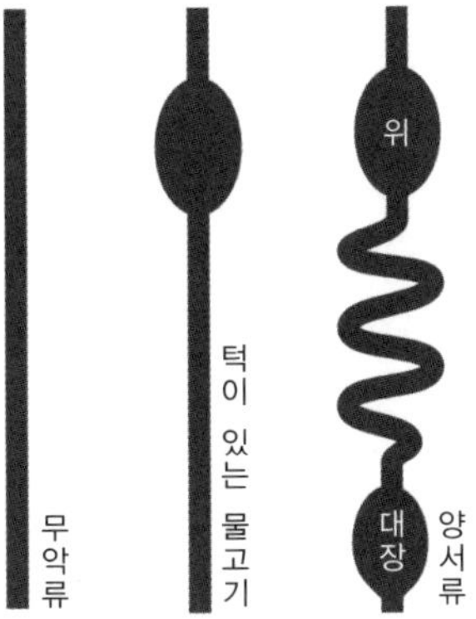

그림 7-7 척추동물의 소화관

위는 턱이 있는 물고기가 되어서야 비로소 등장한 듯하다. 큰 먹이를 가끔 잡아 삼키는 식생활로 변했기 때문에 삼킨 것을 일단 모아 소화에 착수하기 전에 일정한 처리를 하는 장소로 주머니가 소화관 전방에 생겨서 위가 되었다. 전처리 방식을 보면, 초기의 위는 주로 먹이를 비벼 부숴 잘게 하는 물리적 처리를 했으며, 후에 단백질 분해효소를 분비해서 화학적 처리를 하는 위로 진화했다. 위는 또한 위액을 분비하여 위 속을 강한 산성으로 만든다. 이렇게 하면 살균 효과가 있으며, 먹이를 강한 산으로 변성해서 잘게 부수기 쉽도록 한다.

물고기에게 있는 것은 앞쪽 주머니뿐이다. 위 뒤쪽은 여전히 굵기가 일정한 관이다. 이 창자가 분화하여 길고 구불구불한 소장(작은창자), 그리고 소장과 이어져 있는 불룩한 대장(큰창자)으

육식		초식	
꼬치고기	1	말	12
개구리	2	소	22~29
영원(도롱뇽의 일종)	2		
고양이	3~4	**잡식**	
		인간	4.5
		생쥐	8

표 7-2 장의 길이(몸길이의 몇 배인가?)

로 나뉜 것은 사지동물이 되고 나서의 일이다.

지금까지 몇 번이나 말한 것처럼 육상의 먹이는 만만치 않아서 이것을 소화하려면 긴 창자가 필요하다. 특히 잎이 만만치 않기 때문에 잎을 먹는 동물은 매우 긴 창자를 가졌다. 표 7-2는 동물들의 창자 길이가 몸길이의 몇 배인지를 나타내고 있다. 물고기의 창자는 짧아서 몸길이 정도이다. 이것은 수중 먹이 처리의 용이성을 반영한다. 육식을 하는 사지동물에서는 몸길이의 몇 배이다. 풀을 먹는 것은 10배 이상이다. 소는 무려 30배 가까이 되며, 길이는 60미터에 달한다. 잡식동물은 육식동물과 초식동물의 중간 값을 취한다.

사지동물이 되어 대장이 생겼다. 육상에서는 배설물을 모아둘 필요가 있기 때문이다. 수중에서는 수세식 화장실 안에 있는 것과 같기 때문에 소화하지 못한 찌꺼기는 생길 때마다 그대로 내보내면 물에 휩쓸려 분산된다. 육지의 경우에는 그렇지 못하다.

식도	구강과 위를 연결하는 관
위	한꺼번에 많이 먹어둠 · 예비처리 · 살균
소장	소화 흡수(소화관 본체)
대장	대변 형성과 일시저류(물을 흡수해서 굳은 대변을 만든다. 그렇지만 대부분의 수분은 소장에서 흡수된다), 공생 미생물의 발효조

표 7-3 소화관의 각 부위별 역할

여기저기 배설물을 싸면서 걸으면, 그것을 단서로 포식자에게 뒤를 밟힐 위험이 있다. 배설물을 모아서 가끔씩 버리는 정도의 주의는 필요하다. 또한 물은 귀중품이므로 배설물 속의 수분도 최대한 회수해야 한다. 그래서 대장에 모아둔 배설물에서 물을 흡수하여 통통한 대변을 만든다. 더 나아가 소화하지 못한 것을 그냥 모아 두기만 하면 아깝기 때문에 미생물을 대장에 살게 하면서 자신이 직접 분해할 수 없는 것을 소화시키도록 하여 영양을 보충하기도 한다. 그렇기 때문에 대변에는 미생물이 엉겨붙어 있으며, 나오는 대변의 상당 부분을 살아 있는 미생물이나 그 사체가 차지하는 경우도 있다. 표 7-3에 소화관의 역할을 정리해놓았다.

공생 미생물에 의한 소화

미생물을 장내에 공생시키고 동물이 스스로 분해할 수 없는 셀룰로오스 등을 미생물의 발효작용에 의해 분해시켜, 그 산물을 이용하는 동물이 있다(발효란 미생물의 작용으로 유용한 물질을 만드는 것이다). 물고기의 창자에도 장내 세균이 살고 있지만, 사지동물, 그중에서도 초식 포유류는 특히 세균이 주는 혜택을 많이 받는다. 인간의 장내에는 100종 이상 100조 개의 세균(박테리아)이 살며, 그 무게는 1.5~2킬로그램에 달하는 것으로 알려져 있다. 초식동물의 경우, 장내 세균종 수는 더 많다.

미생물이 살 수 있도록 창자의 일부를 특별히 '발효조'로 분화시키는 것도 있다. 예를 들어 말, 토끼, 쥐 등은 대장의 일부를 비대화하여 발효조로 삼는다(토끼와 쥐는 맹장, 말은 결장을 비대화했다). 쥐는 위의 앞부분도 팽창시켰으며, 여기에도 장내 세균을 살게 한다.

미생물에 따라 만들어진 산물을 이용하는 방법도 여러 가지이다. 예를 들어 쥐와 토끼는 대변을 먹는 행동을 보인다. 쥐는 두 종류의 대변을 본다. 하나는 (우리에게 익숙한) 단단하고 검은 대변으로 이것은 흔히 버려진다. 또 다른 하나는 부드럽고 색상이 옅으며 크기가 큰 대변으로, 쥐는 항문에서 나오는 이것에 입을 대서 받아먹는다. 이것이 대변을 먹는 행동이다. 대변이라고는 하지만 이것은 미생물의 작용에 의해 단백질 함량이 높아진 장의 내용물이며, 대변을 먹지 못하면 성장률이 15~20% 떨어지고 비타민도 부족해진다. 미생물이 비타민을 만들어주는 것이다.

반추(되새김질)

공생 미생물을 가장 잘 이용하는 동물이 반추동물이다. 그들은 통상적인 위 앞에 거대한 발효조인 반추위를 발달시켰다. 대표적인 반추아목이 소과[牛科]로, 여기에는 소·염소·양 등의 가축, 아프리카 초원에 무리지어 사는 오릭스나 누, 그리고 미국이나 유럽에 사는 대형 비단뱀 등 친숙한 동물들이 포함되어 있다. 사슴과나 기린과도 반추아목이다.

중생대 말에 공룡이 절멸하고, 신생대부터는 포유류의 시대가 되었다. 신생대 제3기(6,430만~260만 년 전) 후반에 기후의 한랭화와 건조화가 일어났고, 이에 따라 온대 지역에서 삼림이 감소하고 초원이 확산되었다. 소과는 그에 호응하여 초원에서 다양화했다. 그들의 조상은 삼림에 살면서 부드러운 잎이나 새싹을 골라 먹는 브라우저browser였다(양질의 먹이만 선택해서 먹는 초식동물을 브라우저라고 한다. 인터넷 기사를 선택하면서 읽도록 하는 프로그램도 브라우저라고 하는데, 바로 그 브라우저와 같은 단어이다). 삼림의 감소와 초원의 확대에 따라 그들은 초원으로 진출하여 딱딱하거나 부드러운 것을 가리지 않고 닥치는 대로 풀을 먹는 그레이저grazer가 되었다(비선택적으로 먹는 초식동물을 그레이저라고 한다). 딱딱한 풀을 소화하려면 길고 큰 소화관이 필요한데, 소를 비롯하여 같은 종의 그레이저들은 모두 대형 짐승이다.

식물의 세포벽을 만드는 셀룰로오스는 다당류이다. 이는 베타 글루코스가 연결되어 만들어진 것이다. 전분이 알파 글루코스가 연결되어 이루어졌다는 사실에서도 유추할 수 있듯이 셀룰로오스를 분해하면 전분처럼 큰 에너지를 얻을 수 있다. 그런데 이 셀룰로오스 섬유는 다양한 화학적 처리를 해도 분해하기 어렵다. 셀룰로오스를 분해하는 효소인 셀룰라아제를 스스로 생산할 수 있는 동물은 거의 없다. 하지만 박테리아나 원시생물 중에는 셀룰라아제를 가진 것이 존재하기 때문에 공생 미생물에게 셀룰로오스를 분해하도록 하여 에너지원으로 삼는 것이 반추동물이 취한 전략이다.

반추동물은 공생 미생물이 셀룰로오스를 소화하는 데 적합한 발효조를 발달시켰다. 이것이 반추위이다. 소의 경우를 소개하겠다. 소의 위는 네 부분으로 나뉘어져 있으며, 통상적인 위는 제4위이다. 그 앞에 있는 위 중 특히 제1위가 주요 발효조이며 이 속에는 위 내용물 1그램당 약 100억 마리의 박테리아와 50만~100만 마리의 원생생물(단세포생물로, 발효조 속에 있는 것은 주로 섬모충이다)이 들어 있다. 그들의 힘을 빌려서 일단 어느 정도 소화한 것은 다시 입쪽으로 토해내어 소화되지 않은 섬유질을 다시 씹는다. 이것이 반추反芻다. 다시 씹어서 잘게 만듦으로써 미생물이 붙을 수 있는 면적이 늘어난 먹이는 다시 발효조로 돌아가 더욱 발효된다. 최종적으로는 먹이에 포함되어 있던 탄수화물(셀룰로오스, 헤미셀룰로오스, 전분 등)은 모두 분해되어 짧은 유기산(초산, 프로피온산, 낙산)이 된다. 소는 이것을 흡수해서 에너지원으로 삼는다. 소는 에너지원의 무려 70%를 이 유기산에서 얻는다.

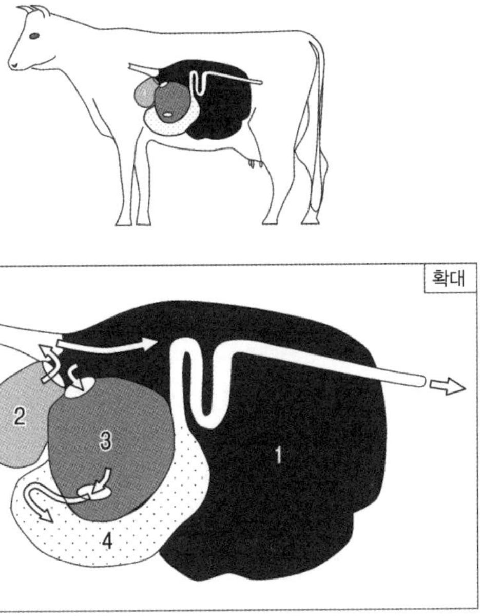

그림 7-8 소의 반추위 제1위(1)가 가장 큰 발효조이다. 제4위(4)가 통상적인 위로, 그 뒤에 장이 연결되어 있다.

소도 매일 몸을 구성하는 단백질을 분해하여 다시 만들고 있으며, 그 결과 암모니아나 요소가 발생한다. 다른 동물들에서 이들은 보통 소변으로 버려지지만, 소에서는 침샘으로 보내져 타액과 함께 분비되어 제1위로 들어간다. 박테리아는 이 암모니아나 요소를 사용하여 자신의 단백질을 만든다. 미생물의 일부는 제4위로 보내져 그곳에서 소화되는데, 소는 이렇게 미생물을 먹으면서 매일 150그램의 단백질을 손에 넣는다. 즉, 질소라는 귀중한 자원이 소의 체내에서 재활용된다. 식물의 몸에는 셀룰로오스를 비롯한 탄수화물이 많지만, 동물에 비해 질소 함량이 적다. 이 때문에 식물만 먹으면 질소 부족에 빠지기 쉽다. 그래서 질소를 재활용하는 것은 매우 중요하다. 미생물은 비타민 B군도 만들어내며 소는 이것도 이용한다.

큰 덩치가 베푸는 은혜

사지동물은 육상에서 몸 크기를 무기로 싸워왔다고 말할 수 있을지도 모른다. 거대한 발효조를 갖는 것도 몸이 커서 가능하다. 큰 입으로 자신보다 훨씬 작은 곤충을 통째로 삼키고, 또 큰 위장으로 단단한 식물을 시간을 들여 처리할 수 있다. 원래 몸집이 크면 상대적으로 표면적이 작기 때문에 몸이 잘 건조해지지 않으며, 건조에 견디는 크고 훌륭한 알을 낳고, 새끼를 체내에서 키우는 것도 가능하다.

항온동물이 되어서 체온을 일정하게 유지하는 것도 몸이 큰 덕분이다. 표면적이 상대적으로 작으면 잘 건조해지지 않을 뿐만 아니라 열이 출입하기 어려워진다. 그리고 몸이 크기 때문에 긴 털을 길러 단열할 수 있어서 빙하기도 견뎌냈다(몸이 작은데 긴 털을 기르면 털에 휘감겨 몸을 움직일 수 없다). 우리 인간이 큰 뇌를 가진 것도 몸이 크기 때문이다. 육지에서 성공한 2대 동물군 중 하나인 곤충은 작은 사이즈로 성공했고, 다른 하나인 사지동물은 큰 사이즈로 성공했다.

땅에서 사는 건 큰일이야

작사 · 작곡 모토카와 다쓰오

지은이의 말

이 책의 원고를 먼저 읽어 준 것은 편집자인 후지요시 료헤이藤吉亮平 씨다. 그는 단어를 선택하면서 더듬더듬 감상을 말해주었다.

"몰랐던 것투성이예요. 어떤 동물이든지 자기만의 독자적인 세계를 가지고 있네요. 그렇게 완전히 다른 세계를 일곱 가지나 가르쳐주는 호사스러운 책이에요."

편집자는 참으로 좋은 독자구나. 늘 고마워요!

"그런데, 제목은 어떻게 할까?"

"우리 신서에서 《식물은 대단해》가 팔리고 있는데요."

"그 '대단해'가 좋을지도 모르겠네. 여하튼 이 책은 조개든 곤충이든 나오는 동물 모두를 '대단해, 대단해!'라고 칭찬하고 있으니까."

"그걸로 갑시다!"

"그렇게 결정되면 할 말이 있는데. 사실 이 책의 내용은 말이지, 도쿄공업대학에서 했던 강의야. 당시에는 수업시간 끝에 그 시간에 다룬 동물의 '찬가'를 노래했지. 그러니 이 책에서도 장마다 노래를 실어주지 않겠어?"

그래서 각 장 끝에 동물 찬가 일곱 곡의 악보가 들어갔다. 독자들이 즐겁게 불러주면 고맙겠다.

2017년 1월 어느 좋은 날

모토카와 다쓰오本川達雄

옮긴이의 말

현존하는 동물은 약 130만 종에 이른다. 그 가운데 척추동물은 약 5%인 6만 종, 그리고 나머지 95%를 차지하는 무척추동물이 124만 종이다. '동물'하면 떠올리는 것은 대부분 척추동물일 텐데, 그 척추동물이 전체의 5%밖에 차지하지 않는다. 원제가 '성게는 대단해, 메뚜기도 대단해'인 이 책은 자포동물, 절지동물, 연체동물, 극피동물들을 먼저 살펴보고 마지막으로 척추동물이 속한 척삭동물을 보여주면서 육지와 바다, 하늘에서 살아남기 위해 각기 다르게 진화한 생물들의 신비롭고 경이로운 신체구조의 비밀을 파헤친다.

이 책의 전편인《코끼리의 시간, 쥐의 시간》은 1992년에 초판이 발행되어 일본에서 87만 부를 돌파한 베스트셀러로, 아직도 그 인기는 계속되고 있다. 일본의 노벨과학상 수상은 이와 같이 대중적인 기초과학분야에 대한 관심에서 시작된 것인지도 모른다. 일본은 지금까지 26명의 노벨상 수상자를 배출하였다. 그 가운데 노벨과학상이 23개나 차지한다. 특히 2014년부터 3년 연속으로 물리학상과 생리의학상을 수상하였다. 21세기에 들어서는 18명의 과학분야 노벨상 수상자를 배출하여, 과학대국의 저력을 과시하였다. 이것이 세계 3위의 경제대국을 구축하는 힘이다. 이 책과 같은 과학책을 90만 부 가까이 읽는 저력이 있었기에 가능한 일이 아닐까?

지난여름에 모기와 혈투를 벌인 기억이 아직도 생생한데, 이 작은 놈이 눈에 잘 보이지도 않는 날개로 1초에 수백 번의 날갯짓을 한다고 하니 새삼 놀라지 않을 수 없다. 얇은 철판이라도 그렇게 빠르게 계속 진동시키면, 곧 금속피로를 일으켜서 부서지고 말 것이다. 하기야 만지면 부서질 것 같은 작은 날개로 잠자리는 시속 100킬로미터로 날고, 나비는 대륙을 횡단하고 바다를 건넌다고 하니 이들의 몸 디자인에 경이로움마저 느낀다.

또한 해삼은 위기에 처하면, 우리가 괴한에게 붙잡혔을 때 옷을 벗어버리고 도망치듯 껍질을 벗고 알맹이만 쏙 빠져나온다. 성게는 사냥 후 기억을 되살려 원래의 자리로 되돌아간다. 문어는 먹물로 연막을 치고, 오징어는 먹물 덩어리를 내뿜어 몸체를 투명하게 한 후 속임수인 먹물에 포식자들이 정신이 팔려 있을 동안 유유히 도망친다. 뿐만 아니라 길가에 핀 꽃잎이 대부분 다섯 장인 것은 수분을 도와줄 곤충들을 유인하기 위한 가장 경제적이고 과학적인 숫자를 채택했기 때문이라고 하니, 누가 감히 이들을 하찮은 생물이라고 폄하할 수 있겠는가?

생물의 몸 디자인은 모양도 크기도 천차만별이다. 해삼은 반으로 나누어져 두 마리가 되며, 팔 하나에서 나머지 팔 모두를 재생하는 불가사리도 있다. 성게는 껍데기를 깨고 내장을 제거해도 껍데기의 파편이 며칠간 굼실굼실 기어 돌아다닌다.

이 책은 메뚜기의 도약, 해파리의 독침, 소의 되새김 등 진화 과정에서 살아남기 위해 모습을 바꾸고 무기를 갖게 된 생물들의 독특한 생존전략을 파헤치면서 기초과학분야에 관심을 불러일으키기에 충분한 소재를 다루고 있다. 또한 진화 과정이라는 신비의 세계를 엿볼 수 있어 호기심을 자극한다. 과학 입국과 미래의 노벨상을 기대하며 모처럼 지적 사치를 누릴 수 있는 책으로, 모두에게 권하고 싶다.

끝으로 오랜만에 도서관 나들이를 할 수 있도록 숙제(?)를 주신 강영특 팀장님에게 깊은 감사를 드린다. 또한 서투른 문서 작업을 도와준다는 핑계로 나란히 식탁에 앉아 오붓한 시간을 나눈 딸 선우, 그리고 뭐가 못마땅한지 느려 터지고 가끔 말썽을 부리는 노트북을 슈퍼 LTE급으로 업그레이드 해준 아들 재우에게도 고마움을 전한다.

성북천 산책길에서 활짝 웃으며 반기는 갖가지 들꽃, 군무를 자랑하는 물고기, 그것을 노리는 철새, 이들의 보금자리를 제공하는 무성한 갈대와 잡초마저 예사롭게 보이지 않는다. 이들 지구상의 모든 생물과 더불어 사는 세상이라는 것을 새삼 통감하며, 그 존재가치와 생명의 소중함을 다시 한 번 되새겨 본다.

2019년 2월

장경환

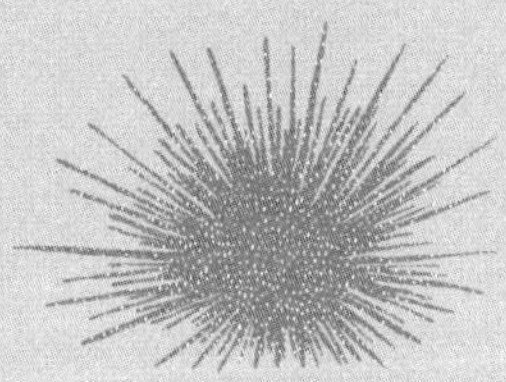